食品企業2030年，その先へ

海外展開なくして成長なし

新井ゆたか・加藤孝治 編著

日本食糧新聞社

目次

編著者および執筆者の意向により、本書の著作権相当分の印税はWFP国連世界食糧計画（WFP）に寄付されます。

※本書は2022年1月～6月にかけて執筆しました。

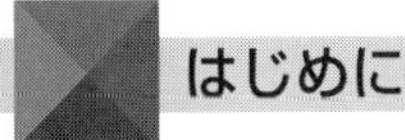

はじめに

新井ゆたか（消費者庁長官（前農林水産審議官））

この本は、「食品企業グローバル戦略」シリーズの第4弾になる。

2010年4月、農林水産省食品産業企画課を事務局とし食品企業の方や有識者から成る「食品関連産業の将来展望研究会」において報告書「食品関連産業の将来展望」が取りまとめられた。この内容や議論の過程を、具体的な企業の取組と併せて紹介するため、同年6月シリーズ第1弾となる「食品企業のグローバル戦略～成長するアジアを拓く～」を世に出した。当時はバブル崩壊後、日本経済が低迷を抜け出せず、食品産業の規模も縮小を続け、高齢化を超えていよいよ人口減少が現実のものとなるというときであった。我々は、内需に依存し、低い収益性に甘んじてきた食品産業の将来戦略としてグローバル化の必要を説き、中でも急速に発展している新興国、特にアジアへの進出の課題と対応策を整理した。深川由起子早稲田大学政治経済学術院教授の序章のタイトル「シームレス・アジアの時代と食品産業」がこれを端的に表している。

リーマンショック後、中国経済の飛躍的発展をテコに世界経済が回復基調にある中でも、東日本大震災という惨禍があったにせよ日本経済の低迷が続いていた2012年、シリーズ第2弾の「食品企業飛躍の鍵」を刊行した。青井倫一明治大学専門職大学院グローバルビジネス研究科教授（当時）の序章タイトルは「戦略的岐路に立つ日本の食品産業：あえてグローバルに動け！」だった。アジア市場での日本企業の展開がなかなか進展しない状況を踏まえて、日本から世界を見るという視点から「世界の中の日本」という視点への転換、従来の取組・考え方の延長線上で「がんばる」ことの危険性を説いた。その上で、業界を変えていく「ビジョン・戦略そして腕力」が必要であることを示した。商品や個々の事業を起点に考えるのが日本企業の特性だが、事業戦略の束が企業戦略になるようではだめだ。確固たる企業戦略を持ち、個々の事業や地域を変数として扱う戦略スタンスを身に着けなければグルーバルな競争に立ち向かえないと警告した。

その後、中国のみならず、ブラジル、インド、ロシア、南アフリカ（いわゆる

BRICS）など新興国が目覚ましい経済成長を見せていた2015年、第3弾として「Next Marketを見据えた食品企業のグローバル戦略」を刊行した。この本においても青井教授に序章を書いていただいた。この5年ほどの間に、食品企業の戦略の視点が「グローバル市場の中の日本」へと変化し、海外での実績が伸びつつあることを評価した上で、今後の展開として、リスクはあるが利益率が高く、大きな成長の余地が残されている新興国市場を重視すべきと指摘している。拡大する世界の食品市場を成長の主戦場にするためには商品・地域・時間の三軸で成長点をとらえるポートフォリオ経営への思考転換が必要であり、この観点から日本企業がまだあまり着目していない「Next Market」としてインド市場にあえて焦点を当てて分析した。そして、2010年代後半を、準備してきた「長期的なビジョン＝構想力」に「実行力＝決断力」が問われる、将来を左右する重要な「変革期」だと締めくくった。

それでは、重要な変革期の2010年代を終え、現状はどうなっているのだろうか。第1部第1章第1節図表1-3と1-4を見ていただきたい（10頁）。グローバル食品メーカー売上高ランキング（図表1-3）では、2010年に上位30社のうち日本企業は6社あったが、2020年には3社に減少し、ゼロだった中国企業は4社ランクインしている。それ以上の驚きは図表1-4に示すように日本の食品企業の海外現地法人の売上高が2015年をピークに減少していることである。中でも中国での落ち込みが顕著であり、食品製造業の海外生産比率は2015年の12.2%をピークに低下に転じ、2019年には9.8%となっている。

なぜ中国市場の成長を捉えられなかったのか？　これからどうすれば？　というのが今般、第4弾となるこの本を刊行しようと考えた動機である。

中国市場の経験についていくつかの企業を取材してみると①世界中のプレー

ヤーが集まる過酷な市場で、一定のブランドステータスを持つ欧米企業、中国通の台湾系企業の中にあって日本企業は中途半端な位置付けだった、②地元中国企業の活発な設備投資やM＆Aによる著しい事業拡大と変化が速い市場環境に日本企業の意思決定スピードがついていけなかった、③前の理由とも関係するが、価格競争になりやすい飲料やビールなどの汎用品の装置産業では小さく生んで大きく育てる日本流は通用しなかった、④知的財産権の保護などビジネス関係法制が未整備で想定以上に事業リスクが高く、大胆な投資ができなかったなどの反省の弁が聴こえる。

他方、日本企業の商品でも、中国にないものを持ち込み、一から地道に市場を「創った」マヨネーズ、カレーのルー、ハイチュウなどの商品群は、中国市場で売上を伸ばしている。

国内市場の縮小は止まらない。2021年も鳥取県の人口（54万人）を上回る62万人の人口減少となった。同年の出生数は過去最低の81万人となり、出生率は一時期増加の兆しが見えたが再び低下し、過去4番目に低い1.3で人口維持するために必要な2.07はおろか当面の政府の目標である希望出生率1.8にもはるかに及ばない。また、「安い日本」はますます進行している。実質実効為替レートは、ピーク時の半分以下となり、更に低下を続けている。このままでは日本産業は縮小を続けるばかりだろう。

第1部第1章で詳しくみるが、食品企業の海外売上高比率と営業利益率は相関関係にあり、国内市場に依存していたのでは縮小していくだけであり、利益を上げることもますます難しくなってくる。したがって、海外市場への展開の歩みを緩めてはならない。大企業のみならず中堅企業にも人口減は深刻な課題だ。特に地方圏の人口減少率が高いからである。新規市場を開拓しなければ、「前年同水準」に留まることさえできない。

さて、こうした問題意識に立って、「食品企業グローバル戦略」の第4弾である本書では、2030年にかけての食品企業のグローバル戦略を取り上げる。2020年代に入り、日本企業のグローバル戦略の必要性は、更に高まっている。一方で、敢えてグローバル戦略という形で切り分けて考えることなく、連続した成長戦略の一環として捉える動きもある。まず、大手企業の動きとして、食品だけでなくニュートリションまで分野を広げながら、フードテック並びにフードサイエンスという幅広い枠組みからのアプローチの様子を示していく。次に、日本企業の海外市場でのプレゼンスを高めるためのキラーコンテンツの活用である。グローバル市場の中で日本企業が勝ち残るためには、海外市場に適合しつつ、自社商品を磨きあげていく必要がある。大手企業だけでなく、地方有力企業の積極的な輸出取組が進んでいる。加えて、海外のサプライチェーンの中に深く食い込んでいくには、環境・生物多様性のみならずアニマルウェルフェアなど持続可能な社会への細かな対応が求められる。海外市場が求めるグローバルスタンダードに対応できなければ、グローバル戦略は語れないだろう。

この数年、米中対立による経済の分極化、コロナ禍による物流･バリューチェーンの混乱、ロシアのウクライナ侵攻をきっかけとした資源価格高騰・世界的なインフレなど、食品企業をめぐる情勢もめまぐるしく動いている。そもそも、元から進行しているデジタル化やSDGs・ESGの動きにも迅速・的確に対応していかなければならないことは言うまでもない。こうした情勢の中で、どうやって成長する海外食品市場を取り込んでいくか、考える一助となれば幸いである。

第1部　2030年を展望したグローバルポートフォリオの課題

第1章　日本の食品企業の海外展開を振り返る

みずほ銀行産業調査部

第1節　国内市場の動向と日本の食品企業の国内事業戦略

現在、日本の食品産業は少子高齢化の問題に直面し、転換点に立たされている。2010年には1億2,800万人であった日本の人口は、2022年の現在は1億2,600万人、2050年には1億人にまで減少する見込みである。さらに高齢化の進展により、2050年には人口の約38%が65歳以上の高齢者になると予想されている。こうした日本全体の胃袋の減少に合わせ、国内の食品需要は減少トレンドで推移することが避けられない状況となっている。

また、2020年の新型コロナウイルスの発生は、これまで変化が緩やかであった食の業界構造を大きく変えるほどのインパクトをもたらした。度重なる緊急事態宣言やまん延防止等重点措置、更には消費マインドの低下により、飲食業界は辛酸をなめる結果となり、人々の内食・中食・外食の構成割合は大きく変化した。また、新型コロナウイルス感染防止対策による労働力不足や、世界的に進行する異常気象の影響からの天候不順、さらには、2022年ロシアのウクライナ侵攻の影響から地政学的リスクにより穀物やエネルギーの需給が崩れたため、原材料価格や輸送コストは高騰し食品業界の業績に影響を与えるところとなっている。こうした内外の環境変化を踏まえて、本章第1節では日本国内の事業環境と日本の食品企業の事業戦略を振り返り、第2節で日本の食品企業による海外展開の現状と課題について述べていく。

相次いで荒波が押し寄せる業界環境のなかで日本の食品産業は変革が求められている。変革に向けた取組の方向性として、多様化する消費者ニーズに対して、高付加価値製品を開発・販売することで、収益性の改善を図ってきた。近年の事例を見ると、消費者ニーズは、健康志向、簡便化志向、こだわり志向に向けられている。これらはインターネットやソーシャルネットワーキングサービス（SNS）の普及により食と健康に関する情報へのアクセスが容易になったことや、共働き世帯・単身世帯の増加により調理の簡便化が求められていることなどを背景に進展したものであり、その求める水準も年々高まっている。こうした消費者の変化を受けた食品産業の対応を見る。健康志向の高まりへの対応として、製品の健康機能を裏付ける特定保健用食品（トクホ）や機能性表示食品等の表示商品は増加しており、サプリメントや清涼飲料のみならず、食肉加工品や食用油など取り扱われるカテゴリに広がりが見られる。また、簡便化志向については、中食・惣菜市場は勿論のこと、家庭で簡単に調理が可能な具付き麺やメニュー調味料、フリーズドライ市場などが拡大している。そして、こだわり志向については、食という欲求を単に「飢え」を満たすものではなく、生活を豊かにする楽しみとして捉える消費者の増加を表している。例えばビールについては、ビール全体の消費量が減少している一方で、小規模な醸造所で手間をかけて製造される個性豊かなクラフトビールの消費量は伸びている。このように消費者の変化に合わせる形で食品企業の戦略は変化している。

多様化する消費者ニーズに対応するため、日本の食品企業は従来とは異なる新たな商品やサービスを展開するための新規事業開発を強化している。ここで、日本企業が進めているイノベーションの方向性の事例を見ていこう。まずは、健康分野などの新規事業開発の事例である。日清食品ホールディングスの完全栄養食へのアプローチのほか、ベンチャーキャピタル（VC）やコーポレートベンチャーキャピタル（CVC）を設立し、スタートアップ企業とのオープンイノベーションを通じた新規事業開発を行う事例や、パーソナライズされた健康食品ビジネスに取り組む企業もある。次に、縮小する国内市場のなかで守りの戦略として、「競争と協調」に取り組む事例もある。物流部門のような非競争領域における協業を通じたコストの最適化も進められている。共同配送に取り組むことに加え、庫内オペレーション高度化、物流関連アセットの最適化・再構築、物流システムの標

図表 1-1　日本の食品産業のイノベーションの方向性（事例）

イノベーションの方向性	企業事例	イノベーションの概要
新規事業開発	日清食品ホールディングス	中期経営計画の重点項目に健康を組み込み、新規事業としてカップラーメンで培った技術を応用し、必要な栄養素をすべて摂取できる「完全栄養食」の普及に向け、研究開発や消費者とのタッチポイントの拡大に取り組んでいる
競争と協調	F-Line	食品メーカー大手6社（味の素、ハウス食品、日清製粉ウェルナ、日清オイリオ、カゴメ、ミツカン）は、2019年に食品物流プラットフォーム「F-Line」を立ち上げる

出所：各種資料より、みずほ銀行産業調査部作成

準化などが図られている。こうした非競争領域での協業はコスト圧縮だけではなく、ドライバー不足といった社会課題の解決にも貢献している。

また、食品メーカーに対する社会からの要請として、サステナビリティ（社会持続性）への対応が求められている。今後も持続的に事業を行い、付加価値を創造し続けていくためには、気候変動によるリスクや事業への影響を特定し、適切に対応していく必要がある。金融安定理事会（FSB）により設置された気候関連財務情報開示タスクフォース（Task Force on Climate-related Financial Disclosures 、以下 TCFD）の提言に日本の食品企業各社は相次いで賛同を表明しており、2022年5月現在で食品メーカーの賛同社数は30社を超えている。また、サステナブルな食料調達の観点から、代替肉など、環境負荷の高い畜肉を代替する食品の研究開発を強化する企業も増えている。一方で、食品業界におけるサステナビリティ対応の難しさは、1社単体の取組みでは問題の根本的な解決に至らないことにある。食品メーカーによる温室効果ガス（Greenhouse Gas、以下GHG）排出量の内訳を見ると、自社で直接的･間接的に排出する排出量（Scope1,2）よりも、サプライチェーンの上流・下流で関わる他社による排出量（Scope3）の方が割合として高い。食品メーカーの製造工程で排出される排出量よりも、調達する原料の生産段階や、流通、消費、廃棄段階での排出量の方が大きいということは、食品メーカーがGHG排出量を削減するため、食品サプライチェーン全体に目配りし、上流に位置する農業・畜産業者の脱炭素に対する取組みへの積極的関与や、下流に位置する小売との連携など業界全体での取組みが求められる。

消費者ニーズの多様化、サステナビリティの潮流といったメガトレンドに直面する日本の食品企業は、2020年代に生き残るために、提供する商品の高付加価値化、新規事業開発、サステナビリティ対応といった打ち手を的確に進めていかなくてはいけない。そして、さらに少子高齢化により縮小を余儀なくされる日本国内市場に留まることなく、伸びゆく市場を狙わなくてはいけない。国際連合の推計では、世界の人口は2019年の77億人から2030年には85億人に増え、さらに2058年には約100億人までに拡大するとしている。グローバル食品市場は人口増加やそれに伴うGDP成長を背景に拡大が期待されている。この伸び行く市場を狙うために、日本の食品企業は、成長のための重要な打ち手として今こそ海外事業の拡大に取り組む必要があるだろう。次節では、日本の食品企業の海外市場への挑戦の歩みを振り返りたい。

第2節　海外市場の動向と日本の食品企業の海外展開の現状

食品産業は、原材料調達から製品が消費者に渡るまでのサプライチェーンにおいて、中間流通が複数存在することによって複雑化した産業構造となっている。特に日本では流通構造が多段階化しているためその傾向が強い。複雑な産業構造のもと、消費者物価が上がらない環境が長く続く一方で原材料価格が高騰するようなこととなると、食品産業の利益は圧迫されることとなる。このような外部環境の中で、卸や物流、小売など複数の企業間で価格とコストの絶妙なコントロールによって、少ない利益を奪い合う構図になっている。また、国内市場が拡大しない中で、利益よりもシェアの拡大を通じて生き残りを図る企業も見られるため、日本の食品産業は過当競争に陥りやすい。日本の食品企業の収益力向上に対して、日本独自の商習慣等も収益力向上の障害になっていると言わざるを得ない。

今こそ、国内マーケットでの低収益性のスパイラルを抜け出し、利益ある成長を目指すのであれば、海外展開の加速により現状を大きく打破する必要がある。ただし、一言で海外市場と言っても、地域ごとに特色は異なる（図表1-2）。アジアは人口構成比で若年層が占める割合が高い。特にインドネシアをはじめとするASEAN主要6か国は生産年齢人口（15歳以上65歳未満）の総人口に占める割合が上昇していく人口ボーナス期となっており、1995年をピークに減少局面（人口オーナス）にある日本と様相は異なる。また、かつてのアジアは国民の所得水準の低さが販売先としての海外展開のネックとされていたが、2000年代以降の急激な経済成長による中間層の台頭により、先述の胃袋の増加（人口増）と合わせて、所得も上昇している。さらに、食品の志向が低糖など健康を意識した商品へとシフトするなど先進国型の消費行動へと変化していることも見逃せない。アジアは日本の食品メーカーにとって魅力あふれるマーケットとなっている。

図表1-2　加工食品の市場規模と成長率の各国・地域比較

（USD bn）

	市場規模		CAGR	
	2020	2025e	2015-20	2020-25e
日本	307	304	0.5%	-0.2%
ASEAN6	145	172	3.4%	3.6%
中国	574	665	3.0%	3.0%
インド	111	155	6.0%	7.0%
米国	755	768	2.2%	0.3%
EU+英国	931	980	1.6%	1.0%
世界全体	4,102	4,513	2.2%	1.9%

注　：加工食品市場は、EuromonitorのCooking Ingredients and Meals, Dairy Products and Alternatives, Snacks, Staple Food, Soft Drinks,　Alcoholic Drinks, Hot Drinksを合算した小売市場における販売額（実質値）

出所：Euromonitorより、みずほ銀行産業調査部作成

次に、米国は移民を中心とした人口増加と、先進的な思考（嗜好）が大きな魅力である。人口については、2050年には3億8千万人と2020年より約15%増加する見込みとなっており、約21%減少する日本と比較すればその差は歴然であろう。胃袋のキャパシティが大きいというだけでも大きな魅力であるが、加えて、現在米国においては消費者ニーズの多様化、特に健康志向やサステナビリティ志向が日本に先んじて進んでおり、既存のコンベンショナル領域の商品を新興のスペシャルティ領域の商品が脅かす動きが進展している。なお、本書では現地市場で定着している食品カテゴリを「コンベンショナル領域」と呼び、未だマーケットを確立できていない商品を「スペシャルティ領域」と呼ぶ。例えば、米国の飲料市場では、健康ニーズを背景として、ハードセルツァーのような低アルコール・低カロリー飲料市場が成長している。このようなスペシャルティ領域の新興カテゴリ市場が、伝統的（コンベンショナル）なアルコール飲料カテゴリ市場であるビール、スピリッツ、ワインからシェアを奪う構図となっている。こうした産業構造の変化は、その他の商品分野でも継続することが予想される。次に、米国のサステナビリティ志向の例としては、代替食市場の成長を例に挙げたい。2020年時点で、米国にはスタートアップを中心に数多くの代替食企業が存在する。代替肉のソーセージやパティを生産販売するBeyond Meat（米国）が、2020年に売上高約4億ドルを突破したが、これは2017年に比べて12倍超の成長である。2021年1月には、Beyond Meatはペプシコ（米国）との提携を発表し、植物由来のスナックや飲料を共同開発し製品カテゴリの拡大を目指している。米国が代替食分野で世界に先駆けて存在感を発揮している大きな要因は、ベジタリアンやヴィーガン、フレキシタリアンなどの存在に加え、ミレニアル世代やジェネレーションZの存在が大きいと言えよう。彼らは食品の購入に際し、先進的な考えを持ち、独自に価値を見極め、消費に積極的に取り入れることができる。サステナビリティや動物愛護等を考慮した上で意思決定を行う傾向も顕著である。こうした若者の意識変化は、今後、米国に留まらず、世界へと広がっていくだろう。

このようにグローバル市場では、伸びゆく人口に加え、有意義だと感じたモノ・サービスに相応の対価を支払うことができるように消費者の意識が変化している。日本の食品企業の中にもこの変化に対するアプローチを続けてきた企業は多い。成熟感が漂う国内市場に留まらず、海外進出を見据えた取組みは続けられてきた。2010年以降の日本の食品産業の動きについて俯瞰的に捉えてみよう。グロー

図表 1-3　グローバル食品メーカーの売上高ランキング（上位 30 社）

2010年			
順位	会社名	国	売上高（USDmn）
1	Nestle	スイス	94,168
2	Archer-Daniels-Midland	米国	61,682
3	Unilever	英国	58,616
4	PepsiCo	米国	57,838
5	Bunge	米国	43,953
6	Anheuser Busch Inbev	ベルギー	36,297
7	Coca-Cola	米国	35,119
8	JBS	ブラジル	32,973
9	Mondelez International	米国	31,489
10	Wilmar International	シンガポール	30,378
11	Tyson Foods	米国	28,430
12	キリンHD	日本	26,837
13	Danone	フランス	22,754
14	Heineken	オランダ	21,581
15	サントリーHD	日本	19,858
16	アサヒGHD	日本	18,354
17	Diageo	英国	15,944
18	Associated British Foods	英国	15,887
19	Ambev	ブラジル	15,207
20	General Mills	米国	14,880
21	味の素		14,524
22	Fomento Economico Mexicano	メキシコ	13,734
23	BRF	ブラジル	13,669
24	明治HD	日本	13,361
25	Kellogg	米国	12,397
26	Conagra Brands	米国	12,386
27	Fonterra	ニュージーランド	12,135
28	日本ハム	日本	11,898
29	Uni-President Enterprises	台湾	11,775
30	China Resources Beer	香港	11,466

2021年			
順位	会社名	国	売上高（USDmn）
1	Nestle	スイス	95,292
2	PepsiCo	米国	70,372
3	Archer-Daniels-Midland	米国	64,355
4	Unilever	英国	57,812
5	JBS	ブラジル	52,025
6	Wilmar International	シンガポール	50,527
7	Anheuser Busch Inbev	ベルギー	46,881
8	Tyson Foods	米国	43,185
9	Bunge	米国	41,404
10	Coca-Cola	米国	33,014
11	Yihai Kerry Arawana	中国	29,873
12	Danone	フランス	28,847
13	Mondelez International	米国	26,581
14	Kraft Heinz	米国	26,185
15	WH Group	香港	25,589
16	Fomento Economico Mexicano	メキシコ	24,808
17	Heineken	オランダ	24,078
18	CJ CheilJedang	韓国	22,357
19	サントリーHD	日本	19,749
20	アサヒGHD	日本	19,641
21	Charoen Pokphand Foods	タイ	19,631
22	General Mills	米国	18,127
23	キリンHD	日本	17,915
24	Associated British Fooddos	英国	17,830
25	Diageo	英国	17,606
26	New Hope Liuhe	中国	16,831
27	Grupo Bimbo	メキシコ	16,660
28	Uni-President Enterprises	台湾	15,933
29	Kweichow Moutai	中国	15,018
30	Inner Mongolia Yili	中国	14,848

出所：リフィニティブ社データより、みずほ銀行産業調査部作成

バルの食品メーカー上位 30 社の売上高を 2010 年時点と 2020 年時点でランキングにすると、2010 年では 6 社ランクインしていた日本企業が、10 年後の 2020 年には 3 社にまで減少している（図表 1-3）。頭角を現している企業をみると、欧米企業のみならず新興国企業が含まれるのに対し、日本企業は海外展開の遅れが影響し、グローバル食品市場でプレゼンスを低下させている。欧米企業が成長を続けているのは、M&A や柔軟なアライアンスを通じて企業規模を拡大させているからであり、新興国企業は伸び行く母国市場の需要拡大を着実に取り込んだ結果である。一方で、日本の食品企業は海外展開の必要性を認識しているはずであるものの、グローバルマーケットで目立つような成果が出せなかったと言わざるを得ない。

次に、2010年以降の10年について、日本の食品企業の海外展開の成果として、日本の食品企業の海外現法売上高推移をみると、2010年代前半は飲料メーカーを中心として大型のクロス・ボーダーM&Aが積極的に行われたことを背景に海外売上高は堅調に伸びていたものの、2015年をピークに直近では伸び悩んでいる（図表1-4）。2010年代後半以降、日本の大手企業による大型クロス・ボーダーM&Aが一巡し、後続となる企業の出現が遅れていることが要因の一つであろう。進出地域は戦略によって異なるものの、食文化の近似性や市場規模の大きさ・成長期待、市場の成熟度合いといった観点からアジア・米州への進出が多く、海外売上高に占める両地域の割合は上位20社を平均すると6割を超えている。

次に、日本の食品企業各社の2010年以降の海外売上高比率の推移をみると、キッコーマンや味の素など、早期から海外展開を重要戦略として位置づけ、海外進出に向けた仕掛けを積極的に行ってきた企業が海外売上高比率を着実に伸ばし、海外売上高が国内売上高を超えるに至っている企業がある一方で、中期経営計画等では海外展開を標榜しつつも思うように海外売上高比率を高められていない企業があることは否定できない（図表1-5）。

2010年からの10年余りで海外売上高を拡大できなかった日本の食品プレーヤーは、グローバルで存在感を示す海外プレーヤーと比較して、収益性の面で引き離される結果となってしまった。日米欧の主要食品メーカーの戦略の違いを見るために、横軸に企業ごとの海外売上高比率、縦軸にEBITDA Marginを置いてみると、米国企業と欧州企業のグローバル戦略の違いが明らかであることと、日本の食品企業が欧米メーカーと比較して海外

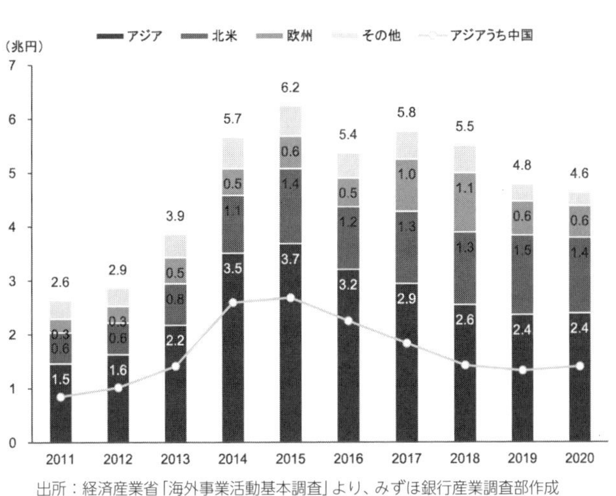

出所：経済産業省「海外事業活動基本調査」より、みずほ銀行産業調査部作成

図表1-4　日本の食品企業の海外現法売上高推移

図表 1-5　日本の食品企業の海外売上高比率の変化

10%未満　10%～30%　30%～50%　50%～

企業名	カテゴリ	FY2010	FY2015	FY2020	2020 全社売上高	変化（2010→2020）
日清製粉グループ本社	製粉・製油	-	20%	23%	6,795	+11%pt
日清オイリオ		26%	19%	18%	3,363	▲8%pt
不二製油		29%	37%	58%	3,648	+29%pt
マルハニチロ	水産・食肉	10%	16%	17%	8,626	▲5%pt
日本水産		22%	31%	31%	6,565	+9%pt
日本ハム		7%	10%	9%	11,761	+2%pt
伊藤ハム米久HD		-	-	10%	8,427	▲2%pt
味の素	調味料	33%	53%	57%	10,715	+24%pt
キッコーマン		43%	57%	64%	4,394	+21%pt
ハウス食品グループ本社		-	11%	16%	2,838	+5%pt
カゴメ		-	22%	20%	1,830	+8%pt
カルビー	菓子・パン・即席めん・冷食	-	12%	20%	2,667	+10%pt
江崎グリコ		-	13%	15%	3,440	+5%pt
日清食品HD		14%	22%	28%	5,061	+14%pt
ニチレイ		-	14%	13%	5,728	+2%pt
キリンHD	酒類・飲料	23%	35%	36%	18,495	+13%pt
アサヒGHD		-	14%	40%	20,278	+30%pt
サッポロHD		-	18%	15%	4,347	+4%pt
サントリーHD		20%	38%	41%	21,083	+21%pt
ヤクルト本社		25%	41%	43%	3,857	+18%pt
単純平均		24.2%	25.4%	28.8%	7,696	+10.6%pt

出所：SPEEDA、各社IR資料より、みずほ銀行産業調査部作成

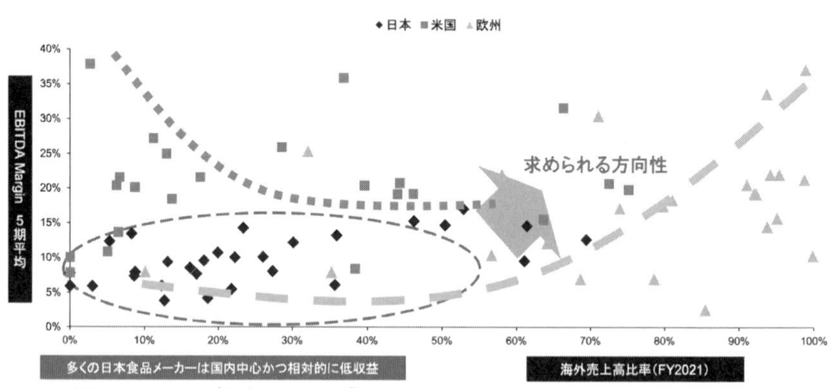

出所：リフィニティブ社データより、みずほ銀行産業調査部作成

図表 1-6　日米欧食品メーカーの利益率・海外売上高比率の比較

売上高比率が低くかつ収益性も低いことがわかる（図表1-6）。元来、ドメスティック産業である食品産業では、国内市場に十分な規模があれば、敢えて海外に進出する必要はない。米国企業は、全体としては大きな国内市場を背景に海外売上高比率が低く収益性が高い企業が多い。一部にグローバル企業として海外売上高比率が高い企業もあるが、それは有力食品企業として高いブランド力を背景に海外展開を進めていてもEBITDA Margin10%以上を確保し量と収益の両立に成功している。他方、欧州の食品メーカーは、自国マーケットが小さいため、当初より海外展開を前提として戦略を策定する必要がある。隣国との文化的ギャップは低いこともあり、高い海外売上高比率と高い収益性を両立させている。海外展開を運命づけられた企業としてクロス・ボーダーM&Aの活用等、機動的なブランドの入れ替えを行っている。

米国企業の戦略、欧州企業の戦略という2つの類型に基づいて、日本の食品企業の2010年代の動きを評価すると、1億人を超える人口を擁する国内市場を対象にし、さらに日本の食文化が欧米市場と異質であることもあり、国内重視の戦略をとる食品企業が多かった。ところが、2010年以降に国内市場が少子高齢化による縮小傾向が顕著になり、かつ、限られた市場で同質競争を繰り広げた結果、規模も収益も見込めない状況となることで戦略の見直しを迫られることとなった。「母国市場から海外市場へ」という戦略のアプローチの遅れが、現在の低収益構造の要因にあると言えるだろう。欧州企業のように海外市場へ戦略展開すべき時に、海外展開が遅れた結果、海外売上高比率は低くかつ収益が低い状態となってしまったと評価される。

それでは、2010年以降に日本の食品企業がグローバル企業に差をつけられ、プレゼンスが低下してしまった理由は何か。日本企業の海外展開を阻むものは何だったのか、日本の食品企業が抱える課題を市場・顧客（Customer）・競合（Competitor）・企業（Company）の3つのCの観点から分析してみよう。

まず、海外の市場・顧客（Customer）を見ると、顧客は多様な嗜好への対応が求められる一方で、市場の流通構造は複雑である。海外市場参入にあたり、日本企業はそれぞれの課題に対応することが求められている。海外市場は市場規模の大きさや、人口の増加が魅力であるが、その一方で、言語・文化の違いや物理的距離・時差の存在により、現地と日本本社の間では情報の非対称性が生じやすい。また、食は文化的側面が大きいため、嗜好の多様性への対応も必要となる。現地の消費者の好みに合わなければ淘汰されてしまう。こうした顧客適応に加えて、現地の流通の特徴を把握することも非常に重要である。例えば、米国は、商品が小売に届くまでに、ブローカーや卸売業者、ディストリビューターといった様々な仲介業者が存在するため、流通の実態が分かりづらい構造となっている。大手スーパーマーケットでは流通のほとんどをレップと呼ばれるブローカーが担い、卸業者やディストリビューターを含めた流通ルートのあらゆる段階の代理業者として連携して業務を行っている。一方、中小規模の独立系小売業者ではブローカーを使わないケースも多い。このように食品を販売する流通ルートは多様であり、地場に販路を持たない日本の食品企業の参入障壁となっている。また、アジア市場の小売業界では、近代的流通業態（モダントレード、MT）であるスーパーマーケットやコンビニエンスストアが成長しているとはいえ、依然として、いわゆるパパママストアと呼ばれる伝統的小売業態（トラディショナルトレード、TT）が流通チャネルのメインである。それぞれの国・地域に独自の流通構造があるが、日本の食品は、欧米あるいはアジアの市場に馴染みのない商品が多いことから、取り扱いを拡大させるために現地の販売代理店などとの協働体制構築のためのマーケティングコストが必要となるとともに、定着までにある程度の時間も必要とされる。こうした時間をかけた市場参入については、第2部でいくつかの事例をあげる。

次に、参入を目指す海外市場には、地場企業や世界中で多様なブランドを展開するグローバルメガプレーヤーのみならず、地域独自にシェアを確立した様々なプレーヤーが競合企業（Competitor）として存在し大きな壁となっている。近年、欧米などの先進国市場では、様々な競合相手の一つとして小売業者が商品企画から製造までをプロデュースして、独自のブランドで販売するプライベートブランド商品（PB）が着目される。PB商品は、メーカーのブランドで製造・販売されるナショナルブランド（NB）商品よりも単価が低いケースと、こだわりを持った商品づくりを行うケースがあるが、価格と品質のバランスを自社店舗の対象顧客の要請に合わせることでNB商品にとって大きな脅威となっている。Euromonitorによると、欧州では調理済食品（Ready Meals）のPB比率が2021年には40%であり、これは日本の22.9%、北米の12.5%と比較して高い傾向にある。食品企業としては、参入市場でNB商品として選ばれるために、健康価値の付加などブランドエクイティを高め、差別化を図ることが重要となる。また、アジアにおいては、地場財閥が大きな競合となろう。アジアの各国には、タイのCPグループやインドネシアのサリムグループのように食品メーカーから小売流通まで保有する地場財閥があり、地域住民に対するコーポレートブランドの高さから相応のシェアを獲得している。自社で小売流通まで保有していることから、販売チャネル（商品棚）の確保に苦労することはない。一方で、日本の食品企業が進出するためには、競合となる財閥の小売の商品棚を確保するために、エントリーコストが必要なケースもあり、参入の難易度は相対的に高くならざるを得ない。

最後に、日本の食品企業（Company）の強みとグローバル展開を進めていくために補完する必要のある組織能力について考える。日本の食品企業は、繊細な味付けや徹底した品質管理といった商品開発力や技術力に強みがある。しかしながら、その強みが海外市場への参入を進める際には大きな障壁となりかねない点も否定できない。例えば、高い品質に裏付けられた主力製品は、とても魅力的なものだが、その品質のまま海外に展開しようとしても、価格帯が高いために受け入れられないケースも見受けられる。日本の食品企業には、進出する地域の消費環境・所得環境を勘案し、現地消費者のニーズに即した品質・価格に適合した商品販売戦略が必要となる。そのためには現地の市場環境把握やマーケティングに長けた能力・人材の補完が求められる。また、健康志向やサステナビリティ志向など、多様化する世界の消費者ニーズに対応していくためには、日本の消費者のみならず世界の消費者を視野に入れながら、イノベーションを加速していくことも必要である。ある意味で、日本市場と海外市場を分けて考えることなく、一体的な戦略立案も求められよう。加えて、多地域で多種類の製品を展開していく上では、グローバルにポートフォリオを管理する能力も必要とされ、グローバル経営の体制を確立・強化していくことが日本の食品企業には求められている。これらの機能を補完していく上では、日本企業同士あるいは海外の地場企業との連携を進めるほか、ベンチャー企業との協働によるオープンイノベーション等も活用しながら、柔軟に戦略を立案し実行していくことが必要となろう。

2010年代に海外市場へのアプローチを強化すべきであった日本の食品企業にとって、海外マーケットへの進出には様々な壁が立ちはだかっており、苦戦を余儀なくされてきた。しかしながら、そうしたなかにも海外展開に成功した事例はあり、利益ある成長を遂げた企業は存在する。第２部にその事例を見るが、日本の食品企業がこれ以上グローバル大手に遅れを取らないためには、スピード感のある海外展開が重要である。

第３節　日本企業の海外展開事例と戦略類型

食品企業の海外展開方法については、事業領域の選定と商品の地場での浸透度という２つの軸で分析することができる。ここからは、実際に日本の食品企業がこれまで行ってきた具体的な海外展開事例と戦略類型についてまとめたい。事業領域の選定としては、既存の自社リソースを活用して既存事業の延長戦上への展開を目指す「オーガニック領域（既存領域）での進出」と、他社との連携や他社の買収等を通じて非連続的な展開を目指す「インオーガニック領域での進出」に大別される。次に、商品の地場での浸透度については、進出国のマーケットで既に定着している食品カテゴリが含まれる「コンベンショナル分野でのシェア獲得」を目指すか、進出国でまだマーケットが確立していないような「スペシャルティ分野で新規市場開拓」を目指すかといった分け方ができる。以下では、この２つの軸を掛け合わせて（オーガニック領域 vs インオーガニック領域）×（コンベンショナル分野 vs スペシャルティ分野）の４つの類型に分けて考えることができる。

まず、グローバル化を進める日本企業の中には、日本独自の新たな食文化を海外市場に展開する事例が多い。オーガニック領域でスペシャルティ文化を攻めるケースとして、キッコーマンとハウス食品の事例が挙げられる。

2022 年時点のキッコーマンは海外売上高比率が 6 割超というグローバル企業である。しょうゆ文化は、日本国内で独自の発達を遂げた調味料でありながら、海外でも認められている。ただし、キッコーマンが輸出を開始した 1949 年の時点では、海外市場にしょうゆ文化はなかった。しょうゆは日本国内で独自の発達を遂げた調味料であった。しかしながら、1957 年にカリフォルニアに販売会社を設立。しょうゆを使った日本食文化ごと海外に展開させるため、現地でレシピ情報も発信し、新規マーケットを創出した。レシピ情報ごと展開することで、料理に欠かせない調味料としてしょうゆが現地のキッチンに常備されるきっかけとなる。今では、海外で健康食としての日本食の流行とともに、しょうゆの売上も増加し続けている。

ハウス食品の米国豆腐事業展開について紹介する。ハウス食品の海外事業は 1983 年に米国で豆腐事業を開始したところに始まる。当時の米国人は豆腐を食べる習慣がなかったため、販売先は豆腐になじみのある現地日本人、アジア系の人たちなど限られた顧客を対象に市場開拓を進めた。ところが、最近になって、若者層あるいは富裕層を中心に環境意識や健康意識が高まるようになると、植物性たんぱく質市場に注目が集まり、現地の米国人も豆腐に関心を持つようになる。その結果、同社米国事業は2022年までの5年間の間に、現地通貨ベースで平均成長率は7.8%増加することとなり、今後も順調に事業規模が拡大することが予測されている。他にも、2012年にエルブリトーメキシカンフードプロダクツ社が所有していた、大豆たんぱくで製造したチョリソーなどの肉代替事業を買収した。この買収によって、需要が拡大するヘルシー・エスニックフードをポートフォリオに追加し、豆腐販売で築いた全米のチルドコーナーの販路を活用することで米国事業のさらなる拡大を目指している。

このキッコーマンとハウス食品の2つの事例で成功につながる重要なポイントは、しょうゆ、豆腐という日本人には馴染みがありながら、現地の人々にとって目新しい商品を、他社（特に海外の競合先）に先んじて市場参入する（ファーストエントリー）ことで、早期に現地市場でブランド構築を成し得たことである。新たな市場で食文化を創造する際には、ファーストエントリーは特に重要であり、参入する国の消費者にとって、その商品の味を決定的なものにする効果がある。そのことが、長期的な目線で見ても市場での高いシェアの獲得につながるといえるだろう。一方で、グローバル化が進んだ結果、様々な国の料理が世界の食卓に並べられるようになっている。すでに欧米企業あるいは地場企業が現地市場で、日本食においてブランドを確立しているようなケースも多くある。アジアの各地で「日式料理」として定着している日本食は必ずしも日本企業が提供しているものではない。日本食がその市場には存在しない食文化として、新たにエントリーすることとなるスペシャルティ商品領域は多くあるが、日本の食品企業が単独でファーストエントリーによるシェア拡大を目指すことは、非常にハードルが高いことも注意しなくてはいけないことだろう。

次の事例は、最初にオーガニック事業でスペシャルティ領域へ進出した後、カテゴリの充実を通じて周辺領域（インオーガニック領域）に事業を拡大するパターンである。事例としては、伊藤園と亀田製菓が挙げられる。

伊藤園は1987年、自社の主力製品である無糖茶をもって米国に進出し、アジア系と健康志向の高い一部の消費者からの顧客層拡大に注力した。その後、無糖茶を起点に2015年、M＆Aにより全米に販路を有するDistant Lands Tradingを完全子会社化してコーヒー市場に進出し、2021年には抹茶の天然カフェインを配合したエナジードリンクへと事業領域を拡大している。亀田製菓は、1989年に低カロリー・低脂肪・グルテンフリーのライスクラッカー（米菓）を起点に米国に参入し、2012年にはMary's Gone Crackersを買収してオーガニッククラッカーやクッキーへとポートフォリオを拡大した。2社ともに自社にとっては、オーガニック事業だが、海外市場ではスペシャルティ領域として評価される商品をもって、海外在住のアジア系住民や健康志向の高い消費者にターゲットを設定して市場参入を図り、それを起点に周辺領域へ染み出していくイメージで事業領域の拡大を図っている。

一方で、現地で普及している商品領域（コンベンショナル領域）に参入する場合には、インオーガニック戦略がとられるケースが多い。サントリーによるビーム買収、味の素によるWindser買収などがその例だ。サントリーは2014年にビームを買収し、まずはポートフォリオの最適化を図るべく重複ブランドの売却を実施した。そののち、すでに保有していたサントリー商品と合わせ、五大ウイスキーを全て有する「総合スピリッツメーカー」として、ポートフォリオを活用した事業拡大に取り組んだ。このようなコンベンショナル領域での海外進出については、現地のブランドやシェア、販路獲得の観点から、地場有力企業の買収が有効な打ち手となっており、2020年のアサヒグループホールディングスによるAnheuser-Busch InBev社の豪州ビール・サイダー事業の1兆円規模での買収、2021年・2022年のキリンによるファーメンタム・グループ（豪）とベルズ・ブルワリー（米国）の合計800億円の買収など、特に酒類・飲料分野における大型のM&Aが近年のトレンドとなっている。

ここまで、日本の食品企業の海外展開を類型化してきた。各社ともにこれまで、自社が持つ商品の海外市場における受容度を分析したうえで海外展開方法を決定してきたと評価できる。そこに決まった勝ち筋はなく、ターゲットとする地域の食文化などの地域特性に合わせた柔軟な戦略を選択することが重要となる。市場環境の変化に対応していくためには、市場規模の大きいコンベンショナル市場と成長性の高いスペシャルティ市場を両にらみした戦略が求められるだろう。その実現のためには、これまで培ってきた自社の強みを伸ばすと同時に、グローバルの潮流変化に対応したイノベーションが必要である。また、グローバル市場での共通認識となっているサステナビリティへの取組みを加速させる必要がある。日本の食品企業が、日本のみならず世界で、新たな価値を提供しながら持続的成長を実現していくことに期待したい。

第4節　日本の食品輸出の動向

第3節までは、日本の食品メーカーによる現地販売・製造拠点を伴う事業戦略を中心に述べてきた。しかしながら、日本の食品業界を構成するプレーヤーのうち、海外拠点を持てるような大手プレーヤーはごく少数である。経済産業省が公表している工業統計調査によれば、日本の食品製造事業者のうち従業者300人未満の中小零細企業が全体の9割以上を占める。そうした大部分を占める中堅中小メーカーの海外展開の手法として主要な手段は、現地生産ではなく輸出である。大手プレーヤーによる輸出も含まれているものの、日本からの加工食品の輸出金額は、2010年と比較して11年後の2021年には約3.5倍にまで拡大している（図表1-7）。

輸出されている加工食品を品目別に分解すると、特にアルコール飲料や、カレールー、味噌、醤油などの調味料、清涼飲料水の伸びが特に顕著となっている（図表1-8）。拡大している加工食品を見ると、ジャパニーズウイスキーや日本独自の発展を遂げたカレールー、日本が誇る発酵食品の味噌・醤油など、日本食文化とともに輸出している側面が強いと言えよう。アルコール飲料については、世界的に日本のウイスキーの知名度が向上したことが背景にあり、中国向け商品の単価上昇や、欧米向けの家庭内需要の高まりが追い風となり大幅に拡大することとなった。2015年にはそれまで長年首位だった調味料を抜いて、最も輸出された加工食品へと躍り出ることとなった。

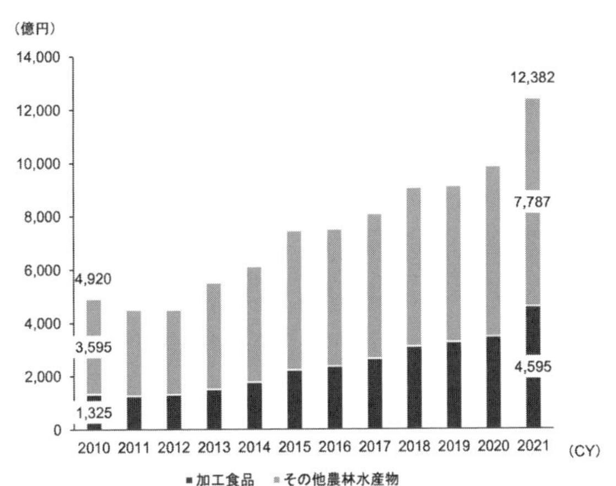

出所：農林水産省HPより、みずほ銀行産業調査部作成

図表1-7　日本　食品輸出額の推移

日本からの食品輸出の拡大に対し、農林水産省は、2021年時点で1兆2,385億円の農林水産物・食品の輸出額を2025年までに2兆円、2030年までに5兆円まで拡大する

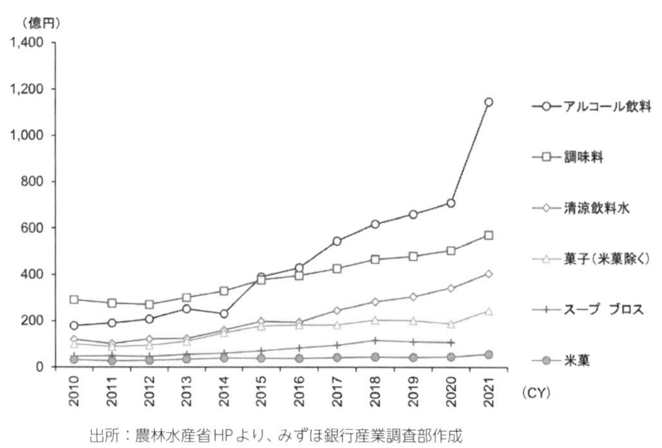

出所：農林水産省HPより、みずほ銀行産業調査部作成

図表 1-8　加工食品の品目別輸出金額

目標を掲げている。2021年に農林水産物・食品の輸出額が、その時点での政府の年間輸出額目標の1兆円を突破した。コロナ禍の環境下ではありながら、輸出が拡大した背景には、インバウンドが規制されたこと、中国、米国などの経済活動が回復傾向であったことに加え、越境ECによる販売が好調だったことが挙げられるが、さらに重要な要素として、政府が積極的に輸出拡大の後押ししていることが挙げられる。政府は、官民一体となった海外での販売力の強化や、マーケットインの発想で輸出にチャレンジする事業者の後押しなど販売促進を推進している。さらに、輸出拡大の障害になる問題に対しては、省庁の垣根を越えて政府一体となって問題解決に向けた取組みを進めている。日本から食品を輸出しようとしても、輸入国サイドでの規制によって受け入れられない国・地域が多くある。こうした規制に対し、各省庁の粘り強い交渉や、海外基準に日本の産地が適合できるような設備導入に向けた制度融資なども行われている。

また、JETROによるデジタルツール等を活用したビジネスマッチングや、日本産農林水産物・食品の輸出拡大とブランディングのために海外消費者向けプロモーションを担うJFOODOによる重点的・戦略プロモーションの強化など、事業者を支援する取組みは加速している。これまで、新たに食品輸出を始めるときには、JETROや金融機関が開催する海外企業との商談会や展示会の機会を活用して、商品を売り込むことが多かった。今後もそういった機会の活用は期待されるものの、インターネット利用の広がりによって消費者が直接商品にアクセスできる現在においては、ECを活用した独自展開や、ECプラットフォームの活用など、新たな手法も登場している。情報発信手段の多様化による新たな事業機会の獲得が期待できるようになっている。そのほかに、地方自治体による名産品ブランド化戦略も実施されており、商品輸出とともに地方をPRすることで、インバウンドによる観光収入へとビジネスの裾野を広げる活動もある。中堅中小メーカーは、自らの商材の特性を十分に見極めたうえで、活用するプラットフォームを選択し、収益性向上に資する海外展開を目指すことが求められよう。

第2章 グローバル食品企業の戦略

みずほ銀行産業調査部

第1節 グローバル食品企業の戦略から見る日本企業への示唆

2030年に向けて、日本企業がグローバル展開をさらに加速していくためには、グローバル市場で先行して展開するグローバル食品企業の戦略や取組みから学ぶことが良い示唆になり得る。本章ではグローバルトップ企業であるネスレとユニリーバの戦略や取組みを見ることで、日本の食品企業に求められる戦略方向性について考えたい。この2社のグローバル戦略から、「ポートフォリオ」「イノベーション」「サステナビリティ」の3つのキーワードで示される戦略的示唆について考えてみたい。

1つ目のキーワードである「ポートフォリオ」については、バランスを重視した運営という意味で求められる事業（商品）ポートフォリオと地域ポートフォリオの分散という観点に加えて、そのポートフォリオを外部環境や消費者ニーズの変化に対応して柔軟に変化させることの重要性という2つの意味がある。グローバルトップ企業は、先進国・途上国の両方の市場で、低所得者層から高所得者層まで幅広い層をターゲットとした様々な商品ポートフォリオを構築することに加えて、中長期目線で目指す方向性を考えたうえで戦略を構築し、そのシナリオに沿って柔軟にポートフォリオを入れ替えてきた。このカバレッジの広さと、変化に対するフレキシブルな対応が、激変する外部環境の中で競争力を維持し、レジリエントな経営を実現することに繋がっている。

2つ目のキーワードは「イノベーションの実践」である。グローバルトップ企業は、内部資源に基づくR&Dによる基礎研究・商品開発に加えて、外部との連携によるオープンイノベーションに積極的である。自社の持つ人的資源および資金力を背景に、R&Dに積極的に取組み多額の投資を行っており、食品科学、栄養科学といった領域での研究をリードし、グローバルに広がる健康志向の高まりを捉えた新しい商品開発を先行して進めている。それのみならず、より多様化する消費者ニーズに対応するため、外部の知見も積極的に活用している。M&Aという形で内部化することもあれば、提携という形で共同研究を進める場合もある。最近では、アクセラレーションプログラムやCVC（コーポレートコーベンチャーキャピタル）を通してベンチャー企業や中小企業などのスタートアップ企業との連携を強化する取組みも見られる。大企業であるものの、内部資源にこだわらず、自社単独ではできないことについては、外部のベンチャー企業とも積極的に連携するという姿勢が、グローバルトップ企業がイノベーションを実践させてきた原動力である。

３つ目に「サステナビリティの潮流への対応」を挙げたい。現在の食品産業は、かつてないほどの危機に直面している。この問題については、第３章でも取り上げるが、食品産業は世界的な人口増による食料需要の増加に対し的確な対応が求められている。この対応を一つ間違えば、地域によっては食料自給率の問題が発生しかねない。また、食料システム全体における温室効果ガス（greenhouse gas、GHG）の排出問題や、食料生産における土地・水利用、脱プラスチック、食品ロス、人権に配慮した食料生産など、サステナビリティの潮流は世界的に高まっている。こうした環境の中で、食品産業はサステナブルな食料システムを構築するための転換点に差し掛かっている。食品企業は自然資源にそのインプットの多くを依存する事業者であることから、川上から川下に至る食料システム全体でのサステナビリティを高めることに貢献していかなくてはいけない。グローバルトップ企業は、複数の地域で影響力を持つリーディングプレーヤーとして、様々な先進的な取組みを行っている。2020年代になって顕著になっているのは、食品企業がリードする形でのバリューチェーン全体でのGHG削減に向けた取組みである。日本企業の中でも検討は進んでいるが、本格的な取組みに向けて、さらに加速する必要がある。世界中の企業がサステナビリティに対し、積極的な取組みが求められている。

以上の３つの観点、①ポートフォリオ、②イノベーション、③サステナビリティに沿ってグローバルトップ企業の事例を紹介する。

第2節　ネスレ

ネスレは、1866年創業、150年以上の歴史を持ち、売上高10.5兆円（2021年度）、時価総額42.1兆円（2021年12月末時点）を計上する世界最大の食品企業である。事業内容は、コーヒー、ペットケア、調味料、乳製品、菓子、ミネラルウォーターなど多岐にわたる食品・飲料の製造・販売であり、2,000を超えるブランドを186か国で販売している。地域別の売上高は、北南米45%、欧州・中東・北アフリカ30%、アジア・オセアニア・サブサハラアフリカ25%と、先進国・新興国ともにバランスよくグローバルに展開していることがわかる。顧客ターゲットは低所得者層から高所得者層まで幅広く、様々な発展段階にある地域ごとに、その特性にあった商品を販売している。

食品産業においては、「食は文化」と言われ、現地の食品企業の優位性が高い産業と言われる中で、ネスレがこれほど広い地域でシェアを獲得している要因を考えると、①早いタイミングで市場に参入し、長い時間をかけてプレゼンスを高めてきたこと、②グローバルで標準化されたノウハウの共有と現地にあったローカルな事業推進を進めてきたこと、③ポートフォリオを時代や環境に合わせて柔軟に変化させてきたこと、が挙げられる。

このうち、ポートフォリオについては、買収・売却を通じて事業ポートフォリオの入れ替えを進めてきたのが、ネスレの歴史から伺うことが出来る。2020年代のネスレの戦略を見ると、長期の目指す姿として、食品企業から「栄養・健康・ウェルネス」企業への転身を掲げ、これを中心に据えた事業再編を推進してきた。具体的には、食品・飲料事業をコア事業として位置づけたうえで、①健康でおいしく便利な製品、②プレミアムな製品、③新興国向けに誰もが入手できて高品質な栄養を獲得できる商品、を提供するように取り組んできた。加えて、「栄養・健康・ウェルネス」戦略を主業とするネスレヘルスサイエンス事業のほかに、追加的な成長ドライバーとして栄養・健康食品事業を位置づけることで、新たな健康価値の提供を進めてきた。

さらに、ステークホルダーと社会に価値を提供する共通価値の提供（Creating Shared Value）に力を入れている。これらの価値提供を行ううえで、①絶え間ないイノベーションによる一桁台中盤のオーガニック成長、②オペレーションの効率化、③規律と明確な優先順位を持ったリソース配分、という3つの目標を達成するように事業計画を進めてきた。

このような大きな戦略の方向性を踏まえつつ、具体的な事業運営においては、コア事業として位置付けるコーヒー、ペットケア、ヘルスサイエンス、プラントベースといったカテゴリの売上高シェアを伸ばすとともに、プレミアム製品の構成や、EC販売の構成を上昇させてきている。この変化は、オーガニック成長に加えて、事業・ブランドの買収と売却によって実現されてきたと言えるだろう。

2010年代のネスレを振り返ると、「栄養・健康・ウェルネス」戦略に基づき、健康関連企業の買収と、低採算なノンコア事業の売却を推進してきた10年間と総括できる。2011年に子会社「ネスレヘルスサイエンス」を立ち上げて以降、Vital Foodsの買収、Chi-MedとのJV設立など、医薬やサプリメント関連の企業の獲得を通じて、食と医の中間領域における知見・ノウハウの獲得に取り組むこととなった。2019年にはパーソナライズサプリメント企業のPersonaを買収し、2020年にはバイオ医薬品企業のAimmune Therapeuticsの買収、2021年にはサプリメント企業のThe Bountiful Companyの買収、その他、機能性食品・飲料やメディカルフード企業の買収など、栄養・健康・ウェルネス領域での事業ポートフォリオ拡大に注力している。一方で、米国のアイスクリーム事業、ミネラルウォーターブランド、菓子ブランド、化粧品事業など、ノンコア事業の売却を進めている（図表2-1）。

このように2017年から2021年にかけて、85件以上、グループ売上高の2割に占める買収・売却を行い、事業ポートフォリオを組み替えてきた。こうした事業再編を通じて、企業の大きな方向性を見失うことなく、時代の流れに沿って、大胆かつ積極的な事業ポートフォリオの見直しを行うことで、多様化する消費者ニーズに柔軟に対応できる体制を築き上げてきた。

ただし、ネスレのポートフォリオ再編は、自社の独断で行ったということではなく、常に資本市場との対話を通じて取り組まれてきたものであることも重要なポイントである。2017年にアクティビストファンドのThird Pointはネスレの株式を取得し、自社株買いやポートフォリオの見直しを提案した。こうした資本市場からのプレッシャーに応じる形で、ネスレはスキンケア事業などのノンコア事業の売却を次々と進めることとなった。こうしたアクティビストの声に応えつつ、中核事業へのシフトを進めたことで、株式市場からは好感され、株価、EV/EBITDAともに好調に推移している（図表2-2）。

イノベーションを推進してきたことも、ネスレの強みの源泉の一つの要素とし

図表 2-1　ネスレの近年の M&A 事例

時期	対象	カテゴリ	取引
2022	Orgain	ニュートリション	買収
2021	The Bountiful Company	サプリメント	買収
2021	Nuun	機能性飲料	買収
2021	北米ミネラルウォーターブランド	飲料	売却
2021	Essentia	機能性飲料	買収
2020	Yinlu	中国加工食品・飲料	売却
2020	Freshly	調理食品	買収
2020	Aimmune Therapeutics	バイオ医薬品	買収
2020	IM HealthScience	サプリメント	買収
2020	Vital Proteins	サプリメント	過半持分取得
2020	Zenpep	ニュートリション	買収
2019	Herta	食肉	売却
2019	米国アイスクリーム事業	アイスクリーム	売却
2019	Nestle Skin Health	化粧品	売却
2019	Persona	サプリメント	買収

出所：会社HPより、みずほ銀行産業調査部作成

て挙げられる。ネスレのR&Dは、4つの研究機関（ヘルスサイエンス、食の安全、原料開発、パッケージング）に支えられてきたが、2022年に5つ目の研究機関として、再生農業の推進に向けた農業科学の研究所が設立された。ネスレは毎年R&D投資に約2,000億円を投下し、上記5つの領域で研究開発を進めるとともに、そこで得た技術・知見を商品開発に活用している。加えて、外部との連携によるオープンイノベーションの推進も行っている。2019年にR+D Acceleratorプログラムを立ち上げ、自社アセットをスタートアップや研究機関に活用させ、その研究や商品開発を支援する体制を構築している。このプログラムを活かし、2021年までに250社のスタートアップを援助し、共同開発した90商品が20か国でテスト販売されている。さらに、InGeniusという社内起業プログラムを作り、社員がイノベーションに取り組むことを推進している。社内外のいろいろなスキームを活かして、多様な主体によるイノベーションを推進してきたことが、ネスレの持続的な成長に貢献していると言えるであろう。

また、デジタルの取組みの深化も、ネスレが近年注力している領域の一つである。新型コロナウイルスの影響を受けて、グローバル市場の中でインターネット小売（Electronic Commerce、EC）が拡大する中、ネスレもECによる売上高を大きく伸ばすこととなる。グループの売上全体に占める割合として、2012年時点で3%だったものが、2021年には14%まで上昇している。ネスレは、多くのブランドを持って幅広い顧客層をターゲットとしているが、インターネット上にも消

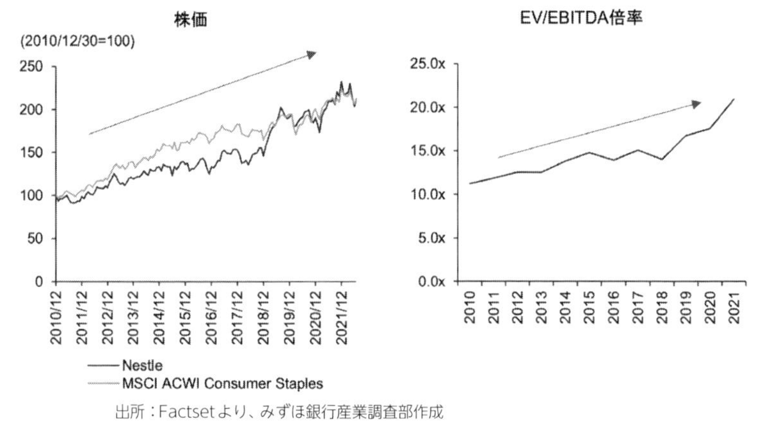

出所：Factsetより、みずほ銀行産業調査部作成

図表 2-2　ネスレ　株価、EV/EBITDA 倍率の推移

費者との直接のタッチポイントを増やすことで、より豊富な消費者データを蓄積し、消費者のネスレに対するエンゲージメントを高めるとともに、よりパーソナライズな商品・サービスの提供を志向している。

最後に、ネスレの特筆すべき戦略のポイントとして、サステナビリティへの取組みを挙げる。ネスレは、2021 年に Net Zero Roadmap という環境目標とその道筋を公表した。この目標の特筆すべき点は、自社で直接的・間接的に発生する GHG の排出を取り上げるのみならず、バリューチェーン全体で発生する GHG 排出量を削減するということについてもコミットしていることである。特に、ネスレにとって最も排出量割合の大きい、農畜産由来の排出量削減にもコミットしていることが特徴的である。ネスレは、この目標を達成するために、2025 年までに環境再生型農業の実践に約 1,400 億円を投資することを表明していることに加え、この農法によって生産された原料をプレミアム価格で購入し、2030 年までに調達原料の 50％をサステナブルな生産手法で生産された原料にすることにもコミットしている点が着目される。自然資源を調達して製造・加工して商品を作っているとはいえ、食品メーカーは実際に農業・畜産を行っている主体ではないため、原材料にまで踏み込んだ取組みにコミットする事業者は限られている。ネスレは、業界のリーディング企業として、グローバルベースで自社と関係のある一次生産者（農畜産業）を直接支援する取組みを始動している。このことは、食料生産においても持続可能性が議論される中で、食品企業が果たすべき役割の一つを示唆していると言えるであろう。

第3節　ユニリーバ

ユニリーバは、1929年創業、2021年度決算で売上高は6.8兆円、2021年12月末時点の時価総額15.6兆円を計上するFMCG（Fast Moving Consumer Goods、日用消費財）業界のリーディングプレーヤーの一社である。ユニリーバはパーパスとして「サステナビリティを暮らしのあたりまえに、“Make Sustainable Living Commonplace”」を掲げており、以前からサステナビリティ経営の先進的な企業として取組みを進めてきた。グループ全体で、化粧品、食品、日用品の3つの事業を行い、400以上のブランド（代表的なブランドはDove、Knorr、Ben & Jerry's など）を約190か国で販売し、各国・地域の市場で高いシェアを獲得している。また、全売上高に占める新興国市場の割合が58%を締め、市場拡大が期待される新興国市場において、高いプレゼンスを保有している点に強みがある。

ユニリーバの戦略について概観する。2009年に「社会に貢献」「ビジネスの成長」「環境負荷の削減」の3つを同時実現することを目指す「ザ・コンパス」という経営ビジョンが策定された。2012年にこれがより精緻化されることとなり、「売上高を2倍、環境負荷を半分にする」という数値目標とともに、戦略方向性が設定された。環境負荷削減やサステナビリティの取組みについては、「ユニリーバ・サステナブル・リビング・プラン（USLP）」において、より具体的な目標や行動計画が策定されており、これに沿って2020年まで取組みが進められてきた。2021年には、USLPに次ぐものとして、成長とサステナビリティを統合した新たな企業戦略として、「ユニリーバ・コンパス」が策定された。ここでは「サステナブルなビジネスのグローバルリーダーになる」ことが新たなビジョンとして掲げられ、5つの戦略的選択・行動とサステナビリティに関わる3つの大目標が設定された。今後は、この「ユニリーバ・コンパス」を指針として、事業活動と社会的価値の提供を進める方針とされている。

5つの戦略的選択・行動で示された事業戦略の方向性は、①ブランド戦略、②地域戦略、③チャネル戦略、④組織変革、⑤ポートフォリオの変革、の5つである。1つ目のブランド戦略については、強みとするコアブランドでの価値提供と、プロダクトイノベーションを進めることが示された。2つ目の地域戦略については、アメリカ、インド、中国を注力エリアとしており、既存の先進国市場に加えて、伸び行く市場に注力することが示された。3つ目のチャネル戦略としては、既存の店舗小売市場での売り上げだけでなく、ECの売上獲得も目指す方針である。4

つ目に組織変革として、従来のマトリックス構造から5つの事業グループ（ビューティー＆ウェルビーイング、パーソナルケア、ホームケア、ニュートリション、アイスクリーム）への再編が2022年1月に発表され、よりシンプルでカテゴリにフォーカスした組織体制への変革が打ち出された。

最後の5つ目のポートフォリオの変革については、グローバルトップ企業のフレキシビリティを示すものとなっている。ユニリーバは、かねてから買収と売却を通じて、事業ポートフォリオの入れ替えを積極的に進めてきた。図表2-3に示すように、2018年から2021年の間にも多様な事業領域でのポートフォリオの入れ替えを行っている様子が顕著である。事業別の売上高で見ると、2010年に化粧品が33%、食品が49%、日用品が18%という割合であったのに対し、2021年には化粧品が42%、食品が38%、日用品が20%へと変化している。新興国での事業機会が期待される化粧品事業のウェイトを上げ、競争が激しくなっている食品事業についてはウェイトが下がっている。2010年代前半には、イタリアの冷凍食品事業、米国の冷凍食品事業、米国のドレッシングブランド、米国のパスタソースブランド「ラグー」「ベルトーリ」などを事業売却し、コアポートフォリオへの集中を進めてきた結果である。2010年代後半には、アメリカのスキンケアブランド、韓国の化粧品大手Carver Koreaなど、高品質な化粧品ブランドを多数買収し、化粧品のポートフォリオをグローバルに拡大させている。加えて近年は、OLLYやSmartyPants Vitamins、Onnitなどのサプリメント企業の買収を加速する一方で、Liptonなどの紅茶事業を45億ユーロで売却し、更なるポートフォリオの見直しを進めている。今後の戦略方向性としては、Prestige BeautyとFunctional Nutritionの2つの領域を成長領域と定め、投資を継続する方針が示されている。

ユニリーバの「コンパス」戦略、「ユニリーバ・サステナブル・リビング・プラン」、およびこれらのポートフォリオの見直しは、2009年にCEOに就任したポール・ポルマン氏のリーダーシップの下で推進された。これらの戦略に沿って、環境負荷を低減しつつも着実に業績を伸ばしたことで、資本市場から取組みが評価され、2010年以降、ユニリーバの株価とEV/EBITDA倍率は2010年水準を上回って推移している。

これまで見てきた事業の買収・売却はユニリーバの戦略の一部に過ぎず、自社内部でのオーガニックな成長を実現するために、「イノベーション」にも力を入れている。2020年には8億ユーロをR&D投資に振り向け、保有している特許は

図表 2-3　ユニリーバの近年の M&A 事例

時期	対象	カテゴリ	取引
2021	Paula's Choice	化粧品	買収
2021	Onnit	サプリメント	買収
2020	SmartyPants Vitamins	サプリメント	買収
2020	Liqquid I.V.	機能性飲料	買収
2020	チリのアイスクリーム事業	アイスクリーム	売却
2020	GSKのインド健康飲料事業	機能性飲料	買収
2019	Graze	健康菓子	買収
2019	Alsa	菓子	買収
2019	Tatcha	化粧品	買収
2019	OLLY Nutrition	サプリメント	買収
2019	Garancia	化粧品	買収
2018	The Vegetarian Butcher	プラントベース	買収
2018	Betty Ice	アイスクリーム	買収
2018	Equilibra	パーソナルケア	過半持分取得
2018	マーガリン・スプレッド事業	食品	売却
2018	Quala	パーソナルケア	買収

出所：会社HPより、みずほ銀行産業調査部作成

20,000 件以上に及ぶ。イノベーションの領域は、「科学とテクノロジーによるプロダクトイノベーション」「デジタルや AI を活用したマーケティング・製品開発の高度化」「サステナビリティを高めるための素材開発」など多岐にわたる。特に、デジタル領域では様々な打ち手が取り組まれており、データドリブンなマーケティングを担う Digital Hub、広告やコンテンツの自社開発を行う U-Studio、消費者データからインサイトを得るビッグデータプラットフォームである People Data Centre など、ユニリーバのデジタル・ケイパビリティを高めるための仕組みが整えられている。このような取組みを進めた効果もあり、ユニリーバの売上高に占める EC 売上高の割合は、2016 年の 2% から 2021 年の 13% にまで拡大している。

イノベーションの方向性はオーガニックなものだけでなく、外部との連携によるオープンイノベーションも進められている。それを推進するエコシステムが、Unilever Foundry である。Unilever Foundry は、スタートアップと連携し、そのスケールアップや共同商品開発等を支援する枠組みであり、これまで 40,000 社超のスタートアップが参加し、400 超のパイロット案件が実行されてきた。対象とする領域は、ユニリーバのマーケティング力を補強するデジタル分野に加えて、次世代型の素材や包材の開発など、8 つの領域が提示されている。

加えて、ユニリーバは Hive と呼ばれる食品イノベーションセンターをオラン

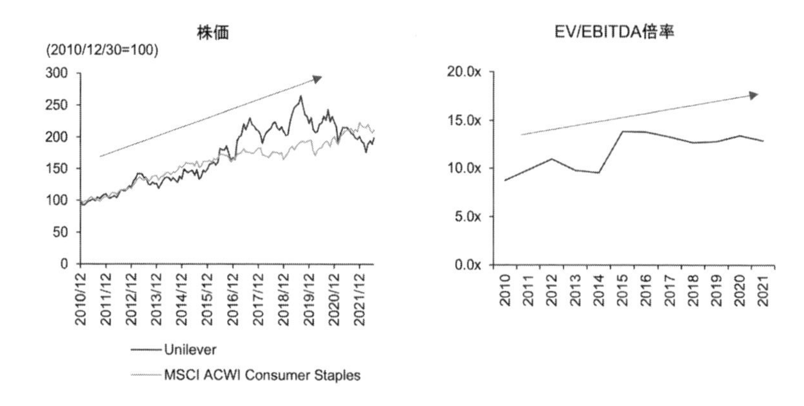

出所：Factsetより、みずほ銀行産業調査部作成

図表 2-4　ユニリーバ　株価、EV/EBITDA 倍率の推移

ダに設置している。ここでは、よりよい食の開発がミッションとして掲げられ、オープンな研究開発の場として提供されており、ユニリーバブランドの健康価値やサステナビリティを向上させるための研究が、スタートアップや外部パートナーとともに行われている。

最後に、ユニリーバの先進的なサステナビリティ経営について紹介する。先に述べたように、ユニリーバは、かねてからパーパスとして「サステナビリティを暮らしのあたりまえに」を掲げているように、サステナビリティを意識した経営を行ってきたが､2010 年に「ユニリーバ･サステナブル･リビング･プラン（USLP)」を策定し、成長とサステナビリティの両方の取組み方針を明確にしている。同社は、サステナビリティへの取組みが、自社の差別化の源泉になると考え、他社に先んじて注力してきたが、その結果、同社はサステナブルな企業として人々に認知されるに至っている。当社は、「USLP の目標に 1 つ以上貢献し、『持続可能な暮らしの実現』を目的として掲げるブランド」を、サステナブル・リビング・ブランドと位置付けているが、該当するベン&ジェリーズ、ダブ、コンフォート、ライフボーイなどのサステナブル・リビング・ブランドは、その他のブランドを上回る成長率を実現し、省エネや廃棄物の削減により、10 億ユーロ以上のコスト削減を実現した。その後、USLP はより包括的な企業戦略である「ユニリーバ・コンパス」に引き継がれており、2022 年時点では、大きな 3 つの目標として「地球の健康の改善」「人々の健康、自信、ウェルビーイングの向上」「より公正で、より社会的にインクルーシブな世界」の実現が掲げられている。

ユニリーバの商品のサステナビリティを高めるための具体的な事例に関してみていこう。例えば、SEAC（Safety and Environmental Assurance Centre）は、ユニリーバの商品の安全性とサステナビリティを評価する科学者集団であり、多数の専門家とパートナーシップを組んで、ユニリーバの科学的知見の向上に努め、これまでに商品開発時に動物を使用しない評価アプローチの開発などで成果をあげている。また、先にも見たスタートアップとの連携エコシステムであるUnilever Foundryでは、生分解性を持つサステナブルな素材や包材開発の技術を持つ企業に連携を呼び掛けるなど、サステナビリティを高めるための外部連携も積極的に行われている。

食品分野にフォーカスを当てると、グローバルなフードシステムをより持続可能なものとするべく、2020年にFuture Foodsというイニシアチブが立ち上げられた。これは、人々がより健康な食事を取り、フードチェーンの環境へのインパクトを低減させることを目指すものである。この中でユニリーバは、① 2025～2027年に植物肉と代替乳の売上高を10億ユーロまで拡大する、② 2025年までに工場から棚に至るまでの当社の直接のオペレーションから生じる食品廃棄物を半減する、③ 2025年までにポジティブな栄養をもたらす製品数を倍増する、④すべての製品のカロリー減・減塩・低糖を継続する、という4つの目標に対しコミットしている。

気候変動への取組みについては、目標と行動計画を定めたUnilever Climate Transition Action Planが2021年に発表された。この計画の中で、ユニリーバは、① 2039年までに、Scope1、2（自社による直接・間接のGHG排出）およびScope3（自社サプライチェーンの上流・下流での他社によるGHG排出）の排出量をネットゼロにする、② 2030年までに自社製品のフットプリントを2010年比で半減させる、といった具体的な目標を掲げ、サプライチェーン全体で排出量削減を進める方針を示している。その目標を掲げるだけでなく、実現するための方法として、Scope3削減に向けたサプライヤーとの連携プログラムであるUnilever Climate Programmeや、気候変動・自然保護に資するプロジェクトに投資するClimate & Nation Fund（投資金額10億ユーロ）などを実行に移している。以上みてきたように、ユニリーバは、サプライヤーの排出量削減をサポートするべく、効果的な農業手法のアドバイスや、各種ツール・リソースへのアクセスの支援を行っており、サプライチェーン全体での排出量削減への取組みで先進的な企業と言えるであろう。

第４節　グローバルトップ企業の次世代戦略

以上、第２節･第３節でグローバルトップ企業の事例として、ネスレとユニリーバの例を見てきた。両社の事例から学ぶことが出来る教訓は以下の通りである。

①長期の戦略方向性に沿って、コア事業を軸としつつも、ポートフォリオを見直しながら変化を実現した

②内部での R&D に加えて、外部とのオープンイノベーションを推進した

③サステナビリティへの取組みを差別化要素と捉えバリューチェーン全体で持続可能性を高める施策を取ってきた

両社は、この３つの事業特性を、事業戦略策定上の強みの源泉として戦略が構築されている。両社が保有する強みである①事業基盤のある地域、②保有するプロダクト、③資金力、についてみても、日本の食品企業とは異なる点も多くあるが、食品産業の未来に向けて日本企業がグローバルにプレゼンスを高めていくためには、強化すべき点を示しているものと評価できるだろう。この先の 10 年、及びその先を展望し、日本の食品企業がイノベーションとサステナビリティへの取組みを強化し、そこで得た知見やノウハウを活かして、グローバルにポートフォリオを拡大させていくことに期待したい。

フードテック（Foodtech）

1. 食品製造業界の外で盛り上がり始めたフードテック

2022年1月に米国で開催された世界最大の技術見本市「CES2022(Consumer Electronics Show2022)」は､55年の歴史上初めて､フードテックを公式テーマとして採用した。同見本市で、米国の植物性代替肉スタートアップであるインポッシブル・フーズがインポッシブルバーガーの試食イベントを開催し大成功を収めたのは2019年。デジタル技術のギーク（Geek；卓越した知識のある人）たちが「フードテック」を認知するきっかけともなった。一方、2015年に食のグローバルカンファレンス「スマートキッチン・サミット」を立ち上げたのは、フードテックメディア「ザ･スプーン」の創設者マイケル・ウルフ氏。長年にわたりスマートホーム領域の研究をしていた氏は、キッチン領域にもデジタル技術が浸透し始めていることに着目して同カンファレンスを立ち上げ、調理家電のIoT化やフードロボット、食のパーソナライゼーションといったテーマでスタートアップと議論を始めていた。同じく2015年、イタリアのミラノでは、食をテーマにミラノ万博が開催され、フードイノベーションサミット「Seeds & Chips」も創設。欧州ではSDGs解決に向けたフードテックに注目が集まり、代替プロテインや植物工場、フードロス対策などの事業に取り組むスタートアップが、さまざまなカンファレンスに登壇した。以来フードテックは、デジタル技術の新アプリケーション領域として、また地球環境問題の解決策としての期待が集まるようになり、ある種「食品製造業」ど真ん中ではないところから勃興してきた領域と言える。

2. ニーズの大きさで先行する海外のフードテック事情

海外でフードテックが先行する領域の1つに、超個別化食（パーソナライズド・ニュートリション）がある。遺伝子や腸内細菌、血糖値など様々な生体データ（客観データ）と質問項目への回答（主観データ）を解析して、その個人に最適な食品やサプリメントを提案するサービスだ。これは米国のほうが参入プレーヤーも多く市場規模も大きい。背景には、米国の高い肥満率と糖尿病人口により血糖値をコントロールする食事のニーズが高いこと、スマートウォッチなどのウエアラブルデバイスが普及したことで体内データや歩数などの活動量のトラッキングが容易になり、人々の意識が高まっていること、コロナ禍でフードデリバリーやサブスクリプション型の食サービスが急成長し、人々が自らの健康に合わせたサービスを選ぶようになったことが挙げられる。スマートウォッチに関しては2021年第3四半期の時点で米国での普及率は15%にのぼる。(日本は4.2%[1])それぞれの効果の確かさについては賛否あるものの、強烈なニーズが市場をけん引している。

また、代替プロテイン市場も、海外が先行する領域の一つだ。インポッシブル・フーズやビヨンドミートに代表される植物性代替肉は、本物の肉と見分けがつかないほど「肉らしい」味を実現している。これまでにも肉の代わりとして使う植物性の乾燥素材は存在していたが、市場をにぎわせているのは肉好きをも唸らせる認知科学レベルで肉に近づけた製品だ。一方でネットフリックスなどの動画配信サイトでプロテイン危機のドキュメンタリーが配信され、セレブリティがいち早く植物性を中心とした食習慣をSNSに投稿し、Gen Zと言われる若者世代がこうした植物性代替肉に関心を示すようになった。今では、幅広い世代で環境のために「肉食を減らそう」という意識が高まり、市場の成長が見込まれている。

2022年1月にシグマクシスが行った調査（図表1）では、「価格が同じであればサステナブルな食品を選ぶ」と答えた割合が、イタリアで30%、米国で15%に上る。日本では6%にとどまり10%にも満たない。「価格が高くてもサステナブルな食品を選ぶ」と答えた層も、イタリアで11%、米国で10%存在する。日本ではわずか2%だ。海外でサステナブルな食としての代替プロテインの盛り上がりが先行している背景にある。こうしたニーズの高まりを受け、ネスレやダ

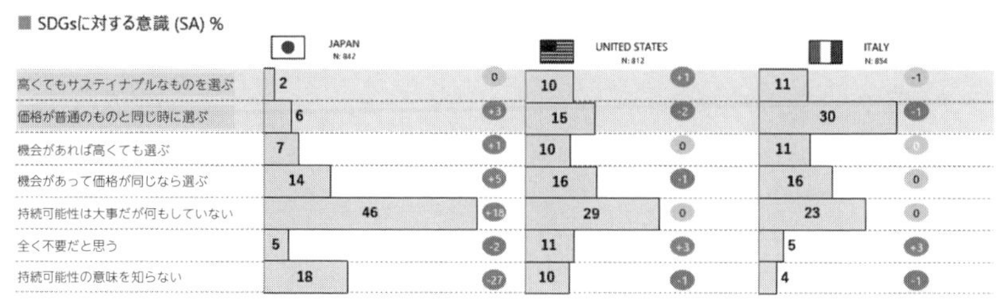

図表1　サステナビリティの関心度合い食品購入行動

ノンなど世界のトップ食品メーカーもこうした領域への投資や製品開発を推し進めている。

一方、日本においてもサステナビリティに対する関心度合いは年々急速に高まっており、生活者が食を選ぶ基準が今後変化していく可能性は大いにある。多くの食品メーカーが新食材開発に取組み始めており、日本でも今後ますます新たな製品が市場投入されていくだろう。

3. フードテックが狙う多様化した食のニーズ

実は前述した健康やサステナビリティといったニーズ以外にも、食には多様なニーズにこたえられる力がある。図表2は、シグマクシス調査において「日々の食事において大切にしていることとして共感するものを選んでください（いくつでも)」と聞いたものである。リラックス、健康、楽しみたいといったニーズ以外にも「新しいことを学びたい」「周りと繋がりたい」「自己表現したい」といった、多様なニーズが存在することが明らかになった。食そのものから得られる価値というよりも、いわゆる副次的なインパクトであり、むしろウェルビーイング向上に直結するニーズであることが見て取れる。ここで注目すべきは日本の値が他国と比べて、右側に行くほど急速に値が小さくなっていることだ。右側にある選択肢は、日本が10%未満であるのに対し、他国では20-25%と、食に多層的な価値を求めていることがよく分かる。こうしたニーズは、教育、観光、ソーシャルなど、他産業のサービスと食を関連付けることによって満たされる可能性がある。今、メタバースのような新たなテクノロジー領域についても、食に応用したサービスが出現しているが、ゲームや教育などと融合させながら、食の新たな体験手段として注目されている。このように、他産業、

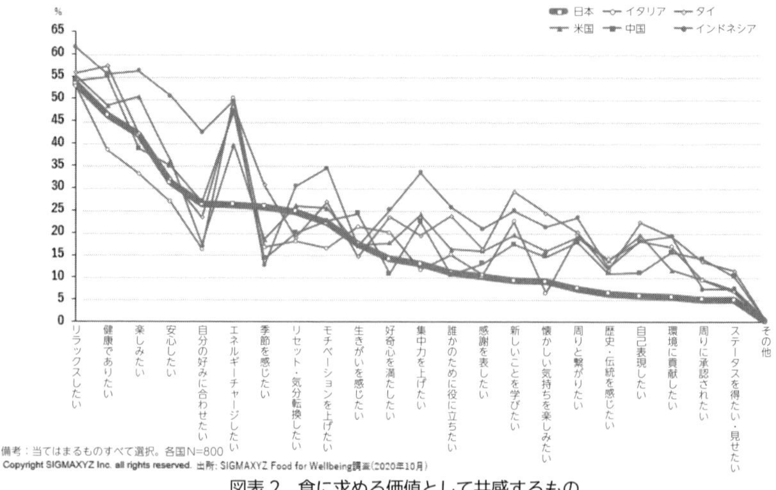

図表2　食に求める価値として共感するもの

新技術を見据えた新たな食材やサービスが開発されているわけだ。

4. 日本企業にとってのビジネスチャンス

世界的なフードテック市場の盛り上がりは、実は日本の食品産業にとってまたとないビジネスチャンスであると筆者は考えている。例えば、「美味しさ」への貢献だ。健康課題や環境問題の解決、自己実現を満たす新食材市場をけん引するのはスタートアップだ。動物性食材を排除した食品、フードロス削減として未利用素材をアップサイクルして作る食品など、これまでにない条件下で生産する食品が増えており、異業種からの参入も多く、食感や後味含むおいしさの設計に苦慮している。筆者らは海外で数多くのスタートアップと直接対話し試食もしているが、肉でも菓子でも飲み物でも、口に含んだときの味、後味、胃もたれ感など、「美味しさ」にはまだ改善の余地があると感じた。そこで期待されるのが、日本の技術というわけだ。味のクオリティで世界からの絶大な信頼を持つ日本の食品メーカーとの協業に関心を持つスタートアップは非常に多い。実際、美味しいと感じるスタートアップ製品に、日本の食品メーカーが一役買っていることもある。かつてハイテク製品で、日本の部品メーカーが力を発揮していたように、代替プロテインやアップサイクルといった新食材市場においても日本の精緻な要素技術が生きる可能性は充分にあるだろう。

日本の食品メーカーに期待を寄せるのは、スタートアップだけではない。欧米では複数企業が共にスタートアップを育成するエコシステムが構築されている。例えば、香料大手ジボダンが、マース、ダノン、イングレディオンと共に米国で立ち上げたMISTAや、食料品チェーンのデレーズ、家電大手エレクトロラックス、果物加工のゼンティスらが欧州で立ち上げたCo.Foodだ。MISTAは2019年、サンフランシスコで低温殺菌施設や発酵施設、コワーキングスペースを兼ね備えた拠点をオープンさせた。代替プロテインやバイオテクノロジー、パーソナライズドフードなど、40社近いスタートアップが参画している。MISTAの代表スコット・メイ氏は、2020年のスマートキッチン・サミット・ジャパン（SKS JAPAN）の中で、日本の食品メーカーに対しても参加を呼び掛けている。

ジボダンのようなグローバル大手メーカーがあえて複数企業と協業しながらスタートアップ育成に励むのには2つの理由がある。1つは世界のフードシステム全体を持続可能なものに置き換えていくためには、大手企業が複数集まってアイデアを出し、新しいシステムを考える必要があること。もう1つは1社単独でスタートアップ1社ごとに出資して育てていくのは非常にリスクも高く効率が悪いことだ。複数企業の目と、そこに集まった専門家の目があることで、投資先事業が成功する確度も高まる上、スタートアップにとっても、1社からの出資で縛られた形よりも、オープンな枠組みの方が事業を拡大しやすい。

アカデミアが起点となる事例もある。オランダがワーヘニンゲン大学を中心とした産官学フードバレー構想を打ち出したことは有名であり、スタートアップコミュニティも構築されている。日本からも2021年に不二製油がこのフードバレーに研究開発拠点を設立するなど、本腰を上げて取り組む企業も出始めた。また、美食の町として知られるスペインのサン・セバスチャンでは、バスク・カリナリー・センター（BCC）が、世界にさきがけて食に関する博士課程の教育プログラムを打ち出している。BCCには、欧州から数多くのスタートアップが在籍し、一流のシェフやバスク地方の食産業と交流しながら事業を構築している。彼らも2020年のSKS JAPANの中で、日本企業の参画を歓迎すると述べた。

複数企業・アカデミアのイノベーション共創の場に参画し、スタートアップのプロダクトに付加価値を加えていくことは、日本の食品産業にとって新しい成長の柱となると考えられる。グローバルでどのようなフードシステム改革が進もうとしているのかを掴み、日本企業として貢献ができることを見極め、技術力を打ち出していくチャンスと言えるだろう。　　　　（シグマクシス）

1）Kantar社調査（2021Q3）

第3章　サステナビリティ＝地球市民の責務

新井ゆたか（消費者庁長官（前農林水産審議官））

第1節　人口減の日本、増加する世界人口

第1章、第2章では、企業行動からグローバル展開に係る実態と問題点などに触れてきたが、第3章では巨視的に現在の日本社会および世界が直面している現状や解決すべき問題など社会変化の観点から食品産業を捉えてみたい。

まず、食品産業の動向を考える上で、人口動態は極めて重要である。食料消費量と人口（人の口）が相関するのみならず、その国の食品市場の大きさは、人口×生産性によって決まるからである。さらに言えば、人口減少・高齢化によって、国内食料消費が大きく減少するのみならず、東京圏など一部の地域を除いて日本人だけでは労働力の確保もままならなくなるのは確実だ。目を世界に転じてみると、世界の人口は今なお毎年1％以上の伸びを見せている。今後増加率が鈍るものの、2020年現在で78億人の人口が、国連の推計によれば2050年には100億人に迫るものと見込まれている。特にアフリカや中西部アジアの増加が大きく、インドなどの南アジアやアメリカなどの北米地域も増加が継続することとなり、世界の食糧需給に影響を与えることとなるだろう。

21世紀に入ると、発展途上国においても人口増加に加えて、インフラや教育・医療体制の整備が進んだ。一人当たりGDPも上向きとなり、2000年には33.7兆ドルだった世界のGDPが2019年には87.6兆ドルに急伸するなど世界の経済が急速に拡大している。地域的には人口増加が止まった中国では、一人当たりGDPは、2010年には4,499ドルだったものが2022年IMF推計では1万4,096ドルになり、GDPに占める個人消費の割合も、まだ先進国よりは低いものの年々高まってきている。こうした経済成長を背景に、今後とも世界の食料消費市場は拡大を続けることは確実である。

一方、近年、「安い日本」が人口に膾炙するようになったが、円の実質実効為替レート（物価上昇率を加味した円の海外通貨との交換価値）は2010年時の半分程度にまで低下している（つまり、昔は100円で買えていたものが200円出さないと買えなくなった）ことが示すように、海外に出るとあらゆるものが高くなっていることに気付かされる。2022年には、内外金利差が直接的な引き金となって円安が進行したが、ベースには国内外の経済成長の格差がある。これは、輸出や

インバウンド需要を呼び込むには有利だが、海外進出や人材獲得には逆風だ。こうした「安い日本」への動きの根底にも、やはり、人口動態がある。

第2節　持続可能な経営、社会への貢献

企業の目的や社会的責任については、「資本主義」が曲がり角に差し掛かるたびに繰り返し議論されてきた。1980年代の冷戦構造の終焉の前後から経済のグローバル化が急速に進展するに伴って、株主利益の追求を最優先とする英米流のいわゆる「株主資本主義」が主流となり、その前提として短期的な利益の最大化を企業経営に求める圧力が高まることとなっていた。しかしながら、今世紀に入ると、貧富の格差拡大や、地球環境収奪による成長の限界が世界各国で露呈し、企業活動における財務上の短期的利益の追求がかえって長期的成長機会を逸するケースも頻繁にみられるようになる。この反省から、「良い利益の追求」と「悪い利益の追求」があることが認識されるようになってきた。サステナビリティ（持続可能性）に価値を置く「良い利益の追求」は成長の源泉となる一方で、「悪い利益の追求」は企業の社会的責任が問われる時代へと変化してきたのである。この潮流の変化にあたってのキーワードは、言うまでもなくESG、SDGsである。

①　ESGとSDGs

SDGsやESGという言葉は、2022年時点では、もはや新聞や雑誌で毎日のように目にする言葉となっている。SDGsの絵本もあるし、SDGsと銘打ったシンポジウムも盛況だ。企業の立場に立ってみると、「この活動は何かよいことで、これを行うと評価されそうだが、実際にどこからどう取り組めばいいのだろうか」「この取組は経営にプラスになるのだろうか」「何かよくわからないが、お付き合い程度なら何とか経営資源も割けるだろう。まずは担当部署を作って考えさせよう」といった思いで、取り組んでいる企業もまだまだ多いのではないだろうか。

ただし、グローバルに展開する企業の経営者層の間では、SDGsの取組それ自体が成長（長期的な利益）の源泉であり、それなくしては、もはや企業経営は成り立たないという認識が共有されつつある。ESG（Environment、Social、Governanceの頭文字）とSDGs（Sustainable Development Goals）、よく聞く言葉であるが、改めて考えると、何を目標に誰に行動を促しているのだろうか。両者の共通の目的を端的に表現すれば「サステナビリティ」であり、地球規模の問題に対処しつつ、成長を目指すための行動を慫慂（しょうよう）しているものであることは間違

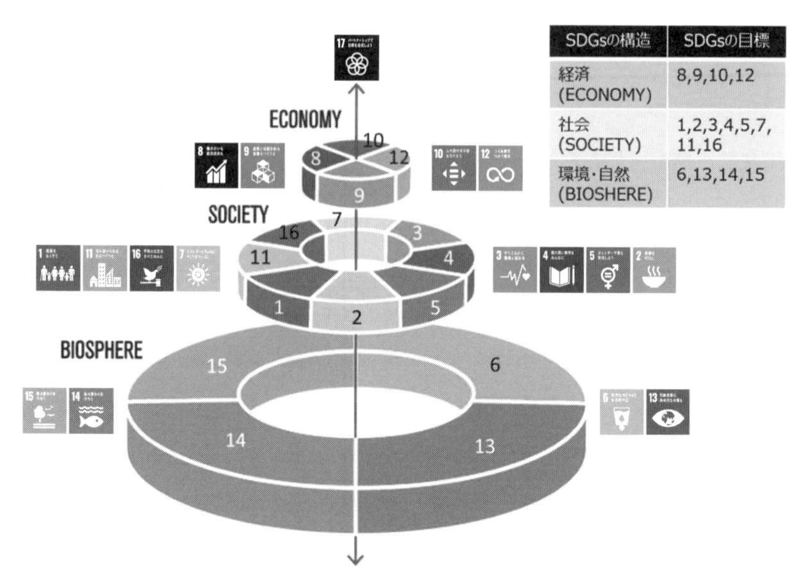

SDGsの構造	SDGsの目標
経済 (ECONOMY)	8,9,10,12
社会 (SOCIETY)	1,2,3,4,5,7, 11,16
環境･自然 (BIOSHERE)	6,13,14,15

出所：ストックホルム・レジリエンス・センター（著者加筆）

図表 3-1　SDGs のパラソル図

いないだろう。ここで改めて、その意味と目的を簡単に整理しておこう。

SDGs が、貧困、飢餓、不平等、教育、平和といった地球社会の分配の公正をも念頭において、世界中のステークホルダー（国、地方政府、企業、団体、個人）に活動を求めているのに対して、ESG は企業に対する投資（金の流れ）という視点から、「ESG ＝環境・社会・ガバナンス」を追求することが、企業活動の持続可能性に直結することであると評価し、投資側から見ても、運用資産の長期的なリターン向上につながる（投資対象企業と評価できる）という考え方に基づいている。この考えをベースに、企業は ESG に対する備えを実践するようになり、その情報を開示することで、投資家にそれを評価した投資を行わせ、企業の成長を支える好循環を作り出すことを狙いとしている。この一連の流れが ESG 投資であると考えることが出来る。世の中で流布されている考えの中には、SDGs が目指すべき目標･目的であり、ESG は手段という形で説明しているものもあるが、SDGs を達成に導く手法は ESG のみではない。個人レベルの市民連帯や NGO の取組も有効であり、欠かせない存在だといえる。言い換えれば、ESG は複数ある SDGs 山の登山道の一つであり、企業向けの主要道とでもいえるのではなかろうか。

② ESG（環境・社会・企業統治）

ESG投資では、売上や利益など過去の企業活動をお金で評価した財務情報だけでなく、財務情報としては直接的に表れにくい非財務情報が時間の経過とともに財務数値に転化していくことも考慮して投資が行われる。ESGの3つの要素、E（Environment）・S（Social）・G（Governance）は、こうした非財務情報として考えられるものを示している。企業は短期的に利益をあげれば良いというものではなく、社会課題の解決に取組み、しっかりしたガバナンスを実践していかなければ成長できない。背景にあるのは気候変動による災害などが多発しているという社会的な変化への対応が迫られているという危機感と、行き過ぎた短期的利益の追求がリーマンショックを招いたという功利的な行動に対する反省だ。

企業側は統合報告書に自社のESGに関する対応状況を発信し、企業行動を評価する会社は、こうした公開情報のほかに、アンケート調査などにより対象企業のESGに関連する情報を収集して評価・スコアリングしている。投資家にとっては投資の手助けになるものの、企業にとっては評価の考え方への不透明感とともに、性質が異なる事項を重み付けしてスコア（点数、グレイド付け）で評価するという手法自体への疑問や違和感も根強い。評価機関によってスコアが大きく異なることもこの懸念を助長している。このような懸念が生まれる背景には、ESGには多様で異質な課題が詰め込まれており、またこれから新たな課題が取り込まれる可能性も排除されないこと、加えて本来考慮すべき環境問題に関して、気候変動に関するTCFD（Task Force on Climate-related Financial Disclosures、気候変動関連財務情報開示タスクフォース）以外には国際的に認知された比較可能な形で情報提供する評価軸が確立していないために各社の取組方向や開示が未熟であるという現状がある。このようにESGの要素の多様性と評価の未成熟がESGウォッシュ（環境に配慮していると公表しながら実際には考慮していないこと）という状況を生んでおり、懐疑的な側面を強調する向きもある。こうした状況は今後評価基準の明確化、精緻化や各国の規制当局介入によって時間軸の中で正常化していくものと考える。

投資家の視点からみると、自己の投資が社会・環境に対してポジティブなインパクトをもたらし、かつ長期的に高いリターンが得られるのであれば、投資の面からも好循環が形成されることになる。このため、金融機関向けにグリーン投資の促進に向けた気候関連情報活用のためのガイダンスが策定され、投資家の認識を共有していくためのラウンド・テーブルにおいて意見交換が行われている。

それでは、ESGは今後どうなっていくのだろうか。2022年に深刻化したウクライナ情勢の影響からか、当面の企業行動、投資行動をみると、「ESG離れ」が起きているようにも見えるが、社会的な課題の解決における地球市民としての企業活動の重要性は変わらない。とすればESGの流れは、評価が精緻化するとともに、今後加速化していくことはあっても後退するとは考えにくい。評価開示義務が課される大企業のみならず、中堅・中小企業も企業の矜持が問われるものとなろう。個別に考えると、比較的評価基準が明確化されてきているのは、E（環境）の分野、特に後述する気候変動の分野である。更に生物多様性に関しても、2021年6月にTNFD（Taskforce on Nature-related Financial Disclosures、自然関連財務情報開示タスクフォース）が発足し開示の基準策定が進められている。S（社会）の分野においては、人権の課題の重要性が増している。G（統治）の分野でも、基本的な考え方の整理や実行体制を整備することはもちろんのこと、更に進んでEやSの分野に実効性を持って対応できるかその実践力が問われることになろう。

③　TCFDによる気候関連財務情報の開示

ESGの中で気候変動への対応、特に脱炭素は社会経済システムの転換なくしては達成し得ない重大かつ差し迫った課題であり、加えて対応の時間軸・目標も計測方法も明確である。このため、早くから開示項目を明確化する作業が具体的に行われ、デファクトスタンダード化してきた。

TCFDはESGのE（Environment）の財務関連情報の具体的な開示のプロセスや金融機関の評価・対応方法を検討するためにFSB（金融安定理事会）が民間主導で設置したものであり、提言や主な業種ごとのガイダンスをまとめている。

2017年に取りまとまられた提言は、「企業が自らの気候変動リスク・機会を中長期的な経営視点で評価、マネジメント、開示し、金融市場がそれを投融資等の判断に反映させる」ための情報開示の枠組みであり、これにより、事業会社は気候変動リスクに対してよりレジリエンスを高めることができ、金融市場も予め気候変動リスクを織り込むことでリスクが顕在化しても混乱を避けられる、とされる。

具体的には、図表3-2で示すように、「ガバナンス（Governance、組織体制）」「戦略（Strategy、気候関連リスク・機会の企業経営への影響分析）」「リスク管理（Risk Management、リスク・機会の特定・評価とマネジメント）」「指標と目標（Metrics and Targets、KPIと実績）」のそれぞれの項目ごとに公開することが推奨されて

図表 3-2　TCFD の開示推奨項目

「ガバナンス」、「戦略」、「リスク管理」、「指標と目標」によって構成され、企業として公開が推奨される11 項目が定められている

要求項目	ガバナンス	戦　略	リスク管理	指標と目標
項目の詳細	気候関連のリスク及び機会に関する組織のガバナンスを開示する	気候関連のリスクと機会が組織の事業、戦略、財務計画に及ぼす実際の影響と潜在的な影響について、その情報が重要（マテリアル）な場合は、開示する	組織がどのように気候関連リスクを特定し、評価し、マネジメントするのかを開示する	その情報が重要（マテリアル）な場合、気候関連のリスクと機会を評価し、マネジメントするために使用される測定基準（指標）とターゲットを開示する
推奨される開示内容	a 気候関連のリスクと機会に関する取締役会の監督について記述する	a 組織が特定した、短期・中期・長期の気候関連のリスクと機会を記述する	a 気候関連リスクを特定し、評価するための組織のプロセスを記述する	a 組織が自らの戦略とリスクマネジメントに即して、気候関連のリスクと機会の評価に使用する測定基準（指標）を開示する
	b 気候関連リスクと機会の評価とマネジメントにおける経営陣の役割を記述する	b 気候関連のリスクと機会が組織の専業、戦略、財務計画に及ぼす影響を記述する	b 気候関連リスクをマネジメントするための組織のプロセスを記述する	b スコープ1 、スコープ2 、該当する場合はスコープ3 のGHG 排出量、および関連するリスクを開示する
		c 2℃以下のシナリオを含む異なる気候関連のシナリオを考慮して、組織戦略のレジリエンスを記述する	c 気候関連リスクを特定し、評価し、マネジメントするプロセスが、組織の全体的なリスクマネジメントにどのように統合されているかを記述する	c 気候関連のリスクと機会をマネジメントするために組織が使用するターゲット、およびそのターゲットに対するパフォーマンスを記述する

出所：最終報告書　気候関連財務情報開示タスクフォースの提言　サステナビリティ日本フォーラム私訳第2版（2018年10月初版公表、2022年4月改訂）

いる内容が示されている。

TCFD 自体は民間の取組であるものの、東京証券取引所のプライム市場においては2021 年にコーポレートガバナンスコードが改訂された際に、TCFD 提言またはそれと同等の国際的枠組みに基づく開示が義務化された。さらに、IFRS（国際会計基準）財団にサステナビリティ基準審議会（ISSB）が設置され、2022 年春に開示基準案が公表されるなど、将来的には有価証券報告書における開示の義務化も視野に入れられている。TCFD 提言の極意は、気候変動の複数のシナリオを分析して、自社の戦略を通じて、組織のレジリエンスに活かす、すなわち持続可能を強固にすることにあり、この開示内容の決定に経営層が関与することにより、環境に対する意識を経営戦略に確実に反映させることだ。

TCFD 提言では、「ガバナンス」と「リスク管理」については規模を問わず全

農産業　図表 3-3　気候関連開示基準の業種別指標　（例）農産物

トピック	会計指標
温室効果ガスの排出	Scope1 総排出量
温室効果ガスの排出	Scope1 排出量を管理するための戦略・計画、削減目標、パフォーマンス分析等
温室効果ガスの排出	車両燃料消費量、再生可能エネルギーの割合
エネルギー管理	操業エネルギー消費量、グリッド電力の割合、再生可能エネルギーの割合
水資源	総取水量、総消費水量、ベースライン水ストレス（利用可能な水供給量に対する総取水量の比率）が高い地域におけるそれぞれの割合
水資源	水管理リスクの説明と、リスク軽減のための戦略と取組
水資源	水量・水質の許可、基準、規制に関連するコンプライアンス違反の件数

トピック	会計指標
原材料規格	作物の特定、気候変動により発現するリスクと機会の説明
原材料規格	ベースライン水ストレスが高い地域から調達した農産物の割合
原材料規格	車両燃料消費量、再生可能エネルギーの割合

活動指標
農作物製造量
加工拠点数
製造に関連している総面積
外部原料に基づく農業生産費用

出所：経済産業省企業会計室「気候関連開示プロトタイプ付属書（業種別指標）」(2022.02)（著者改訂）

ての企業が開示することが推奨されているので、まずはできるものから取り組むことが重要である。因みに気候変動がもたらすリスクについてTCFDでは「移行リスク」と「物理的リスク」の2つに分類している。前者は低炭素経済への移行に関連したリスクであり、法規制や技術、市場などの変化に伴うもの、後者は気候変動の物理的影響の関連したリスクであり、さらに異常気象に起因する急性リスクと気象パターンの長期的な変化に起因する慢性リスクに分かれる。

農業・食料・林業製品は気候変動の影響を強く受ける非金融グループ4業種のひとつであり、業種別の補助ガイダンスで解説が行われている。図表3-3は、農産物の開示項目のうち会計指標をピックアップしたものである。農業を含めた食品産業の持続可能性は人類の生存を支える必須の分野であり、その持続可能性が脅かされないように気候リスクに備えた経営を行うことは責務ともいうことができる。

具体的な開示は2020年7月にTCFDコンソーシアムが取りまとめた「気候関

連財務情報開示に関するガイダンス2.0」と事例集を参考に行うことになるが、農林水産省においてはそれを業種別、業態別にブレイクダウンした手引書を策定している[1]。

例えば、農産物の例をみると、温室効果ガス排出量として農産物生産を行う際に排出する量と排出量削減目標・削減戦略、エネルギー管理として燃料消費量・再エネ比率、水管理として総取水量と水ストレスが高い地域におけるリスク緩和戦略、水質基準への適合、原材料調達として気候変動がもたらすリスクと機会、その他農産物の外部調達コストなどの詳細要件を作成することとされている。ESGに対する取組も、具体的な事項をみると、特別難しいことではないことが理解できると思う。経営判断においてその都度無意識に行ってきた緩和策、適応策をTCFDの枠組みで整理していくことである。また、グローバルな企業であれば英語で、開示することである。

④　SDGsの取組

SDGs（Sustainable Development Goals）は2015年の国連持続可能な開発サミットにおいて採択された（翌年発効）。正式名称を「われわれの世界を変革する：持続可能な開発のための2030アジェンダ」といい、17の目標（ゴール）と169の下位目標（ターゲット）で構成される[2]。SDGsは1990年代の冷戦終結後から国連で議論されていた地球環境問題と途上国の貧困半減を目標として2000年に国連で採択されたミレニアム開発目標（MDGs）の流れが合流するかたちで策定されたものだという経緯を理解すると、17の目標の意味付けが深く理解できる[3]。

SDGsには、3つの特徴がある。すなわち、①世界から貧困をなくすこと、現在の社会・経済・環境を持続可能なものに「変革」すること、②2030年を期限として17のゴールの総合的な解決を目指すこと、③政府を法的に縛るものではなく、先進国、途上国、政府、企業、個人全てが取り組むことにより、「誰一人取り残されない社会」を目指すものであること、である。我が国においても経済団体が中心となって行動規範の策定や、各種のセミナー・シンポジウムの開催や、各社の中・長期の計画を17のゴールと照らし合わせて作成する動きが加速している。また教育の現場でも2020年度から本格実施される学習指導要領において「持続可能な社会の創り手の育成」が明記されることとなり、地球規模の課題を自分事として捉え、その解決に向けて自ら行動を起こす力を幼い時から意識した世代が育っていくことが期待される。

企業にとっては、普遍的かつ網羅的な内容であるが故に何をすればいいのか、自分がやらなくとも誰かがやればよいのではないかという考えにとらわれがちであるが、「持続可能」という軸で物事を判断することは、経営の持続性、価値創造に直結する重要なテーマである。また、17のゴールが相互関連性を内包しているので、ある目標を達成するために活動が別の目標の達成に役立つという創発効果が発生する。

食品産業は、業を営むこと自体で、「ゴール1（貧困をなくそう）」「ゴール2（飢餓をゼロに持続可能な農業）」「ゴール3（健康）」「ゴール6（安全な水）」「ゴール14（海のゆたかさ）」に貢献することが可能である反面、負の影響を与える可

図表3-4　SDGsの目標とターゲット
〜持続可能な社会と食品産業発展のために私たちにできること〜

1	貧困をなくそう	あらゆる場所のあらゆる形態の貧困を終わらせる
2	飢餓をゼロに	飢餓を終わらせ、食料安全保障及び栄養改善を実現し、持続可能な農業を促進する
3	すべての人に健康と福祉を	あらゆる年齢のすべての人々の健康的な生活を確保し、福祉を促進する
4	質の高い教育をみんなに	すべての人々への、包摂的かつ公正な質の高い教育を確保し、生涯学習の機会を促進する
5	ジェンダー平等を実現しよう	ジェンダー平等を達成し、すべての女性及び女児の能力強化を行う
6	安全な水とトイレを世界中に	すべての人々の水と衛生の利用可能性と持続可能な管理を確保する
7	エネルギーをみんなに。そしてクリーンに	すべての人々の、安価かつ信頼できる持続可能な近代的エネルギーへのアクセスを確保する
8	働きがいも経済成長も	包摂的かつ持続可能な経済成長及びすべての人々の完全かつ生産的な雇用と働きがいのある人間らしい雇用（ディーセント・ワーク）を促進する
9	産業と技術革新の基盤を作ろう	強靱（レジリエント）なインフラ構築、包摂的かつ持続可能な産業化の促進及びイノベーションの推進を図る
10	人や国の不平等をなくそう	各国内及び各国間の不平等を是正する
11	住み続けられるまちづくりを	包摂的で安全かつ強靱（レジリエント）で持続可能な都市及び人間居住を実現する
12	つくる責任、つかう責任	持続可能な生産消費形態を確保する
13	気候変動に具体的な対策を	気候変動及びその影響を軽減するための緊急対策を講じる
14	海の豊かさを守ろう	持続可能な開発のために海洋・海洋資源を保全し、持続可能な形で利用する
15	陸の豊かさも守ろう	陸域生態系の保護、回復、持続可能な利用の推進、持続可能な森林の経営、砂漠化への対処、ならびに土地の劣化の阻止・回復及び生物多様性の損失を阻止する
16	平和と公正をすべての人に	持続可能な開発のための平和で包摂的な社会を促進し、すべての人々に司法へのアクセスを提供し、あらゆるレベルにおいて効果的で説明責任のある包摂的な制度を構築する
17	パートナーシップで目標を達成しよう	持続可能な開発のための実施手段を強化し、グローバル・パートナーシップを活性化する

出所：農林水産省「SDGs×食品産業」https://www.maff.go.jp/j/shokusan/sdgs/index.html

能性も否定できない。事例としては、①原材料のほとんどを（場合によっては森林を開発することを通じて）地球に負荷をかけていること、②労働集約的に生産される一次産品に負っていること、③加工の過程でエネルギーを消費しCO_2を発生すること、④容器包装にプラスチックを多用することなどがあげられる。これらのことから、「ゴール2, 3, 6, 8, 13, 14, 15）に対しては、負の影響を最小化するように取り組むことが必須であるし、何よりも全ての人間が継続的に消費する産品であることから「ゴール12（つくる責任、つかう責任））に対する社会の関心、監視する目も高い。

企業としてSDGsに取り組む場合には、SDGsコンパス[4]（国連グローバルコンパクト等が策定）やGRI（Global Reporting Initiative）ガイドライン[5]、経団連の企業行動憲章実行の手引き[6]が参考となる。取組の幅が広いことから、各企業はSDGs全部に取り組む必要はないが、ビジネスのバリューチェーンに影響しそうな優先課題を選定し、可能な限りステークホルダーを巻き込んで解決を目指すこと、そして、経営統合して企業価値と一体化させ、報告とコミュニケーションを行い、改善することこそが重要である。食品産業は多くの自然資源と人的資源（労働力）に支えられて成立していることから、別の視点から見ると、SDGsが達成されずに環境と社会が不安定になることはビジネス上のリスクに直結する。持続可能な食品産業に実現はビジネスの問題という次元を超えて地球上に生息する人類の生存を左右するまさに地球規模の課題であり、消費者を含め全ての関係者が手を携えてSDGsを進めていく必要がある。

第3節　食料システムの中核としての食品産業の責任（SDGSの重点項目に照らして）

将来にわたって食品産業が持続的に発展していくためには、これまで見てきた通り、ESGの観点に照らして、社会的課題の解決に取り組んでいくことが不可欠となる。農林水産省においても、2022年3月に、食品企業がESG課題に取り組む際のガイドとなる「ESGに係る食品産業等への影響調査報告書」を取りまとめ、食品企業を取り巻く主なESG課題を整理した。

当該報告書でも示されているように、今後、ESG課題への対応ができていない企業は、①取引先に商品を引き取ってもらえなくなったり、感度の高い消費者から離れていく、②投資家によるダイインベストメントが起こる（新たな出融資を

図表 3-5　食品企業をとりまく主なＥＳＧ課題

<table>
<tr><th></th><th>全体</th><th>特に食品企業</th></tr>
<tr><td>環境
（E）</td><td>気候変動
森林破壊
資源枯渇
生物多様性
廃棄
汚染
再生エネルギー</td><td rowspan="3">責任あるサプライチェーン
■気候変動
■水資源の保全
■食品ロス抑制
食品廃棄物リサイクル
■森林減少の抑制
■持続可能な農業・水産業
■脱プラスチック
容器包装リサイクル
■健康・栄養
■人権尊重
■アニマルウェルフェア
抗菌剤使用の抑制</td></tr>
<tr><td>社会
（S）</td><td>ダイバーシティ（人材の多様性）
人権
女性活躍
地域とのつながり
雇用関係
労働条件
サプライチェーンマネジメントなど</td></tr>
<tr><td>企業統治
（G）</td><td>取締役会の構成・独立性
役員報酬
会計基準
リスク管理体制
株主の権利など</td></tr>
</table>

出所：「ESGに係る食品産業等への影響調査報告書」農林水産省（2022年3月）（筆者改訂）

受けられなくなり、更には既存投資を引き上げられる）、③感度の高い優秀な若者が就職先として選ばなくなり、更には人材定着率が低下するなど、事業リスクが高まり、機会の喪失を被る恐れがある。一方で、積極的にESG課題に対応することで事業機会の獲得やリスクの軽減につなげることができるだろう。以下では、これらのESG課題を、SDGsの目標との関連で見ていく。

①　食料システムの危機

・SDGs 目標 2「飢餓をゼロに」（飢餓に終止符を打ち、食料の安定確保と栄養状態の改善を達成するとともに、持続化可能な農業を推進する）

・SDGs 目標 13「気候変動に具体的対策を」（気候変動とその影響に立ち向かうため、緊急対策を取る）

人類はめざましい経済成長と人口増加の結果、大量の二酸化炭素などGHGが排出され、地球の平均気温が上昇し、種の大量絶滅が続き生物多様性が喪失している。オゾンホールの研究でノーベル化学賞を受賞したパウル・クルッツェンらが人類は新しい地質時代ともいわれる「人新世」に踏み出していると提唱した。人類活動は地球の自己回復力（循環）を超え、地球環境の安定性を損なうレベルまできており、人類は災害の多発や食料供給の困難性などしっぺ返しを食らう状況は始まっている。近年発生する異常気象などは、この課題に対して人類全体として対応していかなければいけないという警告と受け止めなければいけない。この考え方を受けてストックホルムの研究機関が打ち出したのが、生物地球化学的循環でみた地球の現状を示す「地球の限界・プラネタリー・バウンダリー」（図表3-6）である。その中では、種の絶滅の速度と窒素・リンの循環が不確実の領域を超えて高リスクの領域にあると指摘されている。

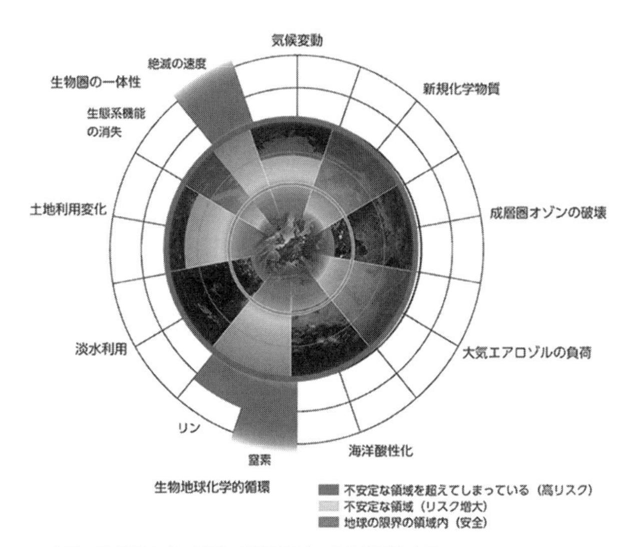

出所：平成30年版　環境・循環型社会・生物多様性白書

図表 3-6　地球の限界（プラネタリー・バウンダリー）の超過

食料生産は森林伐採による農地開発、化学農薬の使用など生物多様性喪失の最大の要因であり、水や海の環境への負荷、温室効果ガスの排出でも4分の1を占めていることも見逃してはいけない事実である。他方、第1節でも見たように世界の人口は今後30年間で約20億人増加し、2050年には100億人に迫ることが予想されている。日本、中国、欧州など50か国以上で人口の減少が予想される一方、世界40か国で50％以上の人口増加が見込まれる。特にサブサハラ地域を中心に19か国では2倍以上となることが見込まれ、例えば2022年時点で人口約2億人のナイジェリアは2050年には4億人に達し、世界第3位の人口を抱える国になる。将来、世界100億人が飢えることなく健康な食生活を送るためには、地球の資源のうち限りあるものは節約して使い、水や海の資源のように循環可能なものはその自己再生メカニズムを取り戻さなければならない。これはSDGsの貧困撲滅、飢餓ゼロ、気候変動、海の豊かさ、陸の豊かさといった目標と一致する。食料の生産と消費に課せられた責任は重く、世界中に人々が協力して取り組まなければ展望が開けない。増え続ける世界人口を、より環境に負荷が少なく、無駄がない食料生産、流通、加工、販売、消費形態で支えていくためのたゆまぬ努力が求められるのだ。

このような社会的な要請を受けて開催された2021年9月の国連食料システムサミットにおいては、川上や川下との関係を想起させる「食料チェーン」ではなく、関連するモノや人、資金など全てを関連性のなかで捉える「食料システム」という概念を中核として、国も国際機関も企業もNGOも個人も同列に参加して「解決策を出して実践する」ことで合意することに議論が集中した（2年ごとにフォローアップ）。これはCOPなどの地球環境問題の議論の手法と同様であり、今後食料システムが「地球環境規模」の課題として取り上げられていくことになるだろう。

② 持続可能な調達、生産、消費

・SDGs目標12「つくる責任、つかう責任」（持続可能な消費と生産のパターンを確保する）
・SDGs目標14「海の豊かさを守ろう」（海洋と海洋資源を持続可能な開発に向けて保全し、持続可能な形で利用する）
・SDGs目標15「陸の豊かさも守ろう」（陸上生態系の保護、回復および持続可能な利用の推進、森林の持続可能な管理、砂漠化への対処、土地劣化の阻止および逆転、ならびに生物多様性損失の阻止を図る）

食品産業の原材料の多くは、世界中で労働集約的な手法で生産されている。このことを踏まえると、食品産業において、人権問題に配慮し、かつ地球環境に負荷が少ない原材料・産品を調達する、それによって農業生産の現場を変え、地球への負荷を低減していくと同時に原材料を安定的に確保することは企業存続の生命線だといえる。

環境リスクの点では、気候変動、水リスク、生物多様性に留意しつつ、人権リスクでは地域社会や農園の環境などサプライヤーの状況を直接あるいは第三者評価期間の認証制度を活用して確認する必要があり、実現に向けて目標（KPI）を設定し取り組むことが標準となっている。個々の企業の活動が直接関係する取引先のみならずサプライチェーン全体ひいては地球全体の環境に影響する、これは大袈裟なたとえではなく現実である。

実際に行われている活動・取組をみると、食品のカテゴリー別に生産工程の第三者認証（GAP、GFSI、SQF、FSSCなど）の活用や、持続可能な環境配慮認証産品（有機、MSC、ASC、RSPO、フェアトレードなど）の割合の向上などが行われている。農産物生産工程管理の第三者認証であるGAPは食品安全（重金属やかび毒の低減、農薬の適正な保管や使用、遺物混入、収穫した農産物の保管)、労働安全(農薬使用時の作業者自身の健康・衛生管理、農機具の安全な取扱い、保管)、環境保全(適切な農薬の使用、土壌管理、排水廃棄物処理)、エネルギー削減など網羅的な監査項目となっている。食品企業の調達責任が強調されるようになれば、こういった認証の重要性は一層高まっていくだろう。

③ 人権、デュー・デリジェンス

- SDGs 目標 12「つくる責任、つかう責任」(持続可能な消費と生産のパターンを確保する)
- SDGs 目標 16「平和と公正をすべての人に」(持続可能な開発に向けて平和で包摂的な社会を推進し、すべての人に司法へのアクセスを提供するとともに、あらゆるレベルにおいて効果的で責任ある包摂的な制度を構築する)

グローバル化に伴って企業活動が引き起こす人権問題、例えば性別、国籍、人種による差別、ハラスメント、強制労働や児童労働、安全性や衛生管理の欠落した作業環境などは2000年代に入ると企業の社会的責任として強く問われることになった。繊維製品、食品、おもちゃなどの日用品といった低価格かつ労働集約的な産業分野に課題が多い。企業が現地の労働基準や人権関連制度を遵守することはもちろんであるが、自社の行為でなくとも取引先の人権侵害が横行すれば、社会に与える負の影響を減じることはできないとしてサプライチェーンにも責任をもつことが求められている。

源流は1976年のOECD(経済協力開発機構)の「多国籍企業行動指針」(2011年改訂)、1977年のILO(国際労働機関)「多国籍企業及び社会政策に関する原則の三者宣言」にある(2017年改訂)。国連では1999年から企業の持続可能な成長を実現するために自発的取組を促す「国連グローバル・コンパクト[7]」を提唱しているが、そこで定められる4分野10原則のうち2分野6原則が「人権」および「労働」にハイライトされている。このような流れを受けて2011年国連人権理事会は「ビジネスと人権に関する指導原則[8]」を採択し、国際的な条約として自発的な取組を促すこととなった。この中では、企業の責任として、人権方針の策定、人権デュー・デリジェンスを実施すること、苦情処理メカニズムを構築することを要求している。「自社や取引先も含めて、どのような場所や分野で、どのような人権に関わるリスクが発生するかを特定して、それに対処」することが人権デュー・デリジェンスとされ、自社のみならずサプライチェーン全体に義務を負うべしという厳しいものである。

人権重視は避けて通ることができない課題だ。残念ながら、これまでの日本の官民の取組は緩慢で、意識的に対応を加速させないとグローバルな企業活動、製品の輸出に支障が出かねない。日本は2020年に外務省が中心となって「ビジネスと人権に関する行動計画[9)]」を取りまとめているが、強制力がないのはもとより、具体性に乏しい内容だ。人権問題は海外での調達のみの問題ではない。日本の技能実習制度、実際の労働環境の劣悪性について、米国国務省やNGOの報告書で継続的に問題が指摘されていることを重く受け止める必要がある。

欧米においては人権デュー・デリジェンスの法制化が進み、自主的な取組を評価するという段階を超えていくつかの事項が企業の義務になっており、環境問題に次ぐ大きなテーマとなっている。この義務化の背景には、市民社会や労働組合などからの要請、先行的に取り組む企業からの公平な競争条件を望む声があるといわれる。各国の動きを見ると、英国では、2015年に現代奴隷法と邦訳されている法律によって、同国内で活動する一定規模以上の企業に、強制労働を防ぐ措置を公表することを義務付けている。また、17年のフランス法は、同国で活動する一定規模以上の企業に、自社・サプライチェーンの人権・環境への影響について調査することを義務付けている。ドイツのサプライチェーン法は取引網の人権侵害と環境破壊のリスクを特定して対策を取り、定期的に報告するよう義務付けている。また、米国では16年の貿易円滑化・貿易執行法において、強制労働によって採掘、生産された産品の米国への輸入を禁止している。具体的には、中国新疆ウイグル自治区の人権問題に対応して、繊維製品やトマトをはじめとする農産物、おもちゃなどの輸入差止めを行うなど厳格に適用している。

我が国でも民間の取組として、世界的な小売、食品企業が参画するCGF（コンシューマーグッズ・フォーラム）の活動に即して、2021年に「外国人労働者の責任ある受け入れに関するガイドライン」を策定・公表した。雇用される人に着目して、採用準備、採用から入社、雇用中、契約の終了という段階別に具体策をまとめている点がポイントであり、参考になる。特に評価されるのが苦情処理・救済の仕組みと言われており、業種横断的な一元的な組織が発足したことは歓迎すべきことであり、今後の展開が期待される。

この分野の課題を建設的に解決していく上で、海外においては欧米のみならず東南アジアなどにおいても、NGOの提案や対話による改善が重要な役割を果たしているが、日本においては影響力を有するNGOが育っているとはいいがたい。まずは透明性の高い制度を構築して備えをすることが必要である。日本ではようやくビジネスと人権に関する指導原則に沿った政府の人権デュー・デリジェンスの指針がまとめられたところであるが、同指針の的確な実施とともに、早急な法整備が求められる。

第4節　増大する不確実性　だが現状にとどまることはできない

以上、第3章では、食品産業をめぐる社会的な問題を取り上げてきた。最後に、今後、2030年に向けて、日本の経済社会について考えてみたい。今後を考えるに当たって、ポストコロナの社会変化のキーワードとして必ず挙げられるのが、①高齢化を伴った人口減少社会の到来（世界に占める日本位置付けの縮小）、②急速かつ広範に進展するデジタル化、③地球環境の保全をはじめとした持続可能な社会の追求である。これらの変化が今後ますます速度を上げて進展していくことは確実である。特に、ビジネスにおけるデジタルトランスフォーメーション（DX）の進展と動くマネーの巨大化によって、あっという間に状況が一変する事態が日常茶飯事になってきた。

一方、国際情勢を見ると、習近平政権2期目とトランプ政権が重なった2017年以降、米中対立が顕在化した上、22年2月のロシアのウクライナ侵攻以後の各国の対応をめぐって、世界は、欧米日陣営（G7中心）と「それ以外（中ロ寄り）」の2極に分断された様相を呈している。世界の中でも人口の増加が著しいアフリカや南西アジアでは中露寄り陣営の方がむしろ影響力を強めている事実もある。このような国際情勢の変化によるビジネス環境に与える影響は、引き続き注視していかなくてはいけないだろう。日本の企業は、概して企業経営力よりも製品の優秀さで勝負してきたところがあったこともあり、自由で開かれた市場においては比較的競争力を持つ一方で、権威主義的な市場や地政学上の問題を抱えた市場においてはなかなか成果を上げられない状況にある。食品企業も例外ではない。人口や経済成長（特に一人当たりGDP）のみに着目するのではなく、この2極化の動きを注視し、従来以上に迅速に手を打たなければならなくなると思われる。

ただ、激変する国際環境に身をすくめて国内（地域の企業であれば既存の商圏）に閉じこもっていたのでは縮小する一方であることは言うまでもない。国内市場の深耕には限界がある。実際、日本の食品企業も欧米やアセアン諸国の市場においては、国内市場よりもはるかに高い利益をあげており、しかも成長を遂げている。欧米諸国において、ESG投資が重視されているのも、変動する国際情勢に対してあえて自由な資本主義市場を持続的に発展させることを目指しての対応であるとも考えられる。本章第2節、第3節で述べたことは、一時的な揺り戻しはあるにせよ、揺るぎない価値として重要性を増していくはずである。なぜなら、持続可能な社会を作っていくことは、地球市民としての責任であるからだ。サステナビリティは経営そのものであり、財務・非財務情報を一元的に扱い経営計画と連動させていくことが望ましいだろう。

国際情勢の変化によって引き起こされた物流網の不安定性や、コスト上昇、あるいは安全保障の観点から各国で工場の国内回帰が自主的あるいは政策的に講じられ始めている。その一方で、グローバル企業にあってはネットゼロ達成に向けての「グリーンガスプレッシャー」が高まっていると聞く。2030年に向けて、日本の食品企業は、「生産性が低く、かつGHGの排出量が多い日本の生産拠点をなぜ維持しなければならないのか？」との投資家からの問いに応えられるようなベストミックスの改革を進めていく舵取りが必要だ。

注

1）農林水産省「フードサプライチェーンにおける脱炭素化の実践・見える化（情報開示）」
https://www.maff.go.jp/j/press/kanbo/b_kankyo/220603.html
2）国際連合広報センター「持続可能な開発　2030アジェンダ」
https://www.unic.or.jp/activities/economic_social_development/sustainable_development/2030agenda/
3）1992年に「気候変動に関する国連枠組条約」（UNFCCC）に結実。この条約に基づき毎年締約国会議（COP）が開催。
4）「SDGsコンパス　SDGsの企業行動指針—SDGsを企業はどう活用するか—」
https://sdgcompass.org/wp-content/uploads/2016/04/SDG_Compass_Japanese.pdf
5）「GRIガイドライン第4版」https://www.sustainability-fj.org/gri/g4/
6）日本経済団体連合会「企業行動憲章　実行の手引き第8版」
https://www.keidanren.or.jp/policy/cgcb/tebiki8.html
7）「国連グローバル・コンパクト」https://www.ungcjn.org/gcnj/about.html
8）「ビジネスと人権に関する指導原則」
https://www.unic.or.jp/texts_audiovisual/resolutions_reports/hr_council/ga_regular_session/3404/
9）外務省「ビジネスと人権」https://www.mofa.go.jp/mofaj/gaiko/bhr/index.html

人口減少する日本市場の将来

1．人口動態の変化と市場規模

食品産業の市場規模を決める大きな要素となる食品の需要量は、単純化すると、その市場の人口（胃袋の数）と１人当たりの食料消費量（胃袋の大きさ）によって規定される。このことを前提に、日本国内における人口動態の変化と食品産業の市場規模について整理し、考察していきたい。

①人口動態の変化について

日本の人口は、2010 年の１億 2,800 万人（総務省統計局『国勢調査報告』）をピークに、2022 年８月現在では、１億 2,478 万人まで減少が進んでおり､対前年同月比では 85 万人の減少となった（総務省統計局『人口推計』）。また、2021 年の出生者数は 81.2 万人、合計特殊出生率は 1.30（厚生労働省『人口動態統計』）となっており、戦後初めて年間の出生者数が 100 万人を切った 2016 年の 97.7 万人から５年で 16.5 万人も減少している。

将来人口・人口構成について、国立社会保障・人口問題研究所『人口推計』（2017(平成 29) 年推計）、出生中位、死亡中位では、2030 年には１億 1,900 万人、2040 年には１億 1,100 万人、2050 年には１億人まで縮小するとされている。人口構成（高齢化率）の上昇も顕著で、人口に占める 65 歳以上の割合(及び 65 歳以上人口）は、2010 年時点の 22.8%（2,900 万人）が 2020 年には 28.0%（3,530 万人）となったが、さらに 2030 年には 31.2%（3,700 万人）、2040 年に 35.3%（3,900 万人）、2050 年には 65 歳以上の人口自体は減少局面となるが割合の増加は変わらず、37.7%（3,800 万人）となると推計されている。人口の減少速度は、2020 年代前半には毎年 50 万人～ 60 万人程度であったが、2040 年代には毎年 90 万人程度の減少と推計されている。ただし、コロナ禍を経て人口減少のスピードは推計を超えて推移することが危惧されている。

②高齢化による１人当たり消費量の減少について

高齢化による食料消費量（胃袋の大きさ）への影響について、まず、カロリーベースで考えてみる。厚生労働省『日本人の食事摂取基準（2020 年版）』によると、ヒトの１日当たりの推定エネルギー必要量（kcal/ 日）は、身体活動レベルをふつう程度とした場合、18 歳～ 64 歳の男性で約 2,650kcal、女性で約 2,000kcal であるが、65 歳～ 74 歳になると男性は 2,400kcal、女性は 1,850kcal に減少、さらに 75 歳以上では男性

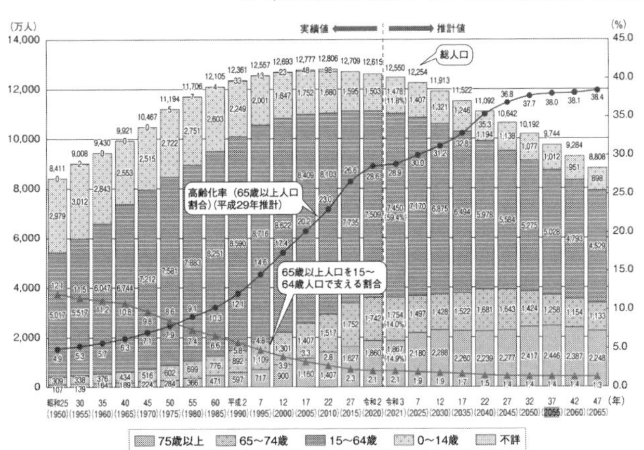

注　：1．棒グラフと実線の高齢化率については、2020年までは総務省「国勢調査」（2015年及び2020年は不詳補完値による。）、2021年は総務省「人口推計」（令和３年10月１日現在（令和２年国勢調査を基準とする推計値））、2025年以降は国立社会保障・人口問題研究所「日本の将来推計人口（平成29年推計）」の出生中位・死亡中位仮定による推計結果　2．2015年及び2020年の年齢階級別人口は不詳補完値によるため、年齢不詳は存在しない。2021年の年齢階級別人口は、総務省統計局「令和２年国勢調査」（不詳補完値）の人口に基づいて算出されていることから、年齢不詳は存在しない。2025年以降の年齢階級別人口は、総務省統計局「平成27年国勢調査　年齢・国籍不詳をあん分した人口（参考表）」による年齢不詳をあん分した人口に基づいて算出されていることから、年齢不詳は存在しない。なお、1950 ～2010年の高齢化率の算出には分母から年齢不詳を除いている。ただし、1950年及び1955年において割合を算出する際には、（注 2）における沖縄県の一部の人口を不詳には含めないものとする。3．沖縄県の昭和25年70歳以上の外国人136人（男55人、女81人）及び昭和30年70歳以上23,328人（男8,090人、女15,238人）は65～74歳、75歳以上の人口から除き、不詳に含めている。
4．将来人口推計とは、基準時点までに得られた人口学的データに基づき、それまでの傾向、趨勢を将来に向けて投影するものである。基準時点以降の構造的な変化等により、推計以降に得られる実績や新たな将来推計との間には乖離が生じ得るものであり、将来推計人口はこのような実績等を踏まえて定期的に見直すこととしている。　5．四捨五入の関係で、足し合わせても100.0%にならない場合がある。
出所：内閣府『令和４年版高齢社会白書』

図表１　人口動態について

2,100kcal、女性1,650kcalとなる。すなわち、高齢化によってヒトのエネルギー必要量は、勤労世代の約8割程度まで減少することがわかる。

他方、厚生労働省『国民健康・栄養調査』(令和元(2019)年)から、実際に摂取している年代別・1日当たりのエネルギーの平均値を見ると（図表3）、20代から70代までは1,900kcal程度で摂取エネルギーに大きな差はないが、80歳以上になると1,750kcalと1割程度減少している。

次に、消費額ベースで影響について考える。総務省統計局『家計調査（2021年平均)』を基に、家計の消費支出のうち食料に対する支出を世帯人員で割った「1人当たりの食料支出」の額を見ると(図表4)、30～40代（子育て世代、世帯人員多い）では、1人当たりの支出額が少ない反面、20代以下及び60代以上（単身世帯が多く、世帯人員が少ない）では1人当たりの食料支出額が多くなる傾向にある。

以上2つの分析に基づいて、今後の食品市場の推移を予測すると、長期的に人口減による食料消費の減少が予測されるものの、高齢者数の増加が続く2040年頃までは1人当たりの支出額が増加する効果によって減少幅は一定の範囲に抑えられるが、そのあと食品市場の縮小は加速度的に進む可能性があると考えられる。

2．人口動態を踏まえた食品産業の市場戦略の修正

1．で述べた人口減少及び1人当たりの消費量の減少等の影響を考えると、今後、食品の需要の減少傾向は継続することとなるだろう。こうした状況下における食品企業の戦略としては、国内市場を対象に、年齢構成の変化や生活様式の変化に対応した商品開発等を行うことで、市場開拓を進めることが考えられる。例えば高齢者の方が現役世代よりも1人当たりの食料消費支出額は大きい傾向にあるため、シニア向け栄養食などへのアプローチなどがあげられよう。しかしながら、人口減少が続く国内市場のみをターゲットとし続ける場合、食品産業は持続的に成長を続けるどころか、現在の規模を維持することさえも容易でないと言わざるを得ない。

一方で、海外市場は人口の増加傾向が続き、2020年現在で78億人の人口は、国連の推計によれば2060年には100億人を超えていく。世界全体の食糧需要量の見通しは、2050年には2010年の1.7倍にまでなると見通されている(農林水産省『2050年における世界の食料需給見通し（令和元年9月)』)。食品産業の各企業の持続的な成長のために、その規模を問わず、市場戦略を見直し、海外シフトについての検討を本格化する時期にきていることは人口動態からも明らかであろう。（鈴木康介・農林水産省 大臣官房 文書課法令審査官)

図表2　推定エネルギー必要量　(kcal/日)

年齢	男性	女性
18～29	2,650	2,000
30～49	2,700	2,050
50～64	2,600	1,950
65～74	2,400	1,850
75以上	2,100	1,650

注　：身体活動レベルふつうを抜粋。75歳以上については、自立している者に相当する値を抜粋
出所：厚生労働省『日本人の食事摂取基準(2020年版)』から抜粋し著者編集

図表3　令和元年(2019年)国民健康・栄養調査栄養素等摂取量・平均値

年齢階級	20-29歳	30-39歳	40-49歳	50-59歳	60-69歳	70-79歳	80歳以上
エネルギー(kcal)	1,900	1,859	1,939	1,918	1,972	1,945	1,750

出所：厚生労働省『令和元年国民健康・栄養調査』から抜粋

2021年　図表4　世帯主の年齢別の消費支出

世帯主の年齢	～29歳	30～39歳	40～49歳	50～59歳	60～69歳	70歳～
世帯人員(A)	1.32	2.67	3.11	2.47	2.16	1.84
消費支出のうち食料(B)	37,286	58,896	73,715	69,173	67,795	56,741
1人当たりの食料支出(B/A)	28,247	22,058	23,703	28,005	31,387	30,838

出所：総務省統計局『家計調査』から著者作成

第2部 チャレンジする日本の食品企業に学ぶ

加藤孝治（日本大学大学院　教授）

「チャレンジする日本企業」の学び方

第１部で示したように、日本の食品産業にとって2010年からの10年間はグローバル化に向けた重要な時期であった。当初、アジア市場を中心に最初は順調に展開していたが、欧米企業の参入に加え現地企業の成長が顕著になり海外展開は減速を余儀なくされた。そのような状況のなかでも、過去からの積み上げが実を結び、2030年に向けた新たな戦略へと展開している企業もある。第２部では先進的な企業の事例を紹介する。食品企業に限らず、グローバル展開を考える企業にとって有効なヒントとなることを期待したい。

みずほ銀行産業調査部は食品企業の海外展開を①製品・領域という面からターゲット市場を「オーガニック（既存）事業領域」「インオーガニック（新規）事業領域」で分類する軸と、②進出する国・地域への参入領域を「コンベンショナル（既に市場がある）分野」「スペシャルティ（市場開拓されていない）分野」に分類して説明している。この整理を踏まえながら、第２部では海外市場への参入にチャレンジする日本の食品企業の事例を、「イノベーションへの挑戦」「キラーコンテンツの活用」「社会問題の解決」という３つの切り口から紹介する。

１つ目の「新たな事業領域を探るイノベーション」では「味の素」と「明治」を事例に取り上げる。本書の中心テーマは食品企業の海外展開であるが、世界の有力食品企業は、食品という分野を超えて医療産業・健康産業と融合した発展の方向に進んでいる。「医食同源」の言葉の通り、病気を治すための「医薬」と健康のための「食」は本来通ずるものである。第１部の事例にあるように、グローバルトップ企業のヘルスサイエンスに向けたイノベーションは進んでいるが、日本のトッププレイヤーも同様の取組みを強化している。この分野へのアプローチの成否が、そのままグローバルな市場開拓を強化することにつながる。ターゲットとする領域は、オーガニック領域だけでなくインオーガニック領域への挑戦も含まれる。大手企業に限らずベンチャー企業の参入も活発である。新たな試みにチャレンジする企業こそがグローバル企業としての成功を獲得できよう。

２つ目の切り口は「日本独自の商材、キラーコンテンツの活用」である。日本の独自性を活かした差別化戦略である。みずほ銀行の分類では「オーガニック領域を活かし、海外のスペシャルティ分野に攻め込む」ということとなろう。2010年代以降の官民を挙げた取組みが奏功し、「日本文化」「日本食」は海外の消費者から高い評価を得ている。政治的には国際情勢の変化は懸念材料ではあるが、海外の消費者にとって「日本的なもの」に対する憧れは続いている。日本の食品産業は、この流れを活かして「日本ならではの食材・食文化」を海外市場に積極的に売り込むことができるだろう。日本には魅力的な商材はたくさんある。本書では大手企業の事例として「しょうゆ（キッコーマン）」「カレールー及び豆腐（ハウス食品）」「即席めん（日清食品）」「ポッキー（江崎グリコ）」「日本茶（伊藤園）」「米菓（亀田製菓）」を紹介した。どの商材も海外市場で競争力があるが、これまでの経緯を見ると、最初は日本特有の商品として現地市場では取り扱われていなかった「スペシャルティ分野」の商品である。事例に挙げている企業は、どの企業も現地市場・現地文化への適応に苦心している。スペシャルティ分野での市場参入を実現するためには、商品の認知度を上げる必要があり、各社とも長い期間をかけて海外市場にアプローチした歴史を持っている。その体験談は、日本独自の文化をも守りつつ、現地市場の実情に適応する方法を学ぶ良い教材となるだろう。長期にわたるマーケティングの努力が実を結べば、現地市場におけるブランド確立に繋がる。これから参入する企業は、現地適応の期間を短縮し、早期に成果を上げる努力をしなくてはいけない。いったん、参入に成功すれば進出国・地域の有力ブランドとして、周辺市場への販売機会の獲得にも貢献している。新たな市場獲得の機会が広がっていることは間違いない。

また、スペシャルティ分野での海外市場参入ということで、地方有力企業がキラーコンテンツを活かして商品輸出を活発に行う事例も紹介する。多くの企業が輸出に取り組んでいるが、本書では「オタフクソース（お好みソース）」「スギヨ（カニカマ）」「ヤマキ（かつおだし）」「三島食品（ふりかけ）」「白鶴酒造（日本酒）」の５社を事例に挙げた。地方有力企業は、大手企業と比べても日本文化を体現し独自性のある商品を取り扱うことが多い。現地生産に踏み込んでいる企業もあるが、多くは商品輸出による市場参入である。輸出によって市場浸透を進め、現地販売戦略を強化することで、更なる海外拠点展開へとつながっていく。いずれの企業の輸出商品も、それまで海外市場には存在しないスペシャルティ分野の商品である。新たな日本文化を紹介し普及活動を行うことが必要であることは、先の大手企業の事例と同様である。輸出を強化するために必要な人材などを補うために仲介事業者のサポートや政府の助成などを活用し、マーケティング活動や現地での販売促進活動に取り組む例もある。また、日本とは違う食への工夫も見られる。例えば、カニカマはヨーロッパで寿司ネタとして使用されていることは有名な事例である。現地で新たな文化を加えることで、スペシャルティ商品の現地適応を実現することは効果的なアプローチと言えるだろう。

最後に3つ目の切り口として「グローバルな観点に立った社会課題の解決」への取組みに着目した。企業事例は「不二製油」と「日本ハム」である。社会課題の解決に向けた取組みは、グローバル展開する食品企業にとって必要不可欠なものであり、今後の食品企業が生き残るための必修課題だろう。企業の海外展開は、従来の切り分けでは「国内生産のための原材料調達のための海外展開」か「国内で生産された商品の販売先・市場としての海外展開」であった。ところが、近年の日本企業の活動を見ると、日本国内で製造加工するために原材料を調達するだけでなく、海外で製造加工するための調達も行われている。さらに、商品販売先は日本だけでなく、海外市場で販売されるようになっている。海外での調達・販売を行う場合には、グローバルスタンダードに適応した振る舞いが求められる。食資源が不足する日本にとって原材料確保のための海外アプローチも重要である。また、国内市場が縮小する中、販売市場としての海外アプローチも重要であるが、同時に、国内製造拠点と国内消費市場を考えるだけでなく、海外の製造拠点･消費市場と日本市場を組み合わせることで、効果的に事業リスク（為替、在庫、サプライチェーン）をコントロールすることができるだろう。グローバルプレイヤーとして社会的な課題となっているサステナビリティへの対応は言うまでもなく、社会と共存するための課題である人権問題や、アニマルウェルフェアに対する意識も重要性を増している。今後の日本企業に求められることは、グローバルプレイヤーとして様々なリスクをコントロールし最適な製造・販売体制を整えるとともに、グローバル基準の社会課題の解決に取り組むことである。

以上の3つの切り口に分けて企業事例を紹介しているが、もちろんどの切り口も海外市場にアプローチするために重要であり、各社は同時並行的に取り組んでいる。新たな技術開発や、生産から販売までのサプライチェーンの整備、現地市場での定着に向けたマーケティングアプローチを通じて、競争力のある商品による海外市場への参入を成功させてきたという実績がある。全ての企業が3つのテーマのどの切り口にも適う取組みを行っている。各社の取組みから、それぞれの分野に有効な製品開発・市場参入のヒントが多く得られるだろう。

さて、このあと企業事例を読み進めるにあたり、着眼してほしいポイントとして5つの課題を提示したい。1つ目は各社がキラーコンテンツを海外市場に定着させて現地市場での需要を高めるために、どのような努力をしているかということである。プロダクト・アウトの発想ではなく、マーケット・インの発想に切り替えている点に着目してほしい。2つ目は日本文化を理解してもらうことの重要性である。海外市場で日本食の理解度を上げるために効果的なことは、日本人の培ってきた食文化の背景を共有するということである。日本食の多くは長い歴史や熟練の技に裏づけられている。事例に挙げた企業の中には社歴が100年を超える企業もある。長い歴史に裏付けられた商品が市場に定着するときにその企業及び商品の持つストーリーと一緒に参入することで強い印象を与えることができる。3つ目はサプライチェーンを意識した仕組みづくりをしているということである。食品の市場参入にはマーケティング活動だけでなく、実際に商品そのものをより良い状態で届ける努力が必要である。良い品質の食品を体験することで、海外市場の顧客満足は高まる。今後の国際情勢次第でグローバルサプライチェーンが寸断されるリスクが高まる中で、フードマイレージを短くする工夫も必要だろう。グローバル目線で適所生産・適所販売を実現するようなサプライチェーンの構築への取組みが求められる。4つ目のポイントはグローバル戦略を通じて地方産業を活性化させることができるということである。各地方の食品企業は地方の文化を代表する商品を生産していることが多い。全国各地の食品企業が海外のターゲット市場と結びつくことで、地方が活性化し雇用が維持されることにも繋がる。食品産業のグローバル化が成功することは国内の地方活性化への貢献も大きい。そして、最後に5つ目のポイントはグローバルスタンダードへの適応である。国内基準と海外基準の間にギャップがあることが、食品輸出の障害となっている。内外一体化を進めることは、日本企業の仕事の進め方の見直し、ひいては生産性の改善にも寄与するだろう。また、サステナビリティに取り組むためにも「世界市民」としての意識が求められる。第2部で紹介する企業事例には多くのヒントが含まれている。5つの課題を意識しながら読み進めることで、日本の食品企業の事例から新しいアイデアを学び取ることができるだろう。

Ajinomoto Group Shared Value の追求
「アミノ酸のはたらきで食と健康の課題解決企業」を目指す

第 1 章　創業 100（2009）年を超えて

第 1 節　創業の志を世界へ

①　創業の志

味の素グループの創業の歴史は、東京帝国大学教授池田菊苗と二代鈴木三郎助との出会いに遡る。1908 年、池田教授は日本人の栄養改善を研究の動機として、昆布のうま味成分を研究しており、これがグルタミン酸であることを特定、グルタミン酸ナトリウム（MSG）として取り上げることに成功した。これを池田教授は事業化精神旺盛な事業家の二代目鈴木三郎助に紹介、1909 年に世界初のうま味調味料「味の素®」として発売した。つまり、創業の原点が事業を通じた社会課題の解決であり、今日の ASV（Ajinomoto Group Shared Value）[1)] を実践する形で味の素グループは船出した。これは今日の味の素グループの志である「アミノ酸のはたらきで、食と健康の課題解決」に受け継がれている。

図表 1-1　おいしさと健康を両立する創業の志

② 海外展開

味の素の海外展開は、創業の8年後に始まる。戦前においては、国内の販売網・生産技術改革や生産拠点を整備するとともに、1917年にニューヨーク、18年に上海など積極的に海外販売拠点を展開し、業績も順調に拡大をした。しかしながら、37年に勃発した日中戦争を契機とした国家総動員法による経済統制、その後の太平洋戦争による軍需品優先の中で、「味の素®」の生産、販売をはじめとする企業活動に大きな影響が及んだ。

戦後は本格的に海外拠点整備を再開し、1950年代にロサンゼルス、ニューヨーク、サンパウロ、パリ、バンコクなどに事務所開設を進めた。また生産拠点は60年代から70年代に整備が進み、東南アジアにおいては61年にはタイ、62年にフィリピン、64年にマレーシア、70年にインドネシアなどでMSGの現地生産が開始した。米州における生産拠点は69年にペルー、77年にブラジルで本格稼働を開始した。これらの生産は、自社ブランド「味の素®」や各国における風味調味料をリテール市場で販売することを主眼としている。一方でリテール市場では競合しているグローバル企業や加工食品企業へのバルク販売も行っており、味の素グループのビジネスのユニークネスとなっている。

販売体制整備においては、フィリピンで初めて本格的に取り組んだ“全国展開する支店・デポを拠点とする現金直売体制”が基軸となった。「統計がないので肌感覚」「貧しい人が買える貨幣単位の販売」「問屋はないが小売店に売る」「貸倒しない為に現金」という環境において、販路をつくるところから始められるものであり、その後、主に東南アジア展開においては競争力の源泉となっている（Affordable、Available、Applicable）。

1980年代以降になると、東南アジア諸国をはじめとする各国において経済発展による購買力の向上や生活様式の変化にあわせて、付加価値の高い風味調味料を発売・展開していった。フレーバーは各国の食文化や宗教により、チキン、ポーク、ビーフなどとし、ブランドも国ごとに現地適合性を考慮して開発された。これらの風味調味料は「味の素®」で確立した販売体制に乗せる形で事業拡大を行った。製品の多角化は、各国のニーズや発展段階に合わせて、メニュー専用調味料、加工食品、冷凍食品など適切なカテゴリーへと展開していった。

③ MSG安全性問題

1969年、米国でMSGの安全性に疑いを投げかける論文が報告された。ひとつは、マウスの新生仔に大量のMSGを皮下注射で投与したところ脳に神経細胞死が起こるという論文、もうひとつは、中華料理を食べた後に起こる不快症状の原因の一つとしてMSGの可能性が指摘された症例報告である。この情報が世界中に拡散し、安全性問題へと発展した。その後、JECFA[2)] をはじめとする公的機関が膨大な安全性試験のデータを評価し、MSGの安全性は科学的に立証されたが、風評が都市伝説的となりMSGへの根強い誤解が今日まで継続している。

第2節　グローバル展開に向けたコーポレートブランド戦略

①　事業構造改革と成長ドライバー創出〜「FIT & GROW with Specialty」

厳しいグローバル競争やリーマンショック、さらには非食品分野でのコモディティ製品のボラタリティが業績に影響を与え、事業環境が厳しいタイミングであった2009年に創業100周年を迎えた。それを機に事業構造改革と将来に向けた成長ドライバー創出のため、「FIT & GROW with Specialty」を掲げ、事業ポートフォリオ見直しによる経営資源の重点分野への集中を進めた。

2012年カルピス社を売却、15年欧州甘味料事業の売却、同年ブラジル即席麺事業売却などを行う一方で、成長ドライバーの育成として14年に北米の冷凍食品会社買収（ウインザー社）、15年に北米冷凍ラーメン会社設立、11年にはトルコに進出し現地企業2社買収と再編（18年に完了）、17年に韓国に粉末スープ工場設立などと積極的な投資も行った。これらの活動を通じて、食品事業の海外売上比は2009年時点の33%から継続的に上昇し、22年時点では約6割となっている（図表1-2）。

チャネル戦略としてはこれまでの強みである現金直売に加えて、モダントレードや外食市場向けなどへの取組が進み、都市型化など環境変化への適応力を強化した。

エリア戦略は主軸の「Five Stars」で製品の高度化と周辺国への拡大、「Rising

図表1-2　食品事業の売上および海外売上比率の推移

Unit:億円	FY2009	FY2015	FY2021	FY2022（予算）
食品事業売上計	6,506	8,425	8,762	10,004
海外計	2,146	4,676	5,122	6,136
海外比率	33%	56%	58%	61%

注　：FY12のカルピス㈱売却、FY14のウインザー社（現 味の素フード・ノースアメリカ社）買収、FY16のIFR S（国際会計基準）導入、為替の変動要素などの影響を含む。

「Five Stars」主要戦略

2020年度に向けた売上拡大規模
(対2012年度、現地通貨ベース)

×2 Vietnam ×3倍
Thailand Philippines
Indonesia ×3
×3
Brazil
×3

• 中間～上流所得層の拡大
• 食生活/チャネルの近代化

既存コア分野	主力調味料分野の強化と新規拡大
次世代中核分野	商品横展開含め、国ごとのローカルコア食品の導入
チャネル拡大	盤石な伝統チャネルでの事業基盤から、外食チャネル・モダンチャネルへの事業拡大
周辺国展開	「Five Stars」を軸とした周辺国への事業拡大
非連続成長	アセアン・ラテンアメリカの各地域本部に非連続成長担当機能を強化

図表 1-3　エリア戦略のターゲット～「Five Stars」と「Rising Stars」

Stars」での事業基盤確立として中東・アフリカの展開、欧米での M&A による事業拡大（特徴ある冷凍食品）を行った（図表 1-3）。

②　コーポレートブランド戦略とグローバルに向けた事業再編

2017 年 10 月、グローバルブランドロゴ（Ajinomoto Global Brand, AGB）を導入した。事業、国や地域が多岐にわたる中で、味の素グループとして全体を束ねる統一ブランドの必要性が増してきたことが背景である。認知を高めるとともに、ASV を通して社会価値と経済価値を実現していることの価値をコーポレートブランドに蓄積していくために、世界の生活者が言語を越えて認知できる親しみやすいロゴを設計した。

AGB では A に∞を組み合わせることで、「味」を追究し、極め、広めていく意志と、「アミノ酸」の価値を先端バイオファイン技術で進化・発展させる意志、さらに地球の持続性を促進する意志を込めた。A から J に流れるラインは人の姿を表し、「味」と「アミノ酸」の A に人が集まり（Join）、料理や食事、快適な生活を楽しむ（Joy）ようにとの思いを込めている。J の下から右上に伸びるラインは、味の素グループが未来に向けて成長、発展していくことを表現した（図表 1-4）。

ブランド価値を高めていくためのイニシアティブとして、2018 年 9 月にニューヨーク市で開催した World Umami Forum（WUF）を皮切りにスタートした Umami Project がある。MSG 安全性問題の発祥であるアメリカを起点として、味の素グループの原点ともいえる MSG、うま味に関する正しい情報を発信し、世界中の生活者にある誤解を解くことを目的としている。MSG を使った基幹商品「味の素®」が、社名と同じであることから、MSG への誤解が企業への信頼とブランドに影響するという点も重要視している。Umami Project においては、栄養士や

[旧コーポレートブランドロゴ]　　　　[味の素グローバルブランドロゴ(AGB)]

図表 1-4　旧ロゴと味の素グローバルブランドロゴ（AGB）

アカデミア、シェフ、ジャーナリストなどのインフルエンサーへの正しい理解を促進して、一般生活者への発信を強化していくことでプロジェクト4年目のアメリカにおいて、MSGに対するパーセプションに変化が表れてきている。

また、グローバルでの統一ブランドの導入に加えて、コンシューマー食品事業において、事業組織体制の再編を行った。国内事業と海外事業という発想から、グローバルで戦略を考えローカルで実践していくため、国内と海外をそれぞれ統括する部を配置する体制を改め、20年4月に事業領域を軸とした組織体制とした（調味料、栄養・加工食品、冷凍食品）。

第2章　ASVの追求～社会課題解決と企業価値向上の両立を目指して

第1節　志：「アミノ酸のはたらきで食と健康の課題解決企業」

味の素グループは現在、経営資源を重点事業へ集中し、「アミノ酸のはたらきで食と健康の課題解決」という志のもと、新ビジョンを「アミノ酸のはたらきで

味の素グループビジョン
アミノ酸のはたらきで食習慣や高齢化に伴う食と健康の課題を解決し、
人びとのウェルネスを共創します

図表 2-1　味の素グループビジョン、アウトカム実現への道筋

食習慣や高齢化に伴う食と健康の課題を解決し、人びとのウェルネスを共創します」とし、イノベーションを促進するとともに多様なパートナーと価値を共創し、「地球環境の負荷削減・再生」「健康でより豊かな暮らしへの貢献」に取り組んでいる。そして、食と健康の課題解決企業として、2030年のアウトカム「10億人の健康寿命を延伸」「環境負荷を50%削減」を掲げ、その両立によって、社会価値と経済価値の向上を目指して、より強靭で持続可能なフードシステム[3)]構築に貢献していく。

人のからだの2割はアミノ酸でできており、アミノ酸は全ての生き物にとって必要不可欠な栄養素である。アミノ酸が持つ「食べ物をおいしくする（呈味）」「成長、発育を促す」「体調を整える」等の機能を科学的に追求し、独自の技術・素材を駆使することで、新たな価値を提供していく。

第2節　アウトカム実現に向けての考え方

味の素グループの事業は、健全なフードシステム、つまり安定した食資源とそれを支える豊かな地球環境の上に成り立っている。一方で、事業を通じて環境に大きな負荷もかけている。地球環境が限界を迎えつつある現在、その再生に向けた対策は私たちの事業にとって喫緊の課題である。気候変動対応、食資源の持続性の確保や生物多様性の保全といった「環境負荷削減」によって初めて「健康寿命の延伸」に向けた健康でより豊かな暮らしへの取組が持続的に実現できる。
当社グループは、事業を通じて、おいしくて栄養バランスの良い食生活に役立つ製品・サービスを提供するとともに、温室効果ガス、プラスチック廃棄物、フードロス等の環境負荷の削減をより一層推進し、資源循環型の発酵原料バイオサイクルをまわしていくことで、強靭で持続可能なフードシステムと地球環境の再生に貢献していく。さらに、味の素グループの強みであるアミノ酸のはたらきを最大限に活用し、イノベーションとエコシステムの構築により、フードシステムを変革していきたいと考えている。

このようなサステナビリティの取組で、当社グループは生活者にとっての付加価値を生むことで経済価値を向上させ、企業成長の好循環に繋げていく。サステナビリティの取組はとかくコストアップに繋がり経済価値とトレードオフになりがちであるが、付加価値を生むことでトレードオン（二律背反を超え経済価値と両立させること）にしていきたい。サステナビリティの取組を通じて社会・環境価値を創出し、それが財務・経済価値となって投資コストを上回る、そのような取組を追求していく。

第３節　栄養改善に向けた取組み

①　味の素グループの栄養アプローチ～ Nutrition Without Compromise（妥協なき栄養）

過剰な塩分摂取がもたらす高血圧や心疾患のリスク、高齢者の栄養不足による虚弱化等、食とライフスタイルに起因する健康課題が世界中で増大している。こうした課題の解決には、日常的な食生活における栄養バランスの改善が重要である。

味の素グループは、毎日の食生活に密接に関わる食品企業として、次の３つを

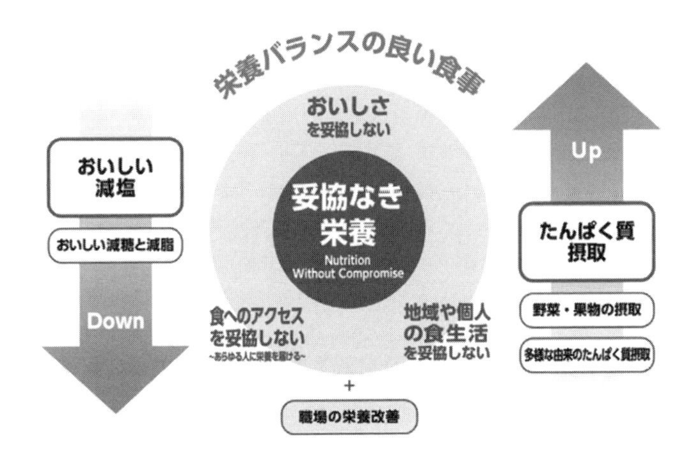

図表 2-2　味の素グループの栄養へのアプローチ

妥協しない「Nutrition Without Compromise（妥協なき栄養）」を基本姿勢としている。

1. **「おいしさを妥協しない」**…アミノ酸のはたらきを活かし、減塩等の健康価値だけでなくおいしさも追求する。
2. **「食へのアクセス（あらゆる人に栄養を届ける）に妥協しない」**…製品、原料、流通、利便性等に対する取組を通じて、全ての人が健康的で栄養価の高い食事を摂ることができるよう努める。
3. **「地域や個人の食生活に妥協しない」**…各ローカル市場の慣習や食の嗜好、資源、原料、ステークホルダーを尊重し、オペレーションモデルを適応させる。

具体的には、２つの健康課題へのアプローチを実践している。

「おいしい減塩」…食塩の代わりにうま味（アミノ酸のひとつであるグルタミン酸）を使うことで、おいしさを損なわずに、ナトリウムを減らす。

「たんぱく質摂取」…今後起こる世界規模の高齢化へ対応した「たんぱく質摂取促進」をリードするとともに、より少ない資源でより多くの人たちを支える食システムの構築に取り組む。

当社グループは、世界で進む様々な議論を踏まえて積極的な取組を推進している。例えば、食品中に含まれる栄養成分の量を科学的な根拠に基づいて評価し、その食品の栄養面での品質をわかりやすく示す Nutrient Profiling System（栄養プロファイリングシステム）を日本企業として初めて導入した。さらに、栄養バランスの良い食事を総合的にサポートすることを目指し、当社グループの製品を用いて作った料理に対する栄養プロファイリングシステムを開発した。

また、2021年12月に日本政府主催により開催された「東京栄養サミット2021」において、「栄養コミットメント」を発表。主催者からの挨拶として「食塩の過剰摂取に関して、うま味が減塩につながるエビデンスを示して、栄養改善における企業の役割を示した」ことが紹介された。今後も継続的・積極的な対話を推進していく。

②　減塩に向けた取組

味の素グループは一つの集団内で、低栄養と過剰栄養が同時に起こる「栄養不良の２重負荷」、特に過栄養対策に取り組んでいる。世界的に、過栄養における最大の課題は塩分摂取過多とされている。日本においては、岩手県はその食文化から、かつて食塩の摂取量が男女ともにワースト１であった。そこで、2014年にうま味で減塩という当社のユニークネスを活かして、行政、流通、メディアと協働してプロジェクトをスタート。岩手県民の塩分摂取削減を目指しマルチステークホルダー連携で４年間にわたり減塩キャンペーンを実施した。

行政としては県民意識改革キャンペーンを実施、毎月28日に「いわて減塩の日」を設定、メディアからも積極的に減塩の情報を発信、アカデミアは地方の栄養士会に対して、セミナーなどを通じて減塩の意識向上に取り組んだ。当社グループと流通は、これにあわせて、おいしく減塩に役立つ製品を使った地域に馴染んだメニューを食材の提供とともに店頭で訴求した。民間企業の立場としては、企業のレピュテーションアップとともに、セールスパフォーマンスも享受できた。その結果、2016年に岩手県の食塩摂取量は男性が18位、女性が21位まで改善、摂取量も男性では20%近く、女性でも10gを切るレベルにまで改善することができた。現在は野菜摂取促進の取組として「ラブベジ」等、地域特性を考慮した取組を行政と連携して39の都道府県と進めている。減塩は、世界共通の課題であり、こうした取組モデルを当社の事業展開国において拡大していこうと考えている。

これらの取組は、地域の食生活や入手可能な食材条件に寄り添って取り組むこと、美味しさを犠牲にしない減塩を進めていくことが大事である。また、Agro-Foods, 食品加工企業、流通といった民間企業（Private Sector）だけの努力では不完全で、官学民のマルチステークホルダーが協働することで初めて社会実装が進み社会価値が共創できると考えている。

コラム1　うま味による減塩を世界に～「Smart Salt」

食塩の過剰摂取は、高血圧の発症、重症化はもとより脳卒中、心臓病、腎臓病などの要因となり、健康寿命を脅かす。当社が掲げるアウトカム「10億人の健康寿命の延伸」の実現に向けて、当社のユニークネスである「アミノ酸のはたらき」で減塩の取組を進めている。

「おいしいなら、減塩の方がいいよね」―食塩を減らすと単に塩味が減るだけでなく、料理全体の味のバランスが悪くなり、物足りなさを感じる。うま味やだしを効果的に使うことで、味に深みやコクを足すことができ、減塩によって崩れた味のバランスを整え満足感を得ることができる。うま味を効果的に使うことで、日本の標準的な食生活において12～21%の減塩が可能であることが研究結果で示されている。「Smart Salt」（スマ塩）プロジェクトは“うま味やだしをきかせたおいしい減塩“を提案するプロジェクトである。日本においては減塩意識・健康状態などに基づき、対象生活者を5つのクラスターに分け、それぞれのクラスターに適したアプローチについて情報技術を活用して分析し、メディア戦略に繋げるとともに、減塩調味料の発売、行政、流通、アカデミアなど第三者機関との協働を通じた店頭施策などを展開してきた。

アセアンや南米における調査から、減塩の重要性を理解している人は多いものの、その実践は調味料の減量に留まっており、減塩はおいしくない、おいしい減塩のレシピがわからないという不満が課題となっていることがわかっている。日本において蓄積した「生活者と社員への減塩理解促進（Why）」「減塩メリットの

図表 2-3　5 か国において上市する減塩製品（全体で 22 製品）

伝達（What)」「おいしく減塩する方法の浸透（How)」の 3 フェーズを展開の基本フレームとして、各国における市場環境に応じて事業を展開している。各国に共通するアプローチとして、まずは減塩に関する調査を実施、減塩 FACT BOOK の整備と教育により生活者や社員における理解促進、各地に適合した減塩新製品の上市、そして、味の素グループにおけるグローバルの取組であることをメッセージとして発信していくため、各国語で共通のデザインロゴを使用している。

コラム 2　ベトナムの小学校給食プロジェクト（SMP：School Meal Project）

ベトナムの小学生の健康と栄養状態の改善を、① 栄養バランスのとれた給食の提供、② 栄養教育、の両軸で実現するためのプロジェクトで、「子供たちは社会の希望であり宝である」を共通スローガンに掲げ、2012 年からスタートした。

ベトナム味の素社は献立アプリを自社開発し、全国の小学校に無償提供。このアプリには 360 種類の主食・スープ・炒め物メニュー・レシピが標準装備され、それらは北部・中部・南部の地域特性を踏まえたものとなっている。また、食材を起点に自らメニューの作成もでき、同時に 1 食当りのカロリーや食費計算も可能な設計となっている。栄養教育に関しては、“3 分間で学べる栄養素表” を用いてクラス担任が毎給食前に児童に対し給食メニューにはどういう栄養素が含まれるのか、等々を口頭で説明し、知識のインプットと意識変容を促している。このプロジェクトは全国的な広がりとなり、62 の市と行政区において 4,160 校以上に

図表 2-4　ベトナムの学校給食

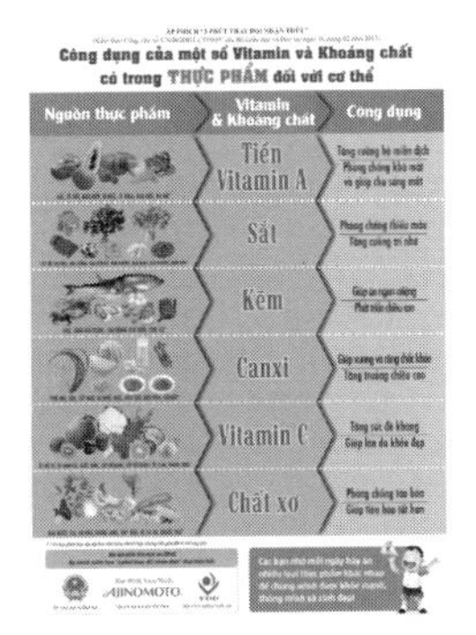

図表 2-5 ‘3 分間で学べる栄養素表’

導入が完了し、日々 140 万人以上の子供たちにベネフィットをもたらすことができた。SMP の成功においては保健省、教育訓練省などの政府からの強力なサポート、またアカデミア、地方行政や学校、保護者などとの協働が必要不可欠であった。

調理衛生面の改善においては“モデルキッチン”設置の取組を進めた。ベトナム味の素社スタッフは日本の小学校給食施設を実際に見学し、そのノウハウを習得、理想的なキッチン（= モデルキッチン）を実現した。財政的には日本（外務省 : 草の根無償資金援助制度）・ベトナム両政府の支援を受け、現在全国に 4 カ所設置されている。これらからノウハウを学び、自校の設備改善に生かそうと日々多くの見学者・来場者が訪れており、衛生面からもベトナム国の発展に大きく貢献している。

このような活動の結果、ベトナムにおいて、味の素グループは食と健康の課題に取組む企業として広く認知されており、社会価値の共創が経済価値となりビジネスへのリターンにつながっている。

第 4 節　スタートアップとの取組

環境変化に向き合い、社会的価値を創出しながら企業が成長していくためには、顧客ニーズに応える新たなサービス、ソリューションの提供、あるいは生産から消費に至るフードバリューチェーン全体を見直し、先端技術、ビジネスを取り入れて新しい事業モデルを構築していくことが必要である。一方で、社会課題の多くは事業会社単独でのビジネス化が難しいため、スタートアップと提携してエコシステムを構築し、新たな社会的価値を共創していくことの重要性が世界的に認識されている。

そこで、味の素グループは、「食と健康の課題解決企業」に繋がる分野において、卓越した技術やソリューション、事業モデルを持つスタートアップを発掘し、当社グループとの協業を通じてエコシステムを構築、発展させることを目的に2020年12月にコーポレートベンチャーキャピタル（CVC）を設立した。これまでにCVCを通じて、環境負荷の小さな農業で育った野菜を販売する㈱坂ノ途中、健康課題別の献立を提供する㈱おいしい健康、培養肉の開発・製造を手掛けるSuperMeat the Essence of Meat Ltd.（本社：イスラエル、以下スーパーミート社）の3社に出資し、協業を進めている。

近年、世界中で高まる動物性たんぱく質の需要やその生産に伴う環境負荷等を背景に、植物肉や培養肉など代替肉が注目されている。中でも、培養肉は、動物細胞の人工培養により製造されるため、味や食感だけでなく成分や組成も実際の肉を再現でき、工業的に安定供給が期待できることから、世界中で開発競争が加速化している。スーパーミート社は、培養肉開発において先行する企業の一つであり、独自の細胞株による増殖・分化や技術の実証、飲食施設でのメニューの受容性テストの実施など、培養肉開発に関わる一連の機能、及び将来的な商業化を見据えた経験と実績を有している。当社グループは、同社との資本業務提携を通じて、市場や培養肉事業に対する理解を深めると同時に、アミノ酸技術で培った再生医療や発酵に関するR&D技術、呈味や食感などのおいしさ設計技術を提供し、同社が米国で予定する培養肉商業化に向けた課題解決を支援する。また、培養肉に関連する新技術・素材の共同開発を進めることで世界的な培養肉市場の成長を支援し、持続可能なフードシステムの構築に貢献していく。

スタートアップとの協業では、保有資産や強みが相互に補完的であり、Win-Winの連携を築くことが最も重要である。当社との協業を通じてスタートアップのバリューアップ、スケールアップに貢献しつつ、スピーディに社会実装に繋げていきたい。

第3章　強靭で持続可能なフードシステムへの変革に向けて

強靭で持続可能なフードシステムへの変革には、政府・地域、アカデミア、企業同士など協働が必要である。味の素グループは、世界に広がるサプライチェーンの各工程で多様な関係者と関わり合いながら、事業を運営している。各工程と関連の深い社会的課題・関心事やリスクについて、関係者と共に着実な取組や対応を重ねることで、社会・環境課題の解決を目指していく。

コラム3　タイの再生農業エコシステム

味の素グループの主要生産拠点のあるタイでは、国民の40%が農業に従事しているが、農業のGDP寄与率は7～8%にとどまっており、農作物の付加価値や生産性が低いことが課題となっている。その原因として、無計画な転作の繰返しや栽培知識の欠如による土壌劣化が挙げられる。当社グループ製品の主要原料は農産物であることから、タイの食資源の持続可能性に貢献すべく、2020年6月に、低収入で情報弱者でもあるタイの農家の自立支援プロジェクトを立ち上げた。

タピオカ澱粉はうま味調味料「味の素®」のタイにおける主原料であり、タイ国内の消費量の15%を味の素グループが消費している。そのためプロジェクトでは、まずキャッサバ（タピオカ澱粉）を対象とし、タイ国農業省土地開発局やアプリ会社と連携し、土壌栄養素を可視化するための無料土壌診断を実施した（2022年7月時点で531農家に提供）。さらに、タイ国農業省農業局からの製造技術移管を受けて試作したPGPR（植物成長促進性根圏微生物）について、その効果検

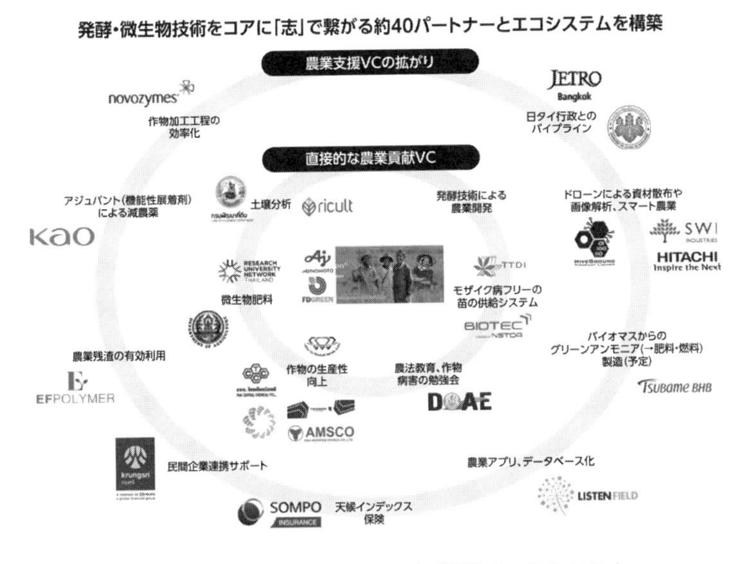

図表3-1　タイにおけるキャッサバ農業のエコシステム

証をキャッサバ農家で実施している（2022年7月時点で394農家）。そのほか、タイ国タピオカ開発研究所やタイ国立科学技術開発庁らとの連携によるモザイク病[4]フリーのキャッサバ苗の栽培・流通、キャッサバモザイク病の画像診断技術の開発、保険会社らとキャッサバ農家向けの天候インデックス保険等、志を共有する約40の産・官・学のパートナーがエコシステムを構築し、多様な視点からタイの農業従事者をバリューチェーンでつなげる取組みを進めている。

このように、味の素グループは多様な関係者と共に、バリューチェーン全体で社会価値つまり生活者にとっての付加価値を創出することで経済価値を向上させ、トレードオンさせ、企業成長の好循環に繋げていきたい。社会課題を解決し付加価値を創出することで、経済価値を向上させ成長していきたい。つまりASVを徹底的に追求していく。そして、当社グループの強みである「アミノ酸のはたらき」を最大限に活用し、イノベーションとエコシステムの構築によって、より強靭で持続可能なフードシステムの再構築に貢献していく。

注

1）味の素グループは、事業を通じた社会的課題解決に取組み、社会・地域と共有する価値を創出することで経済価値を向上し､成長につなげてきた。この取組をASV（Ajinomoto Group Shared Value）と称し、これを進化させていくことがビジョンの実現につながると考えている。

2）JECFA（FAO/WHO合同食品添加物専門家会議）は、1987年に「グルタミン酸ナトリウムは、人の健康を害することはないので、1日の許容摂取量を特定しない」との最終結論を公表。
WHO Technical Report Series 756: 31st Report of FAO/WHO Expert Committee on Food Additive, WHO (1987)
http://www.inchem.org/documents/jecfa/jecmono/v22je12.htm

3）フードシステムとは、食料の生産、加工、輸送および消費に関わる一連の活動のこと。

4）キャッサバの収量低下をもたらすウイルス病。感染時期によって20-100%の収量低下をもたらす。感染した苗茎の誤使用もしくはコナジラミによって媒介され、葉に黄緑色から黄色の斑点が生じたり、変形が観察されたりする。キャッサバは栄養繁殖を行うため、ウイルスに対して特に脆弱であり大きな経済的損失が発生している。

新たな事業領域を探るイノベーション

明　治

栄養報国からグローバル・アドバンスト・ニュートリションへ

第１章　明治製菓・明治乳業の海外事業展開

第１節　明治製菓・明治乳業の誕生

株式会社明治（以下、明治）は、「明治製菓」と「明治乳業」の経営統合・事業再編により、2011年に設立された。この海外事業を語る上では、まず、明治製菓・明治乳業の生い立ちから簡単に振り返りたい。この２社の歴史は、1916年に「明治製糖（現在の大日本明治製糖）」の創業者であった相馬半治が､明治製菓（創業時の社名は「東京菓子」）を設立したところから始まる。相馬半治は、「栄養報国（栄養をもって国に貢献する）」を経営方針に掲げ、製糖事業をベースに食品製造業の近代化と多角化を進めた。明治製菓は、まだ洋菓子が定着していなかった日本市場において、キャラメルやチョコレートなどといった近代的な菓子の製造・販売を開始するが、やがて練乳の生産を通じて乳製品事業へも進出し、30年代には日本国内において市場シェア30%を超えるまでに成長する。こうした中、明治製糖は35年に乳業メーカーであった「極東練乳」に資本参加し、明治製菓の製乳部門と一体的に経営することで、国内乳製品市場における地位を盤石なものとするが、日中戦争を機に37年に公布された臨時資金調整法の下では、菓子事業と乳製品事業を同時に営むことが困難となったことから、40年に明治製菓の製乳部門を極東練乳へ移管・統合し、明治乳業へと改称した。こうして、明治製糖という親会社の下で、明治製菓と明治乳業という兄弟会社が誕生した。

第２節　明治製菓の海外事業展開

まず、明治製菓の海外事業展開をみる。終戦後、明治製菓（明治製菓は1946年に薬品部門へと進出するが、以下の記載は食品部門に焦点を当てる。）は、いち早くチョコレートをはじめとした菓子類の製造・販売を再開。高度経済成長期を迎えると、「マーブルチョコレート」「アーモンドチョコレート」「アポロ」「カール」「きのこの山」「たけのこの里」などヒット商品を次々に生み出し、業績を拡大していった。海外への進出は70年代から本格化する。74年に「明治製菓シンガポール」を現地資本との合弁で設立。シンガポールにおいて、スティックタイプのクラッカーにチョコレートをディップする「ヤンヤン」（日本商品名「ヤンヤンつけボー」）の製造·販売を開始した。85年には、アメリカの「スタウファー・ビスケット」との合弁会社を設立し、アメリカ市場へと進出。現地でヤンヤンの製造・販売を開始する。この合弁会社は約5年で清算することとなるが、同時にスタウファー・ビスケットに資本参加し、2004年には創業家より全株式を取得。2011年には、同社を基盤として明治ブランドの菓子の製造・販売を行う「明治アメリカ」を設立した。アメリカにおける菓子事業は、現在も明治の海外事業の中核としてビジネスを続けている。また、1993年には中国の広州に、現地資本との合弁で「広州明治制果」を設立。中国での製造・販売を目的とした進出は、日本の菓子企業としては初めての試みであった。その後も、2001年にはインドネシアに「セレス明治インドタマ」（現在は独資化し、「明治フードインドネシア」に改称）を設立した他、04年には中国上海を中心に菓子を販売する「上海明治」と生産工場の「上海食品工業」を設立し、中国市場への本格進出を果たした（販売会社であった上海明治は、13年に上海食品工業へ統合）。その後も、06年にはタイに「タイ明治フード」を設立するなど、アジアを中心に積極的に海外展開を進めていった。

洋菓子が中心の明治製菓は、多くの技術を海外より導入しており、設立当初から海外との距離は近かったと言える。1970年代に海外展開が本格化する以前から、海外企業に対する技術・ライセンスの導出入などは盛んに行われていた。ただし、明治ブランドが認知されていない海外市場において、嗜好品を販売していくことは容易ではなく、商品自体の高い独自性が求められる。また、気温の高い東南アジアでは、耐熱性の低いチョコレートを取り扱うことは難しい。こうした背景から、販売の主力は前述のヤンヤンや、中空ビスケットにチョコレートを注入した「ハローパンダ」など、チョコスナックを中心としたが、特に可処分所得の低いアジア諸国において、これらの製品を現地のニーズに合う価格で製造・販売することは難しかった。また、各国法規の違いにより使用できる原材料は国ごとに異なることから、日本で人気の製品をそのまま持ち込めないケースも多かった。このように、明治製菓の海外事業は、海外展開に対する意欲は旺盛で、進出事例は増え、経験は蓄積していくものの、その業績は決して順風とは言えず、特に利益面では苦しい時期が続いた。

第３節　明治乳業の海外事業展開

次に、明治乳業の海外展開についてみていく。戦後から高度経済成長期に向かう中で、日本人の食生活は変化し、乳や肉を中心とした畜産製品や加工食品の消費が拡大した。こうした中、明治乳業は牛乳・乳製品への旺盛な需要に応え、全国に生産工場を設置。日本有数の乳業会社として業績を拡大していく。そして、1973年には「明治ブルガリアヨーグルト」を発売し、ヨーグルト市場でのトップブランドの地位を確立する。

戦後の明治乳業の海外事業は、1955年に粉ミルクの輸出を開始し、韓国·台湾·香港などを皮切りに東南アジアへ販売エリアを広げていく。そして、89年にはタイにおいて現地の巨大財閥であるCPグループとの合弁会社「CPメイジ」を設立し、本格的な海外展開を始める。このCPメイジでは、明治乳業の技術指導により製造した牛乳やヨーグルトを、CPグループの営業力を活用してタイ市場で販売するという事業モデルを築いた。現在、タイ市場では、明治ブランドのチルド牛乳が圧倒的なトップシェアを獲得しており、CPメイジは、明治の海外事業の中でも最大規模の関連社となっている。

アイスクリーム事業に関しては、1994年に中国広州に合弁会社として「広東四明燕搪乳業」を設立し、現地での製造・販売を開始した。現在、この合弁会社は解消し会社も清算したが、2012年には、この広州に明治独資となる「明治雪糕」を新たに設立。同社は順調に業績を拡大しており、広州におけるアイスクリーム事業は、今や明治海外事業の中核の一つにまで成長している。なお、1996年にインドネシアにアイスクリームの製造・販売を行う合弁会社を設立しているが、アジア通貨危機による影響もあり2007年に撤退している。

このように、粉ミルクの輸出やアイスクリーム事業の展開は進んだが、主力の牛乳・ヨーグルト事業については、CPメイジのような特殊なケースを除いて、海外展開は遅れることになる。バリューチェーンの川上となる酪農業との関係、およびバリューチェーンの川下となるチルド物流を、海外の市場において確立することが困難だったことが主な要因である。同事業における本格的な海外進出は、

2011年まで待つことになる。この年、明治乳業は「蘇州明治」を設立し、中国市場へ本格的に進出。上海を中心とした華東地域で、牛乳・ヨーグルトの製造・販売を開始する。牛乳をはじめとした乳製品は、菓子のような嗜好品とは異なり生活必需品に近く、ひとたび市場に定着できれば一定の売上と利益を獲得できる。ただし、上記のような要因から海外市場においてバリューチェーンを整備することは難しく、海外展開はそれほど積極的に進められていなかったのが実態である。なお、粉ミルクの輸出に関しては、1990年代より日本製の粉ミルクを中国へ輸出するビジネスを開始。2008年に発生したメラミン事件により中国産粉ミルクへの不信が高まる中、この事業は順調に拡大し一時は明治乳業の海外事業の中核を担うまでに成長していた。しかしながら、口蹄疫の発生や原発事故の影響等により、11年以降は中国向けの粉ミルクの輸出ができなくなり、残念ながら現在でもなお再開の目途は立っていない。

第2章　株式会社明治の設立と海外事業の位置づけ

第1節　明治製菓・明治乳業の経営統合と株式会社明治の設立

明治製菓と明治乳業は、2009年4月に経営統合。共同持株会社として「明治ホールディングス」を設立し、両社はこの子会社となった。そして、11年4月には両社の機能を再編し、食品事業会社である「株式会社明治」と薬品事業会社である「Meiji Seikaファルマ」が発足した。明治は、明治製菓の食品部門と明治乳業が統合した形であったが、両社はルーツこそ同一であるものの企業文化や仕事の進め方は大きく異なっていた。このような中、組織機能の急激な組換えは混乱が予想されたことから、再編当初は「乳製品ユニット」「菓子ユニット」といったように、これまでの事業の枠組を残した。一方で、海外事業については両社の機能統合によるシナジーが期待されたことから、「海外ユニット」として両社が展開していた海外事業部門を一本化した。しかしながら、これまでの旧社の隔たりは大きく、海外事業においても各機能が融合するまでには一定の期間を要することになる。

第2節　株式会社明治の戦略と海外事業の位置づけ

明治製菓と明治乳業という上場企業同士の統合により発足した明治だったが、その船出は決して順風ではなかった。発足初年度の営業利益は115億円と旧二社を合算した利益水準よりも低く、営業利益率はわずか1.2%と我が国の食品メーカーの中においても見劣りする水準であり、社外から多くの批判を受けた。明治製菓と明治乳業は、長い歴史の中で多くのヒット商品に恵まれてきたが、一方でその裏には多くの不採算商品もあった。また、大所帯の企業同士が統合したことで、多くの機能重複も生じていた。これらが、新生明治の収益の足を引っ張っていたのである。そこで、2012年に社長に就任した川村和夫は、「選択と集中」のコンセプトを掲げ、思い切った不採算商品の整理を進めた。

この商品の「選択と集中」は、多くの商品カテゴリーに及んだ。例えば菓子事業は、それまで年間500品を超える新商品を発売していたが、これらを半数以下に絞り込んだ。また、各事業の独自判断で実施していたテレビコマーシャルなども、全社の全体最適の観点から優先順位に応じて実施することとした。これらの改革には、社内外より多くの反発があったが、断行することで明治の収益体質は着実に改善していった。

このように無駄が省かれ、収益体質の強化が進んだところに追い風が吹くことになる。2009年に発売したプロバイオヨーグルト「R-1」が大ヒットしたのである。この商品は発売当初こそ低迷したものの、12年にインフルエンザに対する効果などが広く報道されたことから、販売物量が爆発的に拡大し、明治の収益をけん引するメガヒット商品となった。こうして、明治の営業利益は、16年には830億円(営業利益率7.7%)にまで伸長し、我が国における食品メーカーとしてトップクラスの利益水準を獲得するまでに至ったのである。

こうして、主力の菓子・乳製品事業が大きく利益水準を高めていったが、この

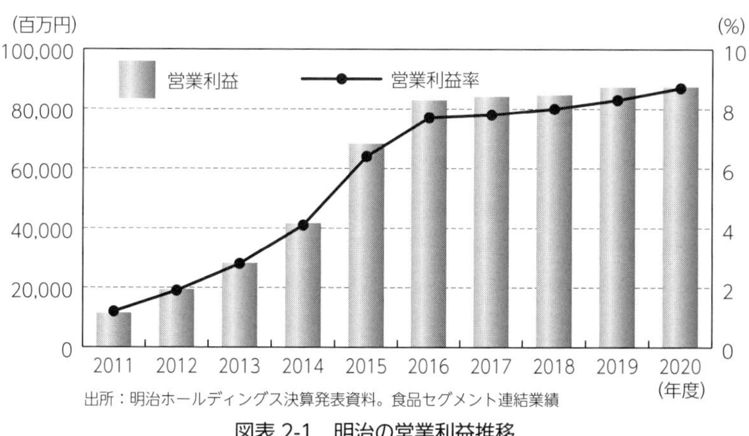

出所：明治ホールディングス決算発表資料。食品セグメント連結業績

図表 2-1　明治の営業利益推移

裏において海外事業の業績は低迷していた。これまで明治製菓・明治乳業が経営してきた海外関連社の中には、営業赤字の会社も少なからず残っていたが、会社全体では国内事業の立て直しが急務だったことから、海外事業における新たな取組は実質的に「凍結」していたのである。旧二社の海外事業を海外ユニットとして統合し、社員間の交流や機能融合は着実に進んでいたものの、好調を取り戻した国内事業の裏で、海外事業は積極的な取組を進められないでいたのである。

第3節　2026 ビジョンの策定を通じた海外事業戦略の転換

しかし、こうした明治社内の状況は、2017 年に大きく転換することになる。明治では3年毎に中期経営計画を策定しているが、「2012 ～ 2014 年度」「2015 ～ 2017 年度」と2つの中計において国内事業の収益を大きく建て直した経営陣は、17 年に策定する「2018 ～ 2020 中期経営計画（以降、「20 中計」と記載）」において、事業成長の中心を海外事業に置くとしたのである。日本国内においては既に人口減が始まっており、いくらトップシェアの商品カテゴリーを多く持っていても、国内事業だけでは成長に限界がある。そこで、「今後の事業成長は海外に進出することで稼ぎ出す」「国内事業で稼ぎ出したキャッシュは海外に大きく投資していく」という方針を出し、それまで新規投資を凍結してきた海外事業の位置づけを 180 度転換したのである。また、カネだけではなくヒトについても海外事業への配置が加速。17 年以降は、社内の各部署から海外事業への異動が進み、それまで明治全社員約 10,000 人の中で 100 名にも満たなかった海外事業本部に多くの人材が集まり、こうして明治海外事業の大転換となる 20 中計の策定が始まった。

この 20 中計の策定においては、まず 10 年後の将来像・長期ビジョンとなる「2026 ビジョン」を描くことから始まった。ここで、薬品部門も含めた明治グループ全体で、売上高海外比率を 20% まで高めるという目標が設定された。明治の海外事業としても、この野心的なグループ目標を受け、約 700 億円に過ぎなかった海外売上高を 2026 年に 1,800 億円にまで成長させるというビジョンを描いた。

第3章　中国を中心とした大型投資と健康価値の展開

第1節　中国事業の飛躍と新工場の建設

明治は、海外事業において 10 年後に売上高 1,800 億円を目指すという野心的な将来像を描いたが、中国・東南アジア・アメリカといった展開地域全てに同時注力できるだけのリソースはなかった。そこで、まずは既に複数の事業会社があり、今後の市場成熟と成長が見込める中国を中心に事業成長を図る戦略を描いた。この当時の中国事業は、前述の4社が事業を展開していたが、上海食品工業は設立以来営業赤字が続いており、広州明治制果は営業黒字こそ確保していたものの事業規模は非常に小さい状況であった。また、蘇州明治と明治雪糕はまだ設立から間もなく、ようやく事業が軌道に乗り、黒字化の目途が見え始めているという段階に過ぎなかった。明治の基本戦略として、4社とも日本と同等品質の商品を展開していたが、販売価格は現地の平均よりも非常に高く、まだそういった高品質・高価格商品に対する消費者の理解が追い付いていなかった。また、16年までの明治海外事業は、関連社各社に対して営業赤字からの脱却を至上命題として課していたため、各社としては販売促進やマーケティング等に思い切った費用投下が行えない状況であった。

そこで、新たに策定した20中計においては、これまでの商品戦略を維持しつつも、販売促進やマーケティング面での制約を外し、高品質な明治商品の認知を高めることに集中した。この施策により、特に売上を伸ばしたのが蘇州明治の牛乳である。中国の牛乳市場は、2022年時点では未だ7割以上が常温保管可能なロングライフ牛乳であり、明治が展開するような高品質のチルド牛乳は少ない。しかし、上海を中心とした都市部の富裕層は、単価が高い商品でも品質の裏付けがあれば進んで購入する。蘇州明治が販売するチルド牛乳は23元（約400円）/950mlと現地の他社製品より高いだけでなく、日本で売られている牛乳に対してさえ高い価格であるが、独自製法による高い品質が現地の富裕層を中心に理解され、やがて生産が追いつかないまでに販売数量が伸び、蘇州明治の業績は大きく飛躍した。また、アイスクリームを販売する明治雪糕も、高品質だけでなく多種多様な商品ラインナップを実現し、売上を大きく伸ばした。一方、これまで不調が続いてきた菓子事業についても、冬季限定チョコの「メルティキッス」を婚礼中心のギフト市場に販路を広げた結果、売上が急拡大。2017年には念願の黒字化を達成した。

このように戦略を転換する中で、商品開発やマーケティング等における明治本社からの支援も徐々に増えていき、中国各社ではさらに商品価値やブランド認知が増すという好循環が生まれた。こうして、これまで種をまきながらも成長の機会を逸していた中国事業は、大きく飛躍する転機を得たのである。

ここで、明治はさらなる中国事業の拡大戦略をとる。主力の牛乳・ヨーグルト事業は、物流の関係から工場より半径300km程度にしか商品をデリバリーできない。ゆえに、蘇州からでは上海を中心とした華東地域しかカバーできず、この地での生産能力を増強しても、拡売には限度がある。そこで、これまで牛乳･ヨーグルト事業を展開してこなかった華北・華南地域にも新たに工場を建設することを決断し、華北に「天津明治（投資額：6.2億元／約110億円)」、華南に「広州明治食品（投資額：12億元／約220億円)」を設立。2022年時点で、両社は工場を建設中であり、それぞれ2023年・2024年に稼働開始予定である。また、広州でのアイスクリーム事業も好調に推移していることから、菓子工場である上海食品工業の隣接地にアイスクリーム工場の建設を決定(投資額:6.5億元／約120億円)。この工場も、2024年には稼働を開始し、ここから華東地域へのアイスクリーム販売を本格化する。中国では工場を運営するに当たり、従業員の確保が大きな課題となるが、菓子工場の隣にアイスクリーム工場を置くことで、冬に忙しい菓子工場と夏に忙しいアイスクリーム工場間で従業員を融通させるといったことも可能となる。また､1993年に設立した広州明治制果は設備が老朽化していることから、広州明治食品は当初より乳製品と菓子の複合工場とし、ここに広州明治制果の製造機能を移管することとした。このような、菓子とアイスクリーム、菓子と乳製品の複合工場は日本でも未だ実現しておらず、明治として初の試みとなる。

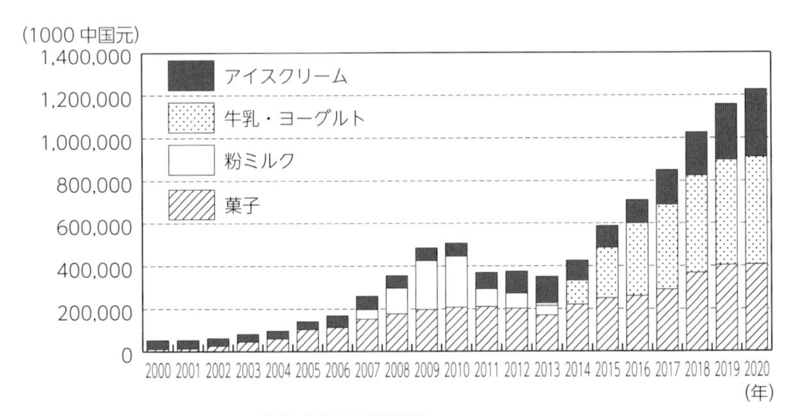

出所：明治社内管理資料

図表3-1　中国事業の売上推移

第２節　明治チャイナの設立

このように中国事業の拡大が始まったが、事業会社４社はそれぞれ独立して経営されており、連携することは少なかった。これは、過去からの経緯に理由があり、明治製菓と明治乳業が統合する以前に、それぞれが独自に投資をし、これらの会社を個別に設立していたからである。

しかし、もしこの４社が明治の統合後に開設されていたのであれば、このような形にはならなかったであろう。製造する商品によって、工場はおのずと商品カテゴリーごとに設置されるだろうが、販売やマーケティング機能は一か所に集約されていた方が効率的であるし、複数の商品カテゴリーを揃えていた方が小売業に対するプレゼンスも高まる。また、商品開発部門や人事・総務・経理といった間接部門も、集約されていた方がはるかに効率的である。そこで、明治は中国の事業会社を統括する持株会社として、2019年に「明治投資（中国）有限公司（略称：明治チャイナ)」を設立。まず、既存の４社の株式を日本の明治から明治チャイナの傘下へ移し、各社は明治チャイナを持株会社とする子会社となった。そして、22年１月には各社が個別に持っていた営業機能を明治チャイナへ集約。明治チャイナは、持株会社としてだけでなく、中国における明治の全カテゴリーを販売する会社となった。これまで、各社で営業活動を行っていた現地従業員は、これを機に明治チャイナへ転籍し、人事制度や給与体系も統一した。日本における明治の強みの一つは、複数の商品カテゴリーを持って客先と商談できることにあるが、同様の体制を中国においても確立したのである。また、中国は特にＥコマースの比率が非常に高い市場環境にあるが、これまで各事業会社が独自に展開していたネット販売についても、明治チャイナへと集約し、一段の強化を進めている。

また、明治はこの他にも中国事業の基盤強化に動く。牛乳・ヨーグルト事業は、バリューチェーンの川上、すなわち酪農業との関係構築が重要であり、日本においては長い歴史の中で酪農家との関係強化を続けてきたが、中国においてはこのような酪農業との関係構築は不十分であった。こうした中、中国の乳業大手企業は、牧場の買収や生乳業者の囲い込みを進めていた。今後、中国において牛乳・ヨーグルト事業を拡大していくには、生乳の確保が生命線となることは間違いない。そこで、明治は、独立系の生乳会社「オーストアジア」社に声をかけた。同社の生乳は非常に品質が高く、明治はかねてからこの生乳を高く評価してきたが、2020年に同社の株式の25%を約250百万米ドル／約280億円で取得し、長期の生乳供給契約を締結した。こうして、明治は牛乳・ヨーグルト事業を営む上で最も重要な基盤となる生乳についても確保したのである。

第３節　健康をコンセプトとした商品群の展開

既存４事業会社に加え３工場の同時建設、明治チャイナの設立と営業機能の集約、オーストアジア社への出資による生乳の確保と、明治は2017年以降矢継ぎ早に中国事業への投資を進め、それらの総額は700億円を超える。しかし、食品メーカーの事業価値は投資によってのみ作られるものではなく、特に商品の価値が中心となることに異論はないだろう。明治は、これまで牛乳・ヨーグルトや菓子・アイスクリームで高い品質の商品を中国で製造・販売してきており、中国の消費者の支持を得てきた。しかし、まだ十分ではない。明治は「健康にアイデアを」を新たなスローガンに掲げ、健康価値を通じたお客さまへの価値提供を経営の基軸に置いており、これを中国においても実現したいと考えている。具体的には、より健康価値を実現する商品の投入である。

このスローガンを最も体現するのが、プロバイオヨーグルトである。これらの商品は、日本では明治の屋台骨を支えるまでに成長したが、満を持して2021年に中国市場にて「R-1」「LG21」のドリンクヨーグルト２品を発売した。中国の消費者の嗜好に合わせ、内容量は180gと日本のものよりも大きくなっているが、使用する乳酸菌は全て日本より輸送している。こういった機能性商品の難しさは、やはりその機能をいかに消費者に認知してもらうかという点にある。明治は、商品の発売と前後して中国において大規模な実証実験を実施。中国の消費者に対して効果を実証できる様々なデータが集まり始めており、これらを活用したマーケティングを開始している。発売以降、その販売規模は成長を続けており、日本の消費者から大きな支持を得ているプロバイオヨーグルトは、中国の消費者にも必ずその価値を認められるものと期待している。

もう一つ、健康価値を体現する商品として中国で発売したのが、スポーツプロテインの「ザバス」である。日本では、まだスポーツプロテインが根付いていなかった1980年代から明治はザバスの製造・販売を開始し、2022年時点で日本のプロテイン市場において圧倒的なトップシェアを確立している。スポーツは一般的に、所得の上昇と比例して実施者数が増える傾向があり、中国の都市部はまさにスポーツが急拡大するフェイズに入ってきている。しかしながら、スポーツプロテインは未だ筋肉増強のための特殊な食品というように捉えられている。そこで、明治はかつて日本で実施してきたように、スポーツプロテインの普及活動を行い、広くこの食品を摂取する文化を根付かせ、その代名詞としてザバスを定着させたいと考えている。

このように中国では、品質の高い牛乳・ヨーグルト、チョコレート、アイスクリームに加え、健康価値の高いプロバイオヨーグルトやスポーツプロテインも発売し、商品カテゴリーを急速に拡充している。これらは、食文化が醸成されるとともにその価値が認められるものばかりである。中国では伝統的な食文化に加え、食の西洋化が進んでいる。また、「医食同源」という言葉もあるように、食品から健康を得るという考えが古くから根付いている。このような魅力的な市場において、明治は消費者のニーズに応えるために、今後もさらに価値のある商品の製造・販売を広げていく考えにある。この市場に深く入り込み、中国14億人の食文化の広がりや成熟とともに、事業を成長させていくことが、明治の海外事業の中心となる戦略である。

第4章　グローバルニュートリション事業での飛躍へ

第1節　栄養報国からアドバンスドニュートリションへ

ここまでは、中国を中心に、2011年の明治の設立以降約10年間の海外事業展開の経緯を記してきたが、最終章では今後の10年間を展望したい。冒頭に述べたとおり、明治は「栄養報国」という理念のもとに1916年に、明治製菓が設立されたことに始まる。その後、菓子や乳製品を中心に100年以上の間、お客様に親しまれてきたが、栄養をもって社会に貢献するという基本的な考え方は変わっていない。海外事業においても、日本品質のチョコレート・チルド牛乳・ヨーグルトなどを展開し、各国のお客様の暮らしに貢献する活動を展開してきた。そして、これからは栄養報国の理念をさらにレベルアップさせ、「アドバンスドニュートリション」をもって世界中のお客様の健康に貢献したいと考えている。

明治は、経営統合後、明治製菓と明治乳業がそれぞれ構えていた研究所を一か所に集約し、「明治イノベーションセンター」を設立。それぞれの知識や技術を融合する場を整えた。また、明治ホールディングスの傘下には「価値共創センター」を設置し、明治グループ内のMeiji Seikaファルマやkmバイオとの共同研究もスタートしている。明治は、2021年に「明治栄養ステートメント」を制定したが、今後はこの考えのもとにグループ内の総力を結集して、ニュートリション分野での価値創造を進めていく。そして、この分野こそが、海外事業のネクストステップの中心となる。

① 乳幼児栄養

アドバンスドニュートリションを海外展開する上で、その具体的な商品カテゴリーは、「乳幼児栄養」「シニア栄養」「スポーツ栄養」などである。乳幼児栄養は、乳幼児向けの粉ミルクが中心となる。明治は、このカテゴリーにおいて日本国内でトップシェアを確立しており、これまで輸出も積極的に展開してきた。2022年時点で、台湾・ベトナム・パキスタン・香港・タイ・カンボジアといった国や地域へ輸出しており、特に台湾には2017年に「台湾明治食品」を、ベトナムには21年に「明治フードベトナム」をと、輸入販売を担当する子会社を設立し、順調に業容を拡大している。明治の粉ミルクは、一つ一つの成分を母乳に近づける「母乳サイエンス」、および粉ミルクをキューブ状に成型する技術が強みである。特にキューブ成型については、明治が様々な特許を保有しており、世界中で明治にしか実現できない技術となっている。昨今では、世界中で女性の社会進出が進み、特にアジアではその動きが顕著である。キューブ状に成型された粉ミルクは、こうした働くお母さんに大きな利便性をもたらすことができる。明治は、これらを武器に東南アジア諸国、そして世界最大の市場である中国への再参入を果たしたいと考えている。なお、粉ミルクのキューブ成型に関しては、世界的な粉ミルクメーカーのダノン社より申し出があり、これらの技術に関する事業提携を締結した。現在は、明治の技術を活用してキューブ成型されたダノンの粉ミルクが、ヨーロッパで販売されている。このように、技術ライセンスという形での価値創造もアドバンスドニュートリションの一つの形態だと捉えている。

② シニア栄養

少子高齢化は、いまや日本社会の代名詞のようになっているが、今後はアジア諸国においても急速に高齢化が進むと見られている。特に中国においては、2030年には人口の15%以上が65才以上の高齢者になると見込まれているが、これは日本の総人口の2倍近い規模となる。このように高齢化が進む中で問題となるのが「低栄養」である。加齢とともに食欲が減退し、必要とされる栄養素を十分に摂取していないシニア層は多い。明治は、日本において「メイバランス」という栄養食品・流動食を中心に、このようなシニア層の栄養サポートを行っており、

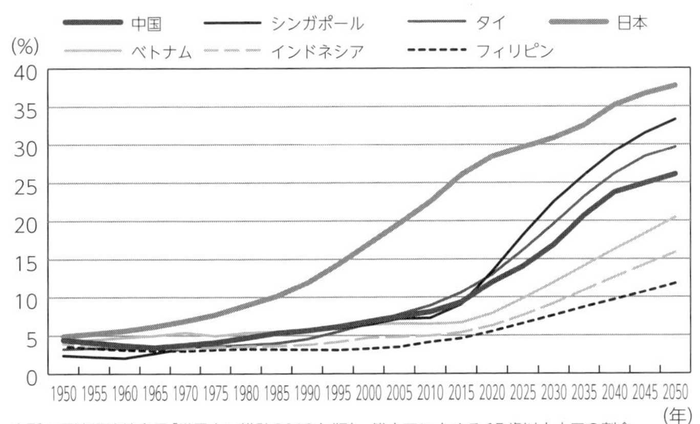

出所：国連経済社会局「世界人口推計2019年版」 総人口に占める65歳以上人口の割合

図表 4-1 高齢化率の推移

その売上は高齢化の進展とともに拡大している。一方、アジア諸国においては、シニアは節約するものという従来からの考え方も根強く、栄養が不足しているシニア層は非常に多いものと推測されるが、これらを補助する既存の商品群は大人向け粉ミルクやインスタント粥など種類が限られており、改善の余地が大きい。そこで、明治はメイバランスを中心に、アジア諸国のシニア層の栄養をサポートする事業を強化していきたいと考えている。既に台湾では2017年よりテスト的に「メイバランスミニドリンク」を販売しているが、今後は中国を中心としたアジア各国にこうした事業を展開していく考えである。もちろん、既存商品に限らず、明治独自の最新のニュートリション技術も投入していく。

③ スポーツ栄養

中国におけるザバスの発売は既に述べたが、このスポーツ栄養の分野も明治は強みを持っており、アドバンスドニュートリションの一環として伸ばしていきたい事業領域である。この分野は、プロテインを中心とした栄養機能開発がまず求められる。明治は以前よりアスリートの栄養サポートを続けており、アスリートがパフォーマンスを発揮する上で必要な栄養に関する様々な知見を蓄積している。また、これだけでなく、パウダー・RTD（ドリンク）・RTE（バー）といった商品形態の開発も重要となってくる。明治は、以前よりプロテインパウダーの溶解性や味付けなどの研究を進めてきたが、さらに明治製菓と明治乳業が統合したことにより、チルド飲料・ロングライフ飲料・ゼリー飲料・チョコレートバーなど、商品形態に関する知見や技術は厚みを増している。ザバスは従来、明治製菓が製造・販売していたプロテインパウダーであったが、これに明治乳業が持っていた乳飲料技術を掛け合わせた「ザバスミルク」は、我が国において非常に好調なセールスを記録しており、日本市場でのプロテイン製品の定着に大きく貢献している。また、2022年春には菓子成型の技術を活用した「ザバスバー」も発売した。前述したように、中国をはじめアジア諸国は、これからスポーツの勃興期を迎える。明治は、スポーツ栄養に関する知見と様々な商品形態を実現する技術をもって、これらの市場へいち早く進出し、各国のアスリートやスポーツ愛好家の方々のパフォーマンス向上に貢献することによって、プロテイン文化およびザバスブランドを定着させていきたいと考えている。

第2節　さらなるグローバル展開に向けて

2011年の経営統合以降の明治の海外事業を、中国を中心に振り返るとともに、2030年に向けた今後の展開を、アドバンスドニュートリションを中心に展望してきた。明治製菓と明治乳業の経営統合によって、明治は商品カテゴリーを拡充し、人材も含めた経営基盤の充実も進んだ。これらが現在の海外事業展開の基礎となっていることは間違いない。海外志向は旺盛でも利益のとれる商品が少なかった明治製菓と、利益がとれる商品を持ちながら海外展開には消極的だった明治乳業が統合したことで、お互いの弱点を補完しグローバルに展開する事業基盤を確立した。そして、将来の方向性としてアドバンスドニュートリション分野を示し、2022年4月には社内に「グローバルニュートリション事業本部」を新設。この分野を開拓する体制を整え、関連する技術や製品も揃いつつある。明治が本格的に海外事業に注力するようになって、まだわずか5年であり、これからが本番である。明治はこれからも、明治らしい独自商品をもって世界中のお客様の心豊かな暮らしに貢献し、一人でも多くの方を笑顔にしたい。そして、グローバルにおけるそれらの活動を、企業としての成長に繋げていく。

日清食品グループ

「カップヌードル」グローバルブランディングの深化

第1章　日清食品グループについて

創業者・安藤百福が1958年に世界初の即席めん「チキンラーメン」を発明して以降、「カップヌードル」、「ラ王」、「カレーメシ」をはじめ直近では、おいしさはそのままに日本人の食事摂取基準で定められた33種類の栄養素をバランスよく摂取できる「完全メシ」を発売、2022年3月期の決算では売上収益5,697億円、営業利益466億円（IFRSベース）の実績となっている。

事業ポートフォリオは日清食品㈱や明星食品㈱の即席めん事業を中心に、冷凍・チルド製品を扱う低温事業、「ピルクル」など乳製品を扱う日清ヨーク㈱の飲料事業、「ごろっとグラノーラ」や「シスコーン」等を扱う日清シスコ㈱、「ぼんち揚」等の米菓を扱うぼんち㈱や「カラムーチョ」等の㈱湖池屋の菓子事業など、日常の食シーンを幅広くカバーしている。海外事業については即席めんを中心に展開しており、1970年の米国進出を皮切りに現在では17カ国に展開している。

日清食品グループのミッションとして成長の礎となっているのが創業者・安藤百福が掲げた[1] 4つの言葉「食足世平」「食創為世」「美健賢食」「食為聖職」であり、変わることのない創業の価値観として現在に至る。戦後の食糧難となっている状況で、美味しく、簡単に、栄養のあるものを食べて頂きたいという想いからチキンラーメンが発明されたが、この創業者精神を体現したものである。

2016～2020年には「中期経営計画」を発表、「グローバルカンパニーとしての評価獲得」と位置づけ、積極的な海外投資を実行し、目標である「時価総額一兆円」「海外営業利益比率30％」を達成した。目標設定に向け設定した5つの戦略テーマについてもさらなる発展に向けた課題はありつつもそれぞれ大きな進捗を遂げることができた。

第１節　中期経営計画（2016 ～ 2020 年）５つの戦略テーマ、目標と進捗結果

① カップヌードル Global Branding

2015 年度対比で約 1.3 倍の販売食数となった。

ブラジル・インド・欧州を中心に高成長を実現、米国ではプレミアム商品へのシフト等、販売額&収益額を重視する戦略を採用。売価ベースでは USD 2 billion（20 億 US ドル）brand を狙える規模まで増大し、食品の単一ブランドとしては稀有の存在となった。

② 重点地域（BRICs）への集中

特にブラジル、中国が大きく躍進、BRICs 以外のエリアとも高成長を遂げた結果、海外営業利益内で、約 6 割の構成比となった。

③ 国内収益基盤の盤石化

各種コスト高騰や償却負担増がありながらも、マーケ・営業戦略や Covid-19 の影響をポジティブに転嫁できたことにより約 20%の超過達成となった。

④ 第２の収益の柱の構築（菓子・シリアル・低温）

オーガニック成長に加え、積極的にＭ＆Ａを活用し、それぞれの事業で順調な売り上げ・利益成長を実現。湖池屋を連結子会社化したことで利益を拡大した。

⑤ グローバル経営人材

経営人材候補者リストとして 200 名をリストアップ、教育機関「Nissin Academy」の設立により、各人材の能力開発を実現した。

2021 年より、「Well-being」と主に環境に配慮した「Sustainability」を目指した経営を重要課題とした、新しい「中長期成長戦略」を発表、フードテクノロジーを活かした栄養や健康といった「Wellness」や「環境や社会への配慮」を取組みの軸としつつ、海外事業の利益ウェイトを 2030 年には約 45%近くまで引き上げる旨を掲げている。

第２章　日清食品グループ中長期成長戦略

日清食品グループは CSV[2] 経営を掲げており、その定義を「常に新しい食の文化を創造し続ける“EARTH FOOD CREATOR（食文化創造集団）”として、環境・社会課題を解決しながら持続的成長を果たす」ものとし、その実行に向けた３つの成長戦略テーマを公表している。

第1節　2021～2030年3つの成長戦略テーマ

成長戦略テーマ①　既存事業のキャッシュ創出力強化

海外+非即席めん事業のアグレッシブな成長により事業ポートフォリオを大きくシフトさせながら持続的な成長を追求する。

成長戦略テーマ②　環境戦略“EARTH FOOD CHALLENGE 2030”

水や石化プラスチック等の有限資源の有効活用と気候変動インパクト軽減（CO_2削減）へのチャレンジ。

成長戦略テーマ③　新規事業の推進

フードサイエンスとの共創による“未来の食”の創造、テクノロジーによる食と健康の社会課題の解決へ。

海外エリアの戦略はテーマ①に含まれ、海外事業の利益ポートフォリオに占める割合を現在（2020年度）の約30%から2030年度には45%に伸ばし、確固たるグループの利益成長ドライバーへとブラッシュアップする旨を公表している。

特に主要ブランドである「カップヌードル」については海外の成長ドライバーとして位置づけ、世界中に通用するブランディングの強化を継続して実行することとしている。前回の中期経営計画（2016-2020）でも「カップヌードル」のグローバルブランディングに注力しており、2015年から2020年までにその販売数は約30%増加し、全世界で約100カ国、販売額シェアが10%以上、小売価格ベースで約20億USドルを狙えるレベルまで達している。単体の食品で“Double-Billion-Dollar Brand”（20億USドルブランド）は世界でも既に稀有の存在であるが、引き続き地域の特性に合わせさらなるグローバルブランディングの強化を進めていくとしている。

また、「カップヌードル」以外でも、各エリアが保有している製品ブランドを中心にしたブランド戦略を各市場および事業のステージに応じながら進めていき、高付加価値市場におけるトップカンパニーを目指す旨を公表している。中計2020（2016-2020）では、海外営業利益は+35.2%、売上収益は+5.1%（いずれもCAGR: 年平均成長率）と著しい伸長であったが2021年以降もこれまでと同様の成長モメンタムを維持し、さらなる飛躍できるよう海外事業における利益成長水準としてパーセンテージで毎年1桁台後半から2桁の成長を見込む。

第3章　フードテクノロジーを活かした栄養・健康や環境への取組みの方向性
（完全栄養食プロジェクト／代替食技術／培養肉技術／バイオマスプラスチック容器）

日清食品グループは、創業時のチキンラーメン開発時代からある「美味しい」「安心安全」「簡便」「長期保存」「安価」という開発の5原則に、2018年より新たに「栄養と健康」ならびに「環境保全」を加え、「開発7原則」として運用することで世界中の人々の食を支える製品を開発している。特に近年において世界的に注目されているWellness分野では、強みであるクリエィティビティとフードテクノロジーで新たな食の可能性を追求し、飽食によるオーバーカロリー[3)]、誤ったダイエット方法による隠れ栄養失調に加え、人生100年時代を見据えたシニアの健康寿命延伸や生活の質（QOL）の向上などといった新しい社会課題を美味しく解決することを目指している。

このような考えの元、日清食品グループは、誰もが「好きなものを、好きなときに、好きなだけ楽しめる世界へ」の実現のため、33種類の栄養素とおいしさの完全バランスを実現した完全栄養食プロジェクトをスタートさせた。完全栄養食の開発を可能としたのが今までインスタントラーメンなどで培った様々な技術である。

■「ソルトオフ製法」

世界中の約170の塩を調べてたどり着いた、減塩しても美味しさを保つ技術

■「ミスト・エアードライ製法」

麺を油で揚げずに必要最小限の植物油を麺の表面にミストシャワーし熱風乾燥させる、油分をカットしても美味しさを保つ技術

■「オリジナル3層麺製法」

麺の中心層の一部に、小麦粉の代わりに食物繊維を使用する、カロリーをカットしても美味しさを保つ技術

■「栄養ホールドプレス製法」

麺の外側を小麦ベースの層で包み込み中心に栄養素を閉じ込めながらエグみや苦みをマスキングし、調理時の栄養素流出を防止する技術

さらに、これらの技術力を元に、以下の技術を新たに開発し完全栄養食の開発につなげている。

■「米の再合成技術」

米を独自配合で合成する技術。植物繊維などを配合し、栄養強化とカロリー削

減を可能とする技術

■「肉の再合成技術」

肉に含まれる飽和脂肪酸を抑えながら肉本来の美味しさを再現する技術

■「減塩技術」

肉に含まれる飽和脂肪酸を抑えながら肉本来のおいしさを再現する技術

■「おいしさ再現技術」

インスタントラーメンで培った技術をベースに、様々な加工技術やうまみ素材などを駆使することで、美味しさを再現する技術

実際に、4週間で約40食を当社グループの完全栄養食に置き換えた臨床試験では、体重、体脂肪、BMI、中性脂肪、プレゼンティーズム（何らかの疾病や症状を抱えながら出勤し、業務遂行能力や生産性が低下している状態）など様々なバイタルデータの改善が見られた[4)]。

今後、生活習慣病予防・シニアのフレイル対策などの未病対策だけでなく、疾病のため、食について我慢が必要な人たちの生活の質“QOL”の改善にもつながる可能性があると医療関係者からも期待されている。

代替肉に関する方針も掲げており、2030年までに植物性のたんぱく質の使用量を乾燥重量ベースで1,100 tまで上げて持続可能な食料システムの構築へ貢献する旨を公表している。カップヌードルの具材のひとつに、豚肉と大豆ミートのハイブリット・ミートがはいっており、日本では「謎肉」として親しまれている。環境負荷がより小さい、未来の食の開発に向け、今後、さらに植物性たんぱく質の比率を上げていく予定としている。

さらに将来の商品化に向けた「培養肉」の開発も進めている。「培養肉」とは、人口増や気候変動に伴い将来予見される食肉不足を解決するサステナブルな食材として世界中で注目されており、従来の食肉の代わりとなる「代替肉」のひとつで、動物の細胞を体外で組織培養することによって得られた肉のこと。

家畜の肥育と比べて地球環境への負荷が小さいことや、広い土地を必要とせず、厳密な衛生管理が可能といった利点があるため、従来の食肉に代わる“持続可能な肉”として期待を集めている。

即席めんの主要な資材であるパーム油についても「2030年までに、持続可能なパーム油の活用100％」を掲げその取組みを推進している。日本の調達分におい

てはRSPO 認証パーム油の活用に加え、サプライチェーン上流にある搾油工場を特定しリスト（ミルリスト）として整理を行い、トレーサビリティを確保。その情報を元とした衛星モニタリングの仕組みを活用することでミルリスト周辺の農園に森林破壊や泥炭地破壊のリスクを確認している。さらにリスクが高い可能性がある農園においては農家と直接、ダイアログ（対話）を実施する取組みを行っている。

カップヌードルの容器についても環境負荷の少ないものへと進化させている。2008 年より石化プラスチックを使用した EPS（Expanded Polystyrene）カップを紙化しバイオマス度を 70%以上に上げた「ECO カップ」として進化させた。19 年には植物由来のバイオマスプラスチックを活用しさらにバイオマス度を 80% 以上に上げた「バイオマス ECO カップ」として進化させている。この進化はプラスチックの使用量削減と、家庭ごみとして焼却処分された際の CO_2 排出量削減に効果的である。食べ終わった後の容器の処理は各国のレギュレーションによることが多く日清食品グループとしてはエリア特性を踏まえ様々な容器・包材のオプションで対応している。

第4章　グローバルタレントの育成

日清食品グループは海外グローバル人材の育成に力を入れている。若手社員には「海外トレーニー制度」といった海外研修制度を設け、1 ～ 2 年間海外拠点に派遣しグローバル経営人材候補として育成している。また、中計 2016 ～ 2020 年の期間でグローバル人材プールを 200 名育成することを目標に、若手から管理職まで経営の中核を担う人材を養成する企業内大学「グローバル SAMURAI ACADEMY」を開講し、若手から中堅社員を対象にした「若武者編」、係長から課長職を対象とした「侍編」、次長から部長職などの次期経営者を対象とした「骨太経営者編」の 3 つの階層ごとにマネジメントスキル、ロジカルシンキングや語学力、異文化理解やリベラルアーツなどを学び、「侍編」では現地視察など実践的な研修を行い、グローバル人材プールの充足を図った。現在では、研修制度をさらに進化させ、社員の育成につながる全ての機会を包含する「総合的な学びの場」とする、といった考えのもと「NISSIN ACADEMY」を設立し、経営者の育成を目指す「経営者 ACADEMY」を始めとして、「マーケティング ACADEMY」、「SCM ACADEMY」、「セールス ACADEMY」といった職位やキャリアに応じた研修制度を幅広く用意している。また、日清流のJob型モデルを整備、踏み込んだレベルでの職務の明確化や人材の配置・配分を最適化しやすい仕組みの導入を進めている。社員にとって会社でのキャリアを描きやすく、且つ戦略を実行し、新しい食の文化を創造し続けるイノベーティブな組織を実現することを目指している。

第5章　世界の即席めん需要

世界の即席めん需要は2021年データで約1,182億食、一人あたり年間約15食を消費している計算となる（世界人口77億人で算出）。2016年以降の平均成長率は4～5%で推移している。袋タイプとカップタイプの割合が約8:2となっており、日本はカップタイプの製品が多いのに対し、海外は袋めんが中心であることが特徴的である。エリア別のウェイトは中国が約4割と一番多く、続いてインドネシア、ベトナム、インドとなり日本は世界5位の市場規模となる。また、中国を含むアジアエリアで約8割を占めている。

図表5-1　イメージ（世界の即席めん需要）

*WINA調べ
*World Instant Noodles Association

単位：億食
2022年5月13日現在

	国名／地域	2017	2018	2019	2020	2021
1	中国／香港	389.6	402.5	414.5	463.6	439.9
2	インドネシア	126.2	125.4	125.2	126.4	132.7
3	ベトナム	50.6	52.0	54.4	70.3	85.6
4	インド	54.2	60.6	67.3	67.3	75.6
5	日本	56.6	57.8	56.3	59.7	58.5
6	アメリカ	41.3	45.2	46.3	50.5	49.8
7	フィリピン	37.5	39.8	38.5	44.7	44.4
8	韓国	37.4	38.2	39.0	41.3	37.9
9	タイ	33.9	34.6	35.7	37.1	36.3
10	ブラジル	22.5	23.9	24.2	27.2	28.5
合計		1001.1	1036.2	1064.2	1165.6	1181.8

世界ラーメン協会（WINA）推定

【注】
※各国の食数は四捨五入しているため、食数の合計が一致しない場合もあります。
※一部、遡及修正している国・地域があります。

第6章　「カップヌードル」のコアバリューとさらなる成長性

日清食品グループは世界で既に認知されているブランド“カップヌードル”を中心に海外市場でのプレゼンスをさらに上げていく。成長の「鍵」となるのがZ世代（1990年代半ば以降2010年代序盤の生まれの世代）、α世代（2010年代序盤以降の生まれの世代）だ。Z世代、α世代合わせて2030年には世界の総人口の半分を占めると言われており、グローバルでの人口動態を追い風に、“Double-Billion-Dollar Brand（20億USドル）”越えをねらう。

コアターゲットであるZ＋α世代の特性として、デジタル環境の進化で享受してきた利便性をリアルな世界にも求める、つまり「あらゆるコストを最小限に抑えたい」というものがある。たとえば、必要以上に、お金を払いたくない（金銭コスト）、時間をかけたくない（時間コスト）、考えたくない（認知コスト）、行動を制限されたくない（肉体コスト）、ストレスを感じたくない（心理コスト）などが挙げられる。それぞれに対し、カップヌードルの持つ普遍的価値「お手頃な価格」「3分待つだけ」「調理はお湯を注ぐだけ」「片手で運べて場所を選ばない」「高い品質から生まれる信頼感」はピッタリ合致するのである。普遍的価値に加え、各地域の市場環境や消費者志向に最適化するかたちで展開し、たとえば、欧州地域では「Authentic Asia」をコンセプトに、アジアの本格的な味を提供するブランドに位置付けている。米国では「Innovative Premium」のコンセプトのもと普及価格帯の製品からプレミアム製品にシフトしており「CUP NOODLES Stir Fry、縦型カップの汁なし麺、電子レンジ調理品」や「Hot & Spicy Fire Wok, どんぶり型の汁なし激辛麺」が計画以上の売上を記録している。南米では「Unique and Variety」というコンセプトで、袋めんにはないユニークなフレーバーを展開し大きな成長を実現、中国・アジア地区では「Advanced Quality」を掲げ、具材豊富で品質の良い製品を提供している。

また、カップヌードルのメインターゲットは「その時代の若者」としているが、一人当たりの年間消費食数から見るカップめんの浸透状況やカップヌードルのその市場でのポジション、浸透状況により、国や地域ごとに、ターゲットの深耕、もしくは拡大、もしくはその両方と分けて、ターゲットにアプローチをしている。海外は全般的に、まだ一人当たりの年間消費食数が小さいこともあり、若者へのアプローチに集中している（ターゲットの深耕）。一方、日本では、一人当たりの年間消費食数が大きく、またカップヌードルのシェアも高いため、ターゲットの深耕をしつつ、ターゲットの拡大も同時に進めている。例えば、健康志向者向けの「カップヌードルPRO 高たんぱく＆低糖質」やシニアや少量でいい方けの「あっさりおいしいカップヌードル」、女性向けに「世界のカップヌードル」などを展開している。また日本や海外での成功・先行事例を他の国や地域に展開していくことで、カップヌードルのグローバルブランディングの深化を加速させている。

第7章　ブランド戦略を軸とした海外展開

第1節　ブラジル戦略

主要な海外事業会社の戦略をそれぞれ見ていこう。日清食品のブラジル進出は1975年と古い、1983年より合弁会社として事業を運営していたが、2015年より独資化し現在に至る。マーケットのサイズは約28.5億食（2021年WINAデータより）で世界10位のマーケットであり、袋めん市場の割合が90%以上と、袋めん中心の市場であるがカップめん市場の伸びも最近著しい。日清食品のシェアは60%を超える割合を維持しており強力な営業網を誇る。拠点はサンパウロに本社があり工場は2拠点（イビウナ工場、グロリア・ド・ゴイタ工場）を構えている。ブラジル日清は中南米戦略の中心として位置付けており、商圏としてアルゼンチン、チリ、コロンビアなど周辺国も抱える。

中期経営計画2020の傘のもとブラジル日清では2015年の独資化以降、「カップヌードル」戦略を本格的に実施している。すでに即席めんのシェア 約60%以上という圧倒的な地位を築いているが、ブラジル即席めん市場の特徴として顕著なのが、市場の大半を袋めんが占め、袋めんの構成比率が90%以上と突出していることが挙げられる。これは何を意味するかというと、「カップめんに関して今後の成長余地がかなりある」ということが読み取れる。日清食品グループは、国民の所得やGDPなどが一定の水準を超えると、袋めんからカップめんへの需要シフトが進んでいくという仮説を持っているが、ブラジルはすでに十分その条件を満たしており、今後、カップめんのニーズが増していく可能性は非常に高いと見ている。そこで、「ブラジル史上最高においしい」をテーマに刷新した新しい「カップヌードル」を2015年より市場へ投入、特においしさに拘り、日清グループの技術・開発・研究の拠点である“the WAVE”を中心に日本のイノベーションをフル活用して、麺、スープ、具材、パッケージすべてを一から改良、見た目もおいしい、食べてもおいしい「カップヌードル」を実現した。その結果、そのおいしさ、クオリティの高さは日本のカップヌードルと同じレベルに到達し、新しい「カップヌードル」でスナック（軽食）からミール（食事）へと製品ポジショニングのシフトが起こった。この高付加価値製品をリーズナブルな価格で提供することで、ブラジルにおいてカップめんの新市場を一気に拡大し高シェアを維持している。

写真 7-1　イメージ (ブラジルのカップヌードルの写真)

ブラジル市場におけるカップヌードル戦略は 90% 以上と非常に高いシェアを維持しつつ市場全体も拡大しつつあるが、決して平坦な道では無かった。というのも、袋めん市場中心のブラジルにはまだカップめんを食べたことがない人々が多く存在しているため、日本では多くの人が知っているであろうカップヌードルのベネフィットを誰でもわかるように丁寧にコミュニケーションする必要があったからである。新しいカップヌードルを長く、現地に根付くブランドに育てていくために若い世代へのアプローチを強化しつつ「調理が簡単」で「持ち運び」といったことを粘り強く消費者に説明しなければならず、「袋めんより、カップヌードル！」という訴求ポイントを持つ TVCM 作成して CUP NOODLES の 4 つのベネフィット（①お湯を注ぐだけ、② Multitask、③種類が多くユニークな味、④ Portability ）を説明している。この TVCM、実は日本で販売している「カレーメシ」と全く同様の構成としており、カレーメシの CM では「めんよりメシ！」を訴求しているのに対し、ブラジルでは「袋めんよりカップヌードル」を訴求している。またブラジルのカップヌードルの 4 つのベネフィットも、もともとはカレーメシの 4 つのベネフィット①お湯を注ぐだけ、② 5 分待ったらできあがり、③混ぜると無駄にうまくなる、④すすらなくていいから食べさせやすい、と差し替えたものである。カレーメシが日本に若い層に大受けだったようにブラジルの若い層にも大変受けが良く、このバージョンは何パターンも作成、放映されている。ブラジルではカレーメシの TVCM に限らず、日本のカップヌードルの TVCM をそのままブラジル仕様に変更することで好評を得ている。

また、地元のマーケターと日本人マーケターが協力して、食文化の違いからなるブラジルならではの消費者の嗜好や傾向を観察し、同じカップヌードルブランドでも工夫を行っている。例えば、消費者は、袋めんをレシピ通りに調理しない傾向を発見、また、カップヌードルにお湯を入れる際の目安である喫水線だが、消費者の調理方法や食べ方を見てみると喫水線に満たない少量のお湯の量で調理して食べている消費者が多いのを発見し喫水線の高さも日本のものと変えている。こうした小さな工夫や改善を経てカップヌードルは毎年 30% 超の成長を継続している。

第2節　米国戦略

北米エリアの拠点としている米国での戦略を見てみよう。米国では50年以上の歴史があり1970年に初の海外拠点として米国ロサンゼルスに進出して以降、現在ではカリフォルニア州のガーデナとペンシルベニア州のランカスターに工場を構える。米国進出と同時に販売した“TOP RAMEN”ブランドは2020年に販売開始から50周年を迎えたブランドとなっており米国の消費者に広く愛されている製品となっている。市場規模は49.8億食（WINA2021年データ）で世界6位の市場規模、1人あたり年間15.1食を消費している計算となる。米国市場の特徴は非常に売価が安い点が挙げられる。例えば米国に日清で販売している“CUP NOODLES”がUSD0.5～0.7、袋めん“Top Ramen”がUSD0.3～0.5であり、日本の一般的な売価と比較すると約1/2の水準である。

低価格製品が大半を占めていた米国市場であったが、米国日清は価格競争の厳しい消耗戦から脱却すべく、2018年よりプレミアム戦略を展開している。近年好調なのが“CUP NOODLES Stir Fry”だ。汁なしタイプの製品で電子レンジ調理の仕様としている。これは米国、特に若者が加工食品を喫食する際、電子レンジを多用していることに着目したことによる。製品コンセプトはアメリカで好まれているチャーニーズデリバリーの四角い箱で、テイストは“JAPANESE TERIYAKI CHIKEN”“KOREAN SPICY BEEF”“THAI YELLOW CURRY”とアジアンテイストを全面に出している。若い世代をターゲットとしておりフェイスブック、インスタグラム、Twitterなどを活用している。また2021年には、シリーズ品として“CUP NOODLES Stir Fry Rice with Noodles”を発売している。こちらは“CUP NOODLES Stir Fry”と同様のコンセプトで、電子レンジ調理仕様であるが、中に麺だけではなく、ライスも入っており、いわゆる“そばめしタイプ”の製品である。

さらにCUP NOODLESブランドではないが、プレミアム戦略を推進する製品として、“HOT&SPICY Fire Wok”もある。この製品は売価がUSD1.7～2.2と、米国市場ではかなりの高価格製品といえる。これは特に若い世代に辛さ

写真7-2　イメージ（米国日清の製品）

を求める一定の層が存在し、価格をそれほど重視しない（それよりも辛さや、美味しさを重視する）傾向に着目した製品である。大手量販店を皮切りに認知され始め今では全米で流通されている製品となっている。

このようなプレミアム製品戦略を進めた結果、全製品に対するプレミアム比率が約半部を占め、今後の安定的な利益創出のドライバーとなる見込みである。

第3節　中国戦略

写真 7-3　イメージ（中国エリアの製品）

中国エリアは香港も含め、世界の約４割を占める巨大市場である。日清食品グループの強みは広域な営業網を構築していることであり、その営業網を活かし主力ブランドである「合味道（カップヌードル）」は過去７年間（12年→19年）で約1.9倍、「出前一丁」も1.7倍とハイペースな成長ペースを保っている。「合味道（カップヌードル）」に関しては減塩対応を推進しており人々の健康志向に対応している。「出前一丁」ブランドについては、特に香港では非常に高いプレゼンスを有しており「高品質× Made in/form Hong Kong」を武器とし中国大陸での販売拡大を追求している。また、「日清シスコの菓子やフルーツグラノーラ」や「湖池屋のカラムーチョ」など、他カテゴリー企業とのアライアンスを積極活用しながらマルチカテゴリー化を行うことで収益機会をレバレッジしている。「合味道（カップヌードル）ビック」も近年好調な売れ行きを記録しているが、レギュラーカップとは異なる新たなオケージョン提案としてユーザーに広く受け入れられている。

第４節　アジア東地区（タイ、インドネシア、シンガポール、ベトナム、フィリピン）及びインド エリア

タイ、ベトナム、インドネシアといったアジア東地区においては、国に留まらない地域間での横断的な製品やノウハウを展開することで事業基盤のシェアード化を推進し、地域一体として収益性を高めながら成長をドライブさせている。例えばタイ製の焼そばタイプの製品をベトナムにて販売していたり、製品だけでなく、Traditional TradeやGeneral Tradeにおける販促手法やSNS等のデジタルツールを活かしたマーケティングやプロモーションのノウハウもアジアの事業会社間で共有しており、地域間シナジーの最大化を目指している。

インドは世界第4位の市場規模であり、近年特にカップめん市場の伸びが著しいエリアである。市場の特徴はTraditional Tradeの割合が9割と非常に多く、その攻略がインド市場攻略のカギである。バンガロールに本社を置くインド日清はセールスを500～600人抱えTraditional Tradeを中心に営業を行っている。Traditional Tradeのお店の規模は小さく、商品の露出が限られてしまうので如何に自社の商品を店頭の目立つ箇所に陳列するかが勝負となる。インド日清はローカルの好みに合わせたマサラ味などのカップヌードルを販売しているが、日本の食品や菓子売り場で良く見られる“吊り下げタイプの陳列什器”をインド用に転用、そこにカップヌードルを並べて陳列することで、店頭の目立つ箇所に陳列でき売上アップを図ることができた。

写真7-4　イメージ（アジアエリアの製品）

第5節　欧州戦略

欧州（EU）は27カ国、英国を入れると28カ国人口5億人を超える市場である。日清食品は1991年より進出、ハンガリー日清（生産・販売拠点）とドイツ日清（販売拠点）の2か所の拠点に加え、関係会社として英国Premier Foodsを抱える。欧州の市場は、一つの国で一括りできず国毎に細分化されており、シェア上位企業が市場によって異なっていることが挙げられる。欧州エリア17カ国のいずれかで各国シェア3位までに入る企業が21社存在し、その様子をマッピングしてみるとモザイクのように見えることから“モザイクマーケット”と呼ばれている。国ごとに食文化も、市場も、消費者も、競争環境も全く異なるモザイクマーケットで、“日清食品らしく”プレゼンスを高めていくためにも、市場を理解し類似の属性を持つエリアを見極め、効率的な施策の実施が必要な市場である。

市場規模約17食（WINA2021年データ）とまだ規模は小さいものの、日清食品はここ数年、大きな成長を実現している。ブランド戦略では“Authentic Asia”（本物のアジア）コンセプトを強く打ち出し、欧州企業群の“フェーク・アジア”に対抗すべく、独自のポジションを確立することを掲げている。カップヌードルブランドは、Ramen style（汁あり）とWok style（汁なし）の二軸展開で、Ramen styleではテリヤキや味噌等、アジアを想起させるテイストが中心。Wok styleの“Soba”も販売は好調。さらに袋めんは世界的なブランドである“出前一丁”を中心に販売している。

また、モザイク市場への対応、“Authentic Asia” コンセプトを軸にしたブランディングの深化に加え、健康・環境課題への対応も必要となっている。世界でも意識が高い欧州人のニーズ、各国政府・当局の動向をとらえながら、スピーディーかつ現実的に対応することが、欧州でのさらなる成長に不可欠なチャレンジである。

写真 7-5　イメージ（欧州エリアの製品）

第8章　WINA World Instant Noodles Association の活動

日清食品グループは業界のファウンダーとして、世界各地のインスタントラーメンに関わる企業や団体が一致団結し、世界の消費者にインスタントラーメンを美味しく安心して食べて頂けるよう、品質向上に向けた取組みや災害時における寄付活動を行う業界団体 WINA に積極的な貢献をしており、会長は日清食品グループ CEO である安藤宏基が務めている。

WINA は 1997 年より定期的に世界ラーメンサミットや食品安全会議を実施しており、25 カ国 / 地域のインスタントラーメンメーカーや業界関係者など WINA 会員企業で、インスタントラーメンの更なる総需要の拡大はもちろん、誕生から 100 年目を迎える約 40 年後も「人々に Happy をもたらす食事」であるために、どうイノベーションを起こすかを議論している。地球は近い将来、人口 100 億人時代を迎えようとしているが、消費者意識と社会環境の変化に伴い、日清食品グループのみならず WINA でも、これまでのインスタントラーメン開発 5 原則に「栄養」、「環境保全」の 2 つの要素をインスタントラーメン業界全体の新たな原則として加え、業界としても世界課題の解決に貢献していくことを目指している。

注
1) 創業者・安藤百福の創業者精神　https://www.nissin.com/jp/about/nissinfoods/philosophy/
2) CSV: Creating Shared Value の略
3) 例えば食と健康に関する一つの問題としてあげられる飽食だが、その飽食によるオーバーカロリーの結果、世界的に健康リスクが拡大し、成人人口のうち約 40%（20 億人以上）が肥満・過体重の状態にあるとされ、その経済面の損失は年額約 200 兆円に達している、というデータもある。
4) Journal of Functional Foods Volume 92, May 2022, 105050

ハウス食品グループ本社

「IN EVERY HOUSE」を世界へ

第1章　はじめに

第1節　ハウス食品グループの概要

ハウス食品グループは2022年3月末現在、連結売上高2,534億円、従業員数は約6,200名の企業へ成長し、事業展開エリアも海外へ拡大、世界10か国にあるグループ企業は37社に至っている。そのうち海外食品事業の売上高は391億円であり、構成比は15.4%を占める。また、従業員数の約30%が海外に属し、グループ企業数に関しては海外企業が22社と国内を上回っている状況であり、この10年間、海外事業は着実に拡大してきたが、今後もさらなる成長を遂げるべく、事業拡大へ取り組んでいる。

第2節　ハウス食品グループの歴史

ハウス食品は、創業者の浦上靖介が1913年に大阪松屋町筋でスパイス・生薬を扱う薬種化学原料店「浦上商店」を創業したことに始まり、創業100年を超える歴史を持っている。当初は、漢方生薬原料やソース原料としてスパイス類を取り扱っていたが、大正時代に入ると洋食が徐々に普及し、「ライスカレー」がメニューとして登場、浦上商店は独自の粉末即席カレーとして28年「ハウスカレー」を発売。当時、高級食であった「ライスカレー」を家庭でも手軽に食べることができるように広めていった。

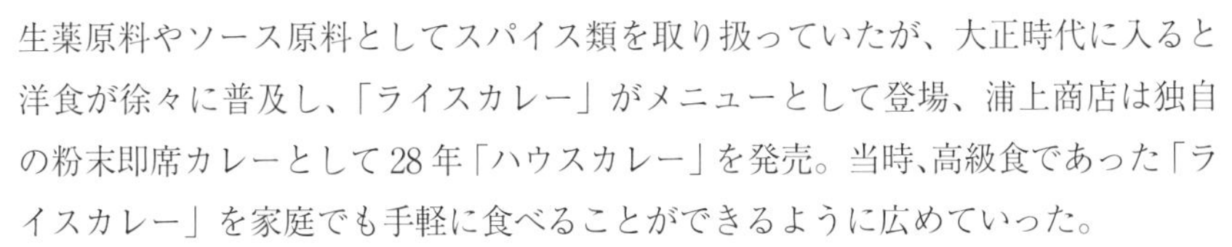

そして、1963年バーモントカレーが誕生。その頃、カレーライスは「大人向けの辛いメニュー」というイメージが残っていたが、「子供と一緒に食べることができる、みんなが美味しいカレー」というコンセプトを打ち立て、米国バーモント州の健康法をヒントに、「りんごとハチミツ入りのマイルドなカレー」として発売。その結果、

大ヒットし、現在でも売上No.1の製品になっている。その後も、高度経済成長期の真っただ中、新たな生活様式が洋風化していく時代において、クリームシチュー、マカロニグラタン、プリン、ゼリーなどの洋風メニューやデザートを世に送り出し、「新しい、嬉しい」食シーンを提供。83年には当時一般的ではなかった家庭用ミネラルウォーターや、2004年にはウコンの力など、新価値の創造に取組み、総合食品メーカーへと成長。その後、06年には健康食品、飲料事業を展開するハウスウェルネスフーズを設立し、13年以降、食品商社のヴォークストレーディング、カレーレストラン事業最大手の壱番屋、スパイス製造販売企業のギャバン、でんぷん製品等製造販売企業のマロニーをグループへ迎え入れた。13年には、持ち株会社体制へ移行し、提供サービス、素材の拡大とともに、バリューチェーンの川上から川下のあらゆる領域でお客様へ価値提供することを目指している。

第3節　創業理念と私たちが大切にしていること

ハウス食品の前身である浦上商店は、1928年「ハウスカレー」を発売した際「IN EVERY HOUSE」の文字を登録商標とした。「IN EVERY HOUSE」には「日本中の家庭が幸福であり、そこにはいつも温かい家庭の味ハウスがある」という想いが込められている。その後、家庭の幸福を願った創業の志を受け継ぎ、後に社名を「ハウス食品」とし、企業理念を「食を通じて、家庭の幸せに役立つ」とした。そして、持株会社体制移行後、グループ理念を「食を通じて人とつながり、笑顔ある暮らしを共につくるグッドパートナーをめざします。」とし、この理念のもと、お客様に喜んで頂ける新価値を提供し、世界中のお客様を笑顔にしたいという想いで、日々事業活動に取り組んでいる。

第2章　ハウス食品グループの海外事業

第1節　海外事業の歴史

ハウス食品の海外展開は1979年に始まる。当時は、海外食品企業との技術提携推進及び将来の海外事業展開の検討をミッションとして担っていたが、81年に初の海外拠点として、米国にロサンゼルス駐在所を開設。原材料の購入やハウス食品製品の米国販売、その他ビジネス機会の探索を進めた。その結果、米国のビジネスとして、豆腐のヘルシー食材としての可能性に着目し、83年「House Foods & Yamauchi Inc.」（現House Foods America Corporation）を設立し、豆腐の製造販売事業をスタート。米国事業を皮切りに本格的な海外事業を始めている（主な海外展開の歩みは図表2-1参照）。

図表 2-1　主な海外展開

年代	展開
1981	米国進出
1983	米国で豆腐事業、レストラン事業
1997	中国進出（レストラン）
2000	台湾進出（レストラン）
2005	中国でのルゥカレー事業販売開始
2007	韓国進出（レストラン）
2011	タイ進出（ビタミン飲料事業）
2012	ベトナム進出（ホームデザート）
2016	インドネシア進出（業務用ハラルカレー）
2018	英国進出（レストラン：壱番屋）
2020	インド進出（レストラン：壱番屋）

第2節　現在の海外事業

ハウス食品グループの海外食品事業の売上高は391億円となり、10年前の同売上高が約80億円であったことから、実績としては4.9倍、年平均成長率は約17%であり、着実に成長することができたと捉えている（図表2-2参照）。また、グループにおける海外食品事業の売上高構成比は10年間で3.8%から15.4%へ拡大、営業利益の構成比は、27%を占めるに至り、文字通りグループをけん引するセグメントへと成長している。

ハウス食品グループでは、海外の重点エリアを米国、中国、アセアンの3つに設定し、グループが保有する技術やノウハウとエリア毎の食文化や課題からビジネスチャンスを捉えることで、異なる複数のビジネスを展開している。具体的には米国では、豆腐事業、中国ではカレー事業、アセアンにおいては、タイでビタミン飲料事業、ベトナム、インドネシアではカレー、粉末デザート事業を展開し、それぞれの構成比は、図表2-3のとおりである。

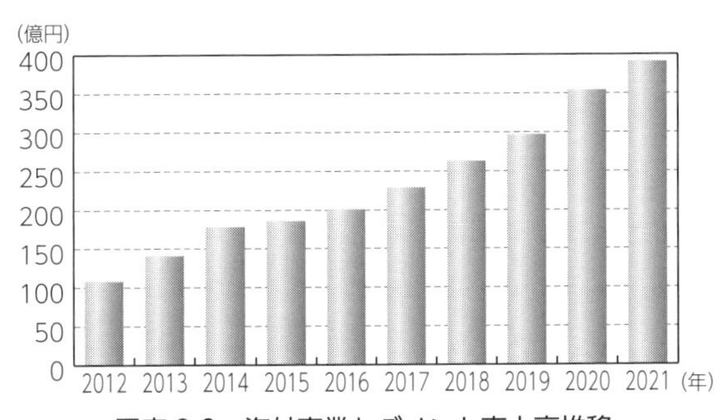

図表 2-2　海外事業セグメント売上高推移

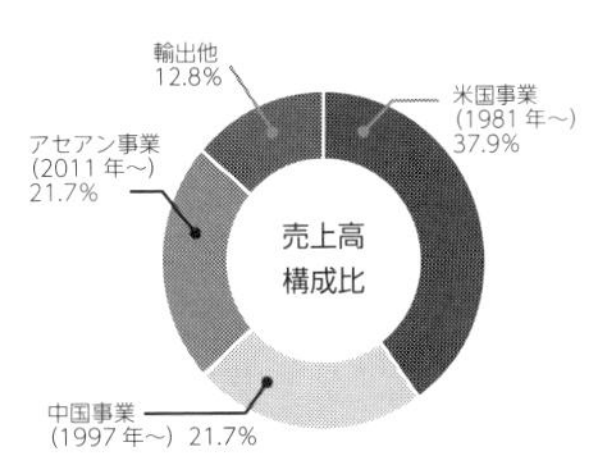

図表 2-3
海外食品事業売上高構成比

第3節　2010年代の海外事業の取組

①　米国豆腐事業

豆腐事業のはじまりは、1983年に遡る。当時の社長、故浦上郁夫が豆腐の製造販売を手掛けていたアメリカの「日の一豆腐」を訪問。米国では肥満など健康課題が社会問題になっており、ヘルシー食材としての需要を見込み、資本参加。その後、100% 出資の House Foods America Corporation を設立し、豆腐をさらに進化させ、事業拡大してきた。

米国で展開している豆腐は、日本の豆腐とは大きく異なる。特徴の1つ目は、広大な米国の流通に適応するため殺菌条件の工夫により、賞味期間が65日と非常に長いこと。2つ目は固さに関して、日本の木綿豆腐よりも固く、またその固さが6段階あることである。

米国の豆腐

また、米国では、豆腐を冷奴などそのまま食べる習慣はなく、調理方法に関しては、炒めたり、サラダのトッピングにするなど、肉代替としての使用用途が多いことから、固い豆腐の方が、使い勝手が良く、食べ応えもあり、好まれている。

かつて、豆腐は米国のメインストリームの人々にとっては最も苦手な食材の一つであった。味もなく、食感も悪いとの評判に加え、大豆も飼料用途のイメージが強く、豆腐の魅力が伝わらずに、伸び悩む苦しい時代も続いた。そのため、多くの需要はアジア系のチャネルに偏っていたが、メニュー提案などの啓発活動やプロモーションの継続により「アジアの伝統食品」、肥満などの健康課題に対する「ヘルシー素材」として、徐々に米系のメインストリームにも浸透していった。

2012 年には米系市場へのビジネス展開加速を目的とし、カリフォルニア州の Plant Based Foods（以下 PBF）企業を資産買収し、エルブリトーメキシカンフードプロダクツ社を設立。オーガニック加工大豆を主原料とする同社主力製品の Soyrizo®は、創業者自らの疾患を契機に自分たちのための「肉不使用チョリソー」として開発されたユニークなストーリーをもつ商品である。まだ肉代替製品が珍しかった 1990 年代より長きにわたって販売されており、カリフォルニア州を中心にメインストリーム層やヒスパニック層から広く支持を集めている。大豆を原料としつつも豆腐とは異なる顧客層を抱えるエルブリトー社のグループ化は、米系ヴィーガン層の消費マインド理解やメインストリーム攻略への新たな足掛かりとなっている。

Soyrizo®

そして、2010 年代後半以降、豆腐事業に非常に強力な追い風が吹く。それは、PBF ブームの到来である。健康意識の他に、地球環境の保護や動物愛護の観点から、PBF の支持、需要が一気に拡大。当社の豆腐事業も PBF の潮流に上手く乗り、フレキシタリアン、ベジタリアン、ヴィーガン層を中心に「Clean、Healthy、Light な食材」として大きな支持を得ており、売上高は100億円を突破している。

そして2020年、米系チャネルへの販売構成比がアジア系チャネルの構成比を上回り、今後のさらなる成長に向けた転換点を超えたと捉えている。特に、今後の消費をけん引していくミレニアル&Z世代を中心とした若い世代は、気候変動に対する関心が強く、環境負荷の低い食品を選ぶ傾向にあり、豆腐の一層の普及に期待がかかる。継続的な成長を目指し、米国のメインストリームに受容される「Tofu」製品、サービス拡充にチャレンジしていく。

上記のマーケット環境を受け、旺盛な需要に対応するため生産供給能力の増強を急いでいる。現在、工場はロサンゼルス、ニュージャージーの2拠点であるが、2020年にはロサンゼルス工場のスペースを拡張し、新ラインが稼働したことに加え、23年にはさらに増設中のラインが稼働する計画である。また、中期計画に基づき、ケンタッキー州に第三拠点用の土地を取得、工場のコンセプトや具体的な設計を進めている。

また、さらなる豆腐事業拡大への取組みとして、2022年欧州のドイツに事務所を設立し、欧州における事業機会の探索と市場参入計画の策定を行っている。欧州においても、PBFの市場は拡大傾向、豆腐の需要は徐々に顕在化しており、ビジネスチャンスは十分に存在すると考えている。米国とは異なる、欧州にフィットした事業が求められるが、群雄割拠のマーケットにチャレンジし、日本の豆腐企業として飛躍したい。

地球環境の保護やサステナブル、健康といった観点は、今後もより一層世界的に求められることが予見される。豆腐は地球と身体に「Healthy」な食材であり、事業そのものが直接的に社会に貢献するチカラを持っており、豆腐事業は、ハウス食品グループにとって非常に重要な役割を担っている。競争も激化しているが「豆腐製造企業」から「Tofu Company」へと進化を遂げ、世界NO.1の「Tofu Company」を目指していく。

② 中国カレー事業

「中国も日本と同じ米食文化、カレー事業は必ずある」。そのような意気込みから当社の中国事業は始まった。先行していた台湾へのルゥカレー輸出事業が好調に推移していたことから、中国でのカレー事業の可能性を見込んだのである。「日式カレー」(とろみのある濃厚でリッチな味わいのソースを、肉や野菜などの具材を使用し、ご飯にかけて食べる）という、中国の方にとっては未知の海外メニューを初期段階から家庭に普及させるのは困難であると考え、レストランから展開することでメニュー認知度の向上、喫食機会を創出していく戦略とした。1997年にカレーレストランをオープンし、その後レトルトカレーを発売してから、2005年に家庭用のルゥカレー「百夢多咖喱」を市場へ投入するという歴史を辿っている。

「百夢多咖喱」は、日本のバーモントカレーとコンセプトを同じくしている一方で、中国の方にとって馴染みのあるスパイスの八角を配合し、味覚を調整、色目についても、より好まれる黄色にアレンジするなど、部分的にローカライズしている。

百夢多咖喱

2012年時点では、約13億円であった中国事業の売上は10年間で85億円へ拡大。着実な成長に映るが、振り返ると、日式カレーを中国へ普及することは容易ではなかった。特に、家庭用のカレー事業の要素を改めて分解すると、「日式カレーという馴染みのない海外メニューを」、「ルゥという初めて使う調味料形態で」、「家族全員分つくる」という非常にチャレンジングな試みだからである。日本の食品企業の中でも、このような事業構造で海外展開に取り組んでいる事例は、稀なのではないだろうか。

それでも実績を拡大することができたのは、「カレーを人民食に」という強烈なスローガンを掲げ、4つのポイントを中心に、地道に粘り強く、精力的に人民食への輪を広げてきたからである。その4つのポイントとは、①幼少期の体験、②青年期の喫食経験拡大、③中食・外食での顧客接点、④家庭内食への普及である。

具体的には、1つ目の幼少期の体験は、学校や屋外で様々なカレーライスの啓発活動や、食育活動などを通じて、カレーライスに触れる初期接点をつくること。2つ目の青年期の喫食経験拡大は、学校給食や大学・企業の食堂などにおいて、業務用ルート開拓を通じて、カレーライスに触れてもらう機会をさらに増やすことである。

3つ目の中食・外食での顧客接点構築は、文字通りであるが、カレーメニューの普及に大きな役割を果たしている。共働きが前提となる中国においては、食と顧客接点のあり方も日本とは大きく異なる。特に、デジタル化が進む中では、中食領域において、顧客ビッグデータを活用し、効果的な営業戦略（新規顧客開拓・既存顧客の深耕）を立案するなど中国ならではの施策を講じている。そして、外食領域においては、2015年に壱番屋をグループに迎え入れたことが非常に大きい。壱番屋の店舗数は22年2月現在、世界全体で1,461店舗、海外は202店舗、うち中国エリアについては50店舗を超えるに至っており、海外エリアにおけるカレーメニューの認知、喫食機会の向上において、その存在感と影響力はとても心強い。

壱番屋店舗

4点目の家庭内食普及施策については、積極的な販売、プロモーション活動の実施である。百夢多咖喱を中心に、大型量販店での店頭化、大量陳列、試食販売による顧客接点づくりと合わせて、オンライン動画サイトやSNSなどへのメディア広告投下によるブランディング及びカレーメニューの認知拡大・喫食喚起に取り組んでいる。

百夢多15周年企画

上記の4つのポイントを中心に、カレーメニューの普及に取り組んだ結果、市場への定着が進み2020年に百夢多咖喱は発売15周年を迎えることができた。15周年企画では、現地で特に大人気の、熊本県のご当地キャラクターくまもんとコラボレーションを実施。かつてなく大々的に店頭露出を行い、盛り上がりを図るとともに、今後の継続成長へ向けた契機とした。営業人員も、10年前と比較すると、50名程度から3倍以上に増員しており、カレーメニューの拡がりだけではなく、百夢多咖喱の浸透エリアを中心に、第2、第3のブランドを浸透させるべく、注力している。

これらの積極的な普及活動による事業拡大に伴い、2018年には浙江省の第三工場が稼働。工場は2022年時点で、上海、大連、浙江の3か所に構えており、さらなる成長目標へ向け、浙江工場のライン増設を推進している。「カレーを人民食へ」の夢を実現すべく、チャレンジは今後も続いていく。

③　アセアン事業

アセアンにおいては、ビタミン飲料事業とデザート、カレー事業を展開してきた。特に、タイにおけるビタミン飲料事業は2011年にスタートし、22年時点で約100億円規模に拡大、成長率が非常に高く、同事業抜きではグループ全体、海外食品事業セグメントの成長を語ることができない存在となっている。

Ⅰ　タイのビタミン飲料事業

タイで展開しているビタミン飲料「C-vitt」は、日本で販売している瓶入りビタミン飲料「C1000 ビタミンレモン」とコンセプトを同じくする瓶入り飲料である。中国のカレー事業同様、コンセプトは日本発としながらも、タイの人々の趣向や味覚に合わせて炭酸を含まない設計とするなどローカライズしている。2011 年のマーケット参入時、既にビタミン入りの飲料は存在していたが、小容量でサプリメントのような感覚でビタミンが摂れ、価格も手頃な飲料は市場に無く、新たなカテゴリーを作る形で大きく販売を伸ばすことができた。

C-vitt

販売伸長の背景には 3 つの支持ポイントがあったと考えている。1 点目は、タイの人々のビタミン C に対する特徴の理解浸透度である。当時より、ビタミン C が免疫力の向上や、風邪予防に効果があることが広く周知されており、機能性効果が醸成されていたことは大きい。2 点目はガラス瓶という容器形態である。容器をガラス瓶とすることで、製品の美味しさや安心感を視覚面でシンプルに分かりやすく伝えることができた。3 点目は、手軽に買える環境づくりである。手頃な価格設定と、CVS を中心とした利便性の高い MT（モダントレード）中心での展開により、どこでも容易に購入できる環境を整えたことが上手く販売へ繋がったと考えている。

2010 年後半に入り、瓶入りビタミン飲料市場が拡大するに伴い、競合企業の参入が相次いだが、SNS を通じた広告などの継続的なマーケティング施策、バンコクのマラソン大会協賛、病院への寄付、慈善活動への寄付など CSR 活動に取り組んだ結果、ブランド強化に繋がり、トップシェアを維持することができている。

そして本事業の最も特徴的な点は事業スキームにある。本事業は、現地の大手飲料メーカーであるオソサファ社と合弁で現地マーケティング会社を立ち上げ、製造と販売をオソサファ社に委託する形で事業をスタートしている。このスキームを採ることにより、初期投資を抑え、スピーディーに事業をローンチすることができ、またオソサファ社の販路を最大限に活用することで、急速な成長を実現することができた。この JV スキーム成功の背景には、当社の長期間にわたるビタミン飲料事業の蓄積としての品質管理面のノウハウ保有があり、パートナー企業から魅力的な点として評価頂いた。売上実績によるけん引のみならず、パートナーとの提携による早期事業立ち上げ及び事業拡大を進めていく新たなスキームとして、一つの成功例にすることができた点は、この 10 年のエポックでもある。

現在では、瓶入りの飲料に留まらず、テトラパック形態の飲料やゼリー形態での商品へラインナップを拡大している。また今後のチャネルに関しては、従来のMT（モダントレード）への仕掛けのみでなく、TT（トラディショナルトレード）にも拡大し、より多くのお客様へ製品をお届けできるよう取り組んでいきたい。

Ⅱ　アセアンのデザート、カレー事業

2013年、経済成長が著しく家庭内食率の高いベトナム市場に、粉末手作りデザート製品をもって加工食品事業へ参入。「親子で簡単に作ることができ、家族皆で食べられる」というコンセプトで、日本でロングセラー商品である「プリンミクス」や「シャービック」のブランドを活用し、現地向けの新フレーバーを展開している。

カレー事業に関しては、タイカレーなど各エリアに現地独自のカレーメニューが根差している一方で、経済発展に伴う所得の増加、核家族の増加に伴う「家族団らん」「子供の健康・成長」といった生活ニーズは拡大するとの予見から、ハウスにもビジネスチャンスは存在すると判断し、事業参入。「肉や野菜とごはんがバランス良く取れる日本のカレー」を日式カレーの価値とし、アセアン各エリアのカレーとは異なる価値を持ったメニューとして、普及活動に取り組んでいる。中国と同様、壱番屋や日系レストラン向けの業務用製品の輸出販売から事業をスタートし、2016年にインドネシアにてハラル認証を取得した業務用ルウ、冷凍ソースの製造販売を開始、18年にはベトナムにおいても現地生産現地販売をスタート。また19年より、インドネシアにて家庭用ルゥ製品のテストマーケティングを実施しており、今後の本格的な展開、需要創造へ向けて、一層の取組を強化しているところである。独自のカレー文化を持つアセアンでは、日式カレーの浸透に時間を要することが想定されるが、過去の延長線上ではない施策に取組み、ビジネスの可能性を追い求めている。

業務用ルゥカレー

第3章　2030年へ向けた展望

第1節　今後のグループ経営の考え方

既述のように、米国豆腐事業、中国カレー事業、タイのビタミン飲料事業の3つを事業の柱とし、さらにアセアンの加工食品事業に取り組んできた結果、海外事業は力強いと言える成長を遂げて、ハウス食品グループをけん引してきた。日本においては、中長期的に人口が減少し、食の市場は縮小を余儀なくされることが予想されることからも、今後も海外事業が成長ドライバーを担うことは間違いない。

そのような状況において、ハウス食品グループでは、2018年の第六次中期計画から「バリューチェーン型経営」という経営方針を打ち出している。「バリューチェーン型経営」とは、事業会社・セグメント毎や、国内と国外などエリアを分けて事業展開を構想するのではなく、グループ全体で大きく4つのバリューチェーン（事業領域）で事業領域を捉え直し、それぞれの事業領域に関して、グローバル視点で事業機会の見込める分野に対して、グループが保有する技術やノウハウ、ヒト、資本などのリソースを重点配分するという考え方である。端的に言えば、グローバル化、海外事業展開により注力していくことを意味する。具体的な4つのバリューチェーンとは、図表3-1に示したカレーを中心としたスパイス系、豆腐を中心とした大豆系、ビタミンや乳酸菌などの機能性素材系、ハーブやイグノーベル賞を受賞したユニークな特徴を持つ玉ねぎ、スマイルボールなどの付加価値野菜系である。

そして、2021年以降の第七次中期計画では、「バリューチェーン型経営」の実践フェーズに入っており、具体的な事業構想を練り、遂行しているところである。

図表3-1　4つのバリューチェーン

スパイス系VC	スパイス・カレーを取り扱うグループ各社が共創、シナジー創出を目指す
機能性素材系VC	乳酸菌、ビタミン、スパイスをグループ素材として活用の幅を広げる
大豆系VC	米国豆腐事業のみでなく、米国外での大豆活用を検討
付加価値野菜系VC	アグリ領域での新たなバリューチェーン構築にチャレンジ

第2節　2030年へ向けた海外事業の考え方

①　海外事業の変遷とハウス食品グループを取り巻く環境

2030年へ向けた海外事業を考えるにあたり、海外事業の始まりから現在までを振り返ると、海外事業のステージが変化してきたと感じる。

1980年代は探索期であり、海外での事業構想を描き、事業機会を模索していた時代。90年代頃は黎明期、「ハウス食品のコアコンピタンスであるカレー事業で勝負したい、カレー事業を世界に広げるという社の夢を実現したい」という想いを抱き、台湾、中国へ事業展開を始めた頃。また、この10年間を含む2000年以降は、既述のとおり、事業が着実に拡大し、海外事業に確かな手応えを感じる成長期。そして2030年に向けては、海外事業の展開がより加速し、事業フィールドのスタンダードが世界となる、グローバル経営移行期に突入していく時代になると捉えている。

まさに、海外事業へのシフトを強めているところであるが、マクロ環境は目まぐるしく変化している。2020年より世界各地で感染が拡大している新型コロナウィルスに関しては、未だ収束に至らず、断続的に経済活動に影響を与え、経済成長率は鈍化傾向にある。また、2022年時点の世界情勢を見ると米国・中国のデカップリングに加え、ロシアのウクライナ侵攻など国際情勢の不安から経済は一層の混乱と不安定さを増し、原材料調達コスト、人件費などビジネスコストは上昇傾向にある。それに加え、サプライチェーンでも混乱が発生しており、事業へのアゲインストな影響は不可避となっている。一方で、世界的には消費の主役がミレニアル&Z世代へと移り変わり、消費のスタイルが大きく変化し、IoTの進化、浸透により、多様な顧客接点が創出されると予測している。また、新興国や途上国においては人口増加や経済発展とともに、所得向上により中間層以上のウエイトが向上するなど、ハウス食品グループのビジネスチャンスは拡大していくと考えている。

②　ミッションと目指す事業モデル

絶えず変化が起こり、不確実性が増す状況下においては、当社の海外事業が目指す姿、ミッションと目指す事業モデルに立ち返ることが重要であると考える。当社のミッションは『世界中の家庭に「新しい！」「うれしい！」を創る』こと。このミッションには、創業者の家庭の幸福を願う想いを変えることなく受け継ぎ、フィールドを世界に広げることを意図している。そして、目指す事業モデルを「海外各エリアの内需をベースとした現地生産現地販売モデル」と設定した。このモデルは、「各エリアの現地から必要とされる企業として地域に根差し、製品とサービスで家庭の幸せに、雇用を通じて社会の発展に貢献する」ということを表している。本モデル以外のビジネスに取り組まない訳ではないが、最終的に、現地のお客様の笑顔が見える事業モデルにしようという考え方は同じである。

上記のようなミッションと事業モデルを掲げ、2030年へ向けた海外事業のポイントは3つと考える。1点目は、バックキャスティングで構想を描き、推進すること。2点目は、主力3事業に次ぐ「第4の柱」の構築。3点目は、各エリア現地のメインストリーム市場の本格攻略である。

1点目は、海外事業においては工場建設や、事業ローンチにおいて不確定要素が多く、想定外のトラブルが発生するため、短期間のフォアキャスト思考で検討、推進していては、目標どおりゴールにたどり着けないことから、2030年のありたい姿を描いた上で、バックキャスティングで道のりを設定し、実行していくということである。

2点目に関しては、米国豆腐事業、中国カレー事業、タイのビタミン飲料事業の継続した成長はもちろんのことであるが、成長率が緩やかになることを見据え、次の海外事業の屋台骨となりうる4つ目の事業構築が必須であることである。この点に関しては、現在注力しているアセアンのカレー・スパイス事業や欧州での豆腐事業が筆頭候補となるが、他の事業開発テーマ及び新規エリア参入についてもダイナミックに描いていく。

3点目は、これまで日本で培った商品を原点として、各エリアに普及していくプロダクトアウト型の事業が中心であったが、今後も高い成長率を維持していくためには、各エリアに適合した製品、サービスを提供していくプロダクトマーケットフィット型の事業にシフトしていく必要が出てくるということである。ハウス食品グループが大切にすべきミッションや存在意義、ビジョンは変えることなく、それをどのように実現していくか、どのように現地に適合化し、製品、サービスの意味づけを行っていくのかという点においては、各現地において柔軟なアクションが求められる。そして、新型コロナウィルスや経済環境の影響や予見を鑑み、現地適合というモデルを志向するために、「現地完結型経営」へ移行していく方針を掲げている。

そして最後に、成長を支える組織づくりやガバナンス強化が欠かせない。主力3事業は、この10年間の着実な成長により、売上高100億円を突破、もしくは目前に至っている。「100億円企業」について当社は、一つのマイルストーンを超えた中規模会社と位置づけており、事業成長に必要なマーケティング、R&D等の機能強化はもちろんのこと、SDGsへの対応や地域に根差す企業としての社会貢献はより一層強く求められることから、社会に役立つグッドパートナーとしての役割を果たしていく必要がある。

ハウス食品グループが掲げる3つの責任「お客様への責任」「社員とその家族への責任」「社会への責任」の視点で、これらの強化に取り組んでいく。

第3節　2030年へ向けた中国カレー事業

最後に日本の独自商材を活かした海外事業への取組という観点と、既述の2030年へ向けた全体的な海外事業の考え方から、当社の海外事業戦略を端的に表す事例として、中国事業の今後について述べることとする。

従来は、日式カレーを中国マーケットに展開することを戦略の柱としてきたが、今後はカレー事業をコアとしながらも、グループが保有する技術や知見、現地でのマーケット状況を掛け合わせ、中国ならではの新しい価値提供や課題解決ビジネスを生み出していくことを大きな方向性とする。

2030年の目指す姿の一つとして、カレー事業に関しては、スローガンである「カレーを人民食に」に向けて、2030年時点のマイルストーンを達成していなくてはいけない。中国に進出して20年、これまでは沿岸都市部を中心に事業を展開してきたが、第2級、第3級都市などへの開拓余地は大きく、年間喫食回数の向上とともに事業拡大へ取り組んでいく。一方で、従来の延長線上の手法では成長が鈍化する可能性があり、外部環境及び世帯構造変化を含めたお客様の消費変化を押さえていく必要があるだろう。変化が激しく、そのスピードが群を抜いている中国において、10年後の状況を正確に描くことは難しいが、短中期的には、新型コロナウィルスの影響は外せないと考える。

具体的に、ポストコロナにおける市場機会獲得のためのポイントは、「ステイホームによる消費者の食と行動の変化」「健康、衛生面における意識の向上」と捉えている。ステイホーム中に体験した利便性のあるモノやサービスは、ポストコロナにおいて生活習慣化に繋がっていくことが想定されることから、顕在化した新たな生活様式（変化する消費意識、行動）をどのように捉えて事業機会としていくかが非常に重要となる。実際にその変化は始まっており、食意識と行動の変化の観点からは、家庭内食では「分食」にフィットするようなメニュー、自熱弁当のような即食型の商品の需要が高まると考えている。また、買い場に関しても、ECやデリバリープラットフォームなどの新たな業態が急成長、多様化している。これらのチャネルも重要な顧客接点と捉え、対応を行っていく。外食産業においても変化が起こっており、新業態の飲食店の台頭が目立っている。特徴として、気軽に利用できるカジュアルなスタイルでは、メニューの絞込みやITの活用、店舗オペレーションの簡素化が見られ、このような企業に対して、当社が持つ素材や技術を活用し、課題解決に繋がるサービスを提供していく。

そのような外部環境変化への対応を行っていくと同時に、メインストリームの攻略に向けては、現地に適合した製品拡充へ取り組む方針である。こちらは既に実践しており、その第一弾が2020年に発売した「カレー醤（ジャン）」である。これまで「百夢多咖喱

カレー醤

」の普及に取り組んでいたが、お客様の調理実態を調査すると、特に上海エリアでは、日式カレーとして粘性のあるソースをご飯にかけるスタイルではなく、炒め物を中心とした「おかず調味料」として使用されている実態が明らかになった。そこで「日式カレー」に固執するのではなく、現地の方々にとってより便利に、美味しく喜んで頂ける製品として「味付けが１本で決まる、カレー風味の調味料」をコンセプトに本製品を開発した。開発にあたっては、コンセプトや味覚など企画から生産に至る全工程を現地完結で進めており、目指す姿である現地完結型経営への一歩を踏み出したと捉えている。また他にも、ルゥ製品においてスパイシーさや辛みを特長とした咖王（ガオウ）ブランドでは、中国で支持の高い麻辣の要素を取り込んだ製品を発売するなどプロダクトマーケットフィット型の製品拡充に取り組んでいる。また、パーソナル化への対応製品として2021年にレトルトカレーの味嘟嘟咖喱（ウェイドゥドゥ）をフレッシュアップ。従来製品の改良に加え、さらなる市場拡大を企図し、若い女性をターゲットとした「チーズ風味」「ハヤシ風味」をラインナップに追加。中国におけるレトルトカレーの需要創出に向けてチャレンジを行っている。

咖王（麻辣激爽）

嘟嘟咖喱

そして、現地完結型で中国のお客様へ現地生産の製品を提供していくことはもちろんのこと、「グローバル経営」の観点においては、中国発の技術や製品、サービス、中国ならではの顧客接点を活かした事業モデルを構築し、日本や、アセアンなどの中国以外のエリアに普及させていく考え方も検討していきたい。またグループ全体の「バリューチェーン型経営」という観点では、川上、川中、川下の各領域において、中国拠点がどのような役割を果たしていくのかについても検討を進めていく。一案として、中国はスパイスの原産地でもあることから、グループにおいて、原材料（一次加工含む）としてのスパイス供給の役割を担う可能性があげられる。中国では、スパイスや日本発のキラーコンテンツであるカレーをコアとしながらも、ハウス食品グループが保有する素材や技術を活用し、2030年へ向けてダイナミックな成長シナリオ、事業構想を描き、実現していきたい。

ハウス食品グループは、2030年へ向け、4つのバリューチェーンを事業領域とし、「IN EVERY HOUSE」をDNAとして、世界のお客様へ笑顔を届けるグッドパートナーを目指していく。

世界の食卓にキッコーマンしょうゆを
～グローバル・スタンダードの調味料を目指して～

はじめに

キッコーマンは、1950年代に北米に本格進出して以来、欧州、アジアに次いで、近年では南米、インドなど新市場の開拓に取組み、しょうゆと世界の食文化との出会いの輪をつくっている。しょうゆが世界で愛される調味料になる――。そのような思いから、半世紀以上にわたり現地でのマーケティング活動や生産を通じキッコーマンしょうゆの普及に努めてきた。本章では、当社のこれまでの海外進出の挑戦の歴史と中長期的な成長の実現に向けた取組を紹介したい。

第1章　キッコーマンの海外進出の歩み（～2009年）

第1節　国際化戦略の推進

しょうゆをはじめとする事業のグローバル化の進展により、図表1-1に示されるように、2022年3月期のキッコーマンの連結業績における海外事業の構成比は売上収益、事業利益ともに7割を上回るまでに拡大した。現在、世界100カ国以上の国でキッコーマンしょうゆが販売されているが、20世紀半ばに米国に本格進出するまでは当社は海外でほとんど認知されておらず、しょうゆの輸出先も主に海外に移住した日系人が対象だった。しかし、戦後来日した多くの米国人がしょうゆの味に親しんでいる姿を見て「しょうゆのおいしさは世界に通用する」と確信し、国際化戦略として戦前の日系人向けの販売から米国人向けの販売に戦略を転換した。

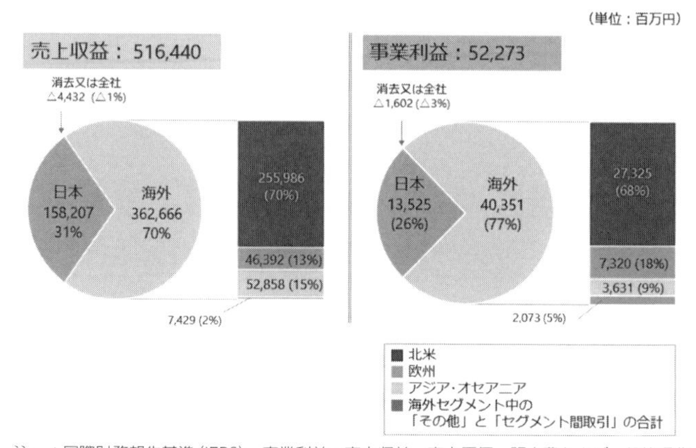

注　：国際財務報告基準（IFRS）　事業利益＝売上収益－売上原価－販売費および一般管理費

図表 1-1　2022年3月期の連結業績

第2節　“ALL-PURPOSE SEASONING”

米国の食文化にしょうゆを浸透させ日常的に使ってもらうには、しょうゆの「日本料理のための調味料」という概念を変え、あらゆる料理に幅広く使える調味料として認識される必要があった。そこで、1957年2月から、キッコーマンはしょうゆの輸出用ラベルに「ALL - PURPOSE SEASONING」と表記することを開始した。これは1956年、のちに当社第6代社長となった茂木啓三郎が渡米した際に、現地の新聞で「キッコーマンはALL - PURPOSE SEASONINGだ」と紹介されているのを見て、その表現を輸出用ラベルにうたったのであった。「万能調味料」を意味するこの表現は、素材の味を引き立てるしょうゆの特性をよく表しており、分かりやすいキャッチフレーズとしてしょうゆの浸透に寄与した。その後、現地のスーパーマーケットへの納品により一定の販売基盤が固まる見通しを得たことから、1957年6月、当社はサンフランシスコに現地販売会社「キッコーマン・インターナショナル社（KII）」（現キッコーマン・セールス・USA社）を設立し米国での本格的なマーケティング活動を開始した。

第3節　“Delicious on Meat”

スーパーマーケットに陳列されたことで米国の消費者がキッコーマンしょうゆを目にする機会は増えたが、実際に買ってもらうためには、料理でのしょうゆの使用方法を伝え、おいしさを実感してもらわなければならない。そこで、KIIでは肉としょうゆの相性の良さに着目し、スーパーマーケットの店頭でしょうゆを肉につけて焼き、それを試食してもらうデモンストレーションを行った。店内に香ばしいしょうゆの香りが広がり、買い物客の足が止まる。「Delicious on Meat（デリシャス・オン・ミート＝肉によく合う）」のキャッチフレーズで、米国の消費者の味覚に直接訴えた。さらに、KIIではしょうゆを家庭で日常的に使ってもらうために、しょうゆを使用した米国人好みのレシピ開発に取り組んだ。完成したレシピは、クックブックやしょうゆ瓶の首にかけて提供された。

写真1-1　スーパーマーケットでのデモンストレーション販売（1964年）

第4節　米国料理になった「Teriyaki」

地道な販売活動の一方、米国の食文化にしょうゆが普及する追い風が吹くことになった。それが、1958年頃からの日本ブームと呼ばれる現象の中で登場した「Teriyaki」である。日本料理の「照り焼き」は、しょうゆとみりんを合わせた「たれ」に魚などをつけて焼くものだが、「Teriyaki」は野外料理のバーベキューが盛んな米国で肉をしょうゆで味付けした料理として誕生した。これは「デリシャス・オン・ミート」が一般家庭に浸透した証であった。当社では、1961年にしょうゆに香辛料を加えたバーベキュー用ソースの米国向けの輸出を開始した。

第5節　現地での一貫生産を開始

米国市場は順調に拡大し、サンフランシスコにKIIを設立してから10年間で北米向けしょうゆ輸出量は3倍となった。一方で、輸出拡大に伴う輸送コストの増大が問題になり、現地での一貫生産体制を構築することになった。工場の建設は、当時の当社資本金を上回る巨額の投資が必要と見込まれた。工場の立地選定に際しては、全米の候補地から中西部のウィスコンシン州ウォルワースに決定した。原料穀物の産地に近く、良質の水に恵まれ、交通・物流の面も良く、地域の人々の勤勉な労働力も期待できたからだ。地元議会による工場建設の承認を経て、1972年に現地法人「キッコーマン・フーズ社（KFI）」を設立し、翌年に工場の稼働を開始した。オープニングセレモニーで当時の社長であった茂木啓三郎は、

「この工場は、キッコーマンのアメリカ工場ではなく、アメリカのキッコーマン工場である」と挨拶した。米国人に働きやすい工場をつくることを基本方針に、日本からの出向者は近隣に溶け込む生活をし、現地雇用を中心にした。また、原則としてレイオフは行わないなど米国流の経営管理に日本的な管理手法を導入することで、安定した労使関係の維持に努めた。

写真 1-2　完成当時の工場外観（KFI）

第 6 節　米国でナンバーワンブランドに

KFI の設立により市場の開拓に拍車がかかり、しょうゆの販売は順調に拡大した。地道な販売活動が実を結び、1980 年代前半には現地の化学しょうゆを抜き、全米ナンバーワンとなった。80 年代後半には、米国での健康志向を受けて減塩タイプのしょうゆを発売するなど、時代や消費者の嗜好に合った商品を次々と市場に投入した。そして、94 年には、米国の家庭用しょうゆ市場でキッコーマンは 50%のシェアを超えた。その後も順調に成長を続け、98 年にはカリフォルニア州フォルサムに第二工場をオープンした。

第 7 節　欧州市場の開拓

キッコーマンの欧州市場への進出は 1973 年、鉄板焼レストラン「大都会」をドイツ・デュッセルドルフに開店したことで始まった。顧客の目の前で調理して、肉や現地の食材としょうゆの相性のよさを五感で味わってもらうスタイルは、米国で成功したデモンストレーションをレストランという形でビジネスにしたものであった。その後、人々のしょうゆへの関心の高まりを背景に、79 年、ドイツに販売会社「キッコーマン・トレーディング・ヨーロッパ社（KTE）」を設立し、欧州各国の市場に本格的に参入した。米国でのマーケティングと同様に、欧州各国の食文化を尊重し、その中にしょうゆを融合させることで新しいおいしさ（価値）を創造できることを訴えた。

1997年にはオランダに初の欧州工場「キッコーマン・フーズ・ヨーロッパ社（KFE）」が完成し、欧州全域への製造と流通の拠点として順調に出荷量を伸ばしている。

第8節　秘めた成長力を感じさせるアジア市場

米国・欧州市場に進出した後、1983年には東南アジア、オセアニアへの輸出を目的として「キッコーマン・シンガポール社（KSP）」を設立し、翌年にはしょうゆの出荷を開始した。長年の経験や実績に基づく高い技術力により、日本よりもはるかに高温多湿な場所でのしょうゆ醸造を可能としたことで市場参入が実現することとなった。90年には、台湾最大の食品企業「統一企業グループ」と合弁で「統萬股份有限公司」を台湾に設立。2000年には、同企業グループとともに「昆山統万微生物科技有限公司」を上海近郊の江蘇省昆山市に設立し、02年より出荷を開始した。08年、当社は北京および天津地区に本格参入するために、統一企業グループとともに河北省石家庄市に「統万珍極食品有限公司」を設立し、09年より出荷を開始している。

第9節　東洋食品卸売事業への参入

「しょうゆの魅力を伝えることと日本の食文化の魅力を伝えることは、相乗効果を生み出す関係にある」という視点から、キッコーマンはしょうゆ事業に加え、日本食材を中心とする東洋食品の卸売事業に進出した。1969年、米国の「ジャパン・フード社」（現JFCインターナショナル社）の経営に参画、以来JFCインターナショナル社は、しょうゆ、米、みそ、海苔、日本酒をはじめ、冷蔵・冷凍製品も含めた多種多様な食材を扱い、日本食の普及に取り組むことで、アメリカでも業界トップクラスの企業へと成長した。その後、欧州、アジア・オセアニアへも進出し、世界で幅広く事業を展開している。

第2章　近年の国際事業の取組み（2010年～2019年）

第1節　先進国でのさらなる深耕

キッコーマンの国際事業にとって最大市場である米国は、2000年代後半には1957年の本格進出以降50年以上が経過し、市場としては成熟ステージに入りつつあった。加えて、価格の安い中国製品との競争もますます激しくなっていた。そのような中で当社は、有機しょうゆや、当時、欧米を中心に注目され始めていたグルテンフリーの製品などの高付加価値化を強めるとともに、たれ類やポン酢、中華ソースなどのしょうゆ関連調味料の品揃えを拡充することで対応をしていた。また、加工・業務用分野では顧客のニーズに合わせたきめ細かな対応を進めることなどで、高い安定成長を続けることができた。出荷量の増加に伴い、自社工場では勤務体系を工夫することで対応したが、並行して、多品種化により自社工場がすべてを製造することは生産効率の低下にもつながるため、外部の委託加工先の活用も進めた。この頃には米国家庭の2軒に1軒にはしょうゆが常備されていると言われるまでその普及は進んでいたが、未使用層もまだ相当あるとの考えから、人口統計や市場データの分析を通してのマーケティングも進めていた。特に、今後人口の増加が見込まれ、しょうゆの浸透度合いがまだ少ないと考えられるヒスパニック系へのアプローチは重要と考えられ、レシピの充実や、ライムを使った関連調味料の開発なども進めた。近年ではメキシコでのマーケティングや製品開発を強めており、北米のヒスパニック市場の深耕開拓にもつなげていきたいと考えている。

一方、まだ成長ステージの欧州では、米国ほど関連調味料は増やさず、しょうゆが中心であったが、各国の食習慣に合わせた販売活動を展開し、ブランド強化に努めた。その結果、ドイツ、英国、フランス、オランダの主力市場に加え、この頃、人口が多く、資源で景気が上向いていたロシア向けの出荷も増え、毎年2桁の成長が続いていた。一時、欧州で最も出荷量の増えたロシアは、2014年のクリミア危機の影響を受け大きく後退したが、15年のミラノ万博への参画を契機に市場開拓が加速したイタリアをはじめ、南欧、中東欧への出荷量が拡大したことで、欧州全体で高い成長を続けることができた。

第2節　創立100周年とグローバルビジョン2030

当社は2017年に会社設立100周年を迎え、次期長期ビジョンであるグローバルビジョン2030（GV2030）の確立を進め、次なる100年に向けて、チャレンジを継続していくこととした。GV2030は、「新しい価値創造への挑戦」をテーマとし、以下の3つの目指す姿を掲げた。

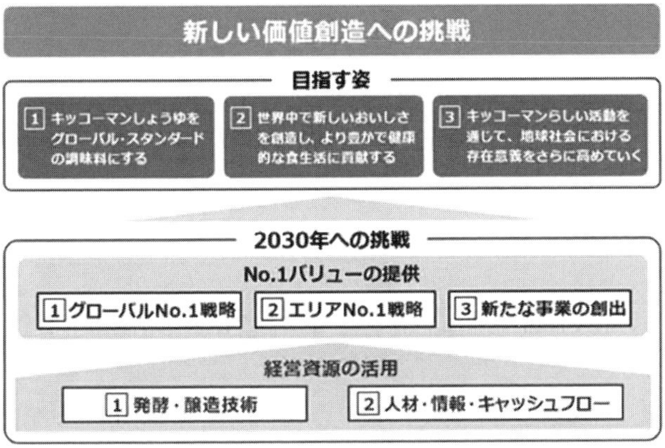

新しい価値創造への挑戦

目指す姿

1 キッコーマンしょうゆをグローバル・スタンダードの調味料にする
2 世界中で新しいおいしさを創造し、より豊かで健康的な食生活に貢献する
3 キッコーマンらしい活動を通じて、地球社会における存在意義をさらに高めていく

2030年への挑戦

No.1バリューの提供

1 グローバルNo.1戦略
2 エリアNo.1戦略
3 新たな事業の創出

経営資源の活用

1 発酵・醸造技術
2 人材・情報・キャッシュフロー

図表 2-1　グローバルビジョン 2030（GV2030）

1) キッコーマンしょうゆをグローバル・スタンダードの調味料にする

北米市場において「キッコーマンしょうゆ」が日常生活に浸透しているような姿を、世界中で展開し、各国の食文化との融合を実現していく

2) 世界中で新しいおいしさを創造し、より豊かで健康的な食生活に貢献する

常に革新と差異化に挑戦することで、世界中の人々のおいしさや健康につながる価値ある商品・サービスを提供していく

3) キッコーマンらしい活動を通じて、地球社会における存在意義をさらに高めていく

地球社会が抱える課題の解決に寄与することにより、世界中の人々からキッコーマンがあってよかったと思われる企業になる

また、当社名誉会長の茂木友三郎は、2018 年 6 月の米国キッコーマン・フーズ社の設立 45 周年記念行事の際、売上高の 6 割を米国など海外が占めるが、新興市場を積極的に開拓し、人口減に直面する日本市場の落ち込みを上回る成長を目指すこと、長期計画では 2020 年代に南米で、30 年代にインド、アフリカでしょうゆ事業を成長軌道に乗せることなどを示唆した。

第 3 節　新興国への取組

①　東南アジア市場

東南アジア市場は、経済成長や人口増などから、欧州に続く成長エンジンとなると以前から見込まれてきた。しかし、欧米と異なり古くから地場の有力なしょうゆがそれぞれの国で存在していたこと、当社工場のあるシンガポールを除き、発展途上国特有の関税·非関税障壁が多く、競争力を発揮しにくい事業環境であったことなどから、これまで長年、期待通りの成長を遂げられずにいた。これに対し、2010年代半ば頃より、東南アジア各国独自の食文化を踏まえた商品開発の強化を実現すべく、現地での開発体制の整備に本格的に着手した。また、高所得者向けのモダントレード中心のプロモーションから、東南アジアでの主要チャネルである伝統的小売市場の開拓も開始、それに併せて現地の消費者が購入しやすい小型容器を発売するなど、ボリュームゾーンへのアプローチも開始した。具体的には、この頃、加工・業務用中心としてすでに重点市場であったタイ、そして、2億7千万人の人口を抱え、世界最大のイスラム教占有国であり、今後の成長の見込めるインドネシアにおいて、現地の市場特性や慣習、規制などを熟知するパートナーと、相次いで合弁事業を開始、製造・販売拠点の整備を進めた。また、東南アジアでさらに事業を拡大していくには、ハラール認証の獲得が不可欠であるということから、シンガポールの当社工場、そしてインドネシアの拠点などにおいて認証を取得した。これを契機に品揃えの強化を急速に進めることができ、その後の成長につなげることができた。

② 南米市場

東南アジアに次いで今後の成長が期待される南米市場では、これまで、米国産やシンガポール産のしょうゆ等を輸入し、販売を行っていた。特に、最大市場であり、多くの日系人のいるブラジルは関税等参入障壁が高く、また、現地で製造されているブラジル式のしょうゆの味が浸透していることなどから、長らく大きな発展はできずにいた。GV2030で明確な目標を掲げたこともあり、改めて市場調査と戦略立案を行う中、現地の嗜好に合った調味料の開発を進め、2018年より現地でのしょうゆ加工品等の委託製造・販売を開始した。そして、20年3月に長年現地で愛されてきた東山ブランドの事業を買収し、当社の100%子会社キッコーマンブラジル商工有限会社を設立したことで、一定の生産拠点と流通チャネルを獲得し、ブラジル市場への本格参入を果たした。

③ アフリカ市場

アフリカ市場に対しては、従来は南アフリカや北アフリカ諸国など比較的経済力のある国に対して欧州販社より出張ベースで営業活動を行うに留まっていたが、今後の人口増と発展が期待されるサブサハラ市場開拓への足掛かりをつくるため、2017年、ケニアにKEAトレーディング社（KEA）を設立し、テストマーケティングを開始した。ケニアは人口増加、経済成長が見込めること、比較的政治が安定していること、東アフリカ一帯にアプローチするための入り口となりうる市場であることなどから選ばれた。一人当たりの購買力はまだ低く、また多くのインフラが未整備で効率は決して良くないが、アフリカ市場への参入ノウハウを磨いていくことも目的である。

④　インド市場

インドは10億人以上の人口を抱える巨大市場ながら、独特の香辛料を使った料理のイメージが強い。当社は2012年に駐在員事務所を設立し、市場調査を行い、デモ販売等を重ねて日本からの輸入販売を少しずつ伸ばしていた。しかし、BRIX（固形成分濃度）25％未満はしょうゆと認めないなど、新興国特有の不安定な輸入規制のため、日本式の本醸造しょうゆの通関が困難となり、15年に駐在員事務所を撤退し、事業は一時伸び悩んだ。その後、本格再参入に向けて社内体制を見直し、また市場調査を重ねた結果、現地の各家庭でインド中華料理のレシピが普及していることが分かり、しょうゆの浸透ポテンシャルは高いものと判断した。一方、日本式の本醸造しょうゆの輸入再開に向けての継続した働きかけと、在インド日本大使館、農林水産省の協力もあり、関連法規見直しが実現し、インド当局より日本からのしょうゆの輸入が2020年にようやく許可された。21年には、現地に販売会社「キッコーマン・インディア社（KID）」を設立し、本格的なマーケティング活動を開始した。

第４節　多様な認証取得への対応、現地市場に根ざした商品開発

消費者へ安全かつ安心な食品を提供していくことは、食品会社としての基本であり、これまでも当社は、原則として全生産拠点で、衛生管理手法であるHACCPやISOを取得し、さらに、より高度な食品安全の規格であるFSSCやSQFへとステップアップしてきた。このことは、2011年に成立し、その後順次施行された米国食品安全強化法（FSMA）へのスムーズな対応にも繋がった。この他にも、コーシャやハラールなどの宗教に関連する認証、GMO（遺伝子組換え）フリーやヴィーガン（動物性食品を含まない）などの消費者志向に関連する認証、有機原料やサステナブルな原材料のみを使用している認証など、グローバルに事

業を展開する上で必要となる認証や各国ルールへの対応を進めてきた。これらは、コンプライアンス上はもとより、グローバル戦略上でも、今日非常に重要であると考える。

また、海外の主要な市場に対して、より現地の市場に根ざした商品の開発を行う目的で、1984年に米国、2001年に欧州で現地開発拠点を設立した。2013年にはアジア・オセアニア地区を担当する拠点を設立し、19年には日本の海外技術部門の組織を改編して、その他の新興国向け商品の開発を支援することとし、4極での開発支援体制を確立した。

第３章　コロナ以降の取組と今後の国際事業の方向性（2020年～）

第１節　新型コロナパンデミックとしょうゆ事業

キッコーマンは主力商品であるしょうゆ及び関連調味料を中心に市場開拓を進め海外での業績を伸ばしてきたが、2020年に突然の大きな障害が襲いかかってきた。新型コロナウィルス感染症のパンデミックである。中国湖北省武漢市の都市封鎖というショッキングなニュースに続いて各国で感染が急拡大し、世界の主要都市のほとんどがロックダウンに追い込まれた。幸いなことに、食品企業は「Essential Business」という扱いで、当社のグループ企業が操業停止することはなかったが、キッコーマン製品の顧客であるレストランは各地で軒並み営業停止に追い込まれた。その結果、一時期は外食市場向けの売上が前年実績の半分を大きく割り込むところまで落ち込んだ。一方で、特に米国と欧州では業務用市場の減収を補って余りある、家庭用市場での売上の成長を実現することができた。その結果、グループ全体の売上と利益を支えることができた。

家庭用市場の成長には大きく２つの要因があった。まず、ブランド力。パンデミックでレストランが閉鎖される中、今まで作ったことがない料理を自宅で試してみようという人が増えた。結果として、今までしょうゆを自宅に常備していなかった人がしょうゆを購入する、新規トライアルが増加した。彼らがスーパーマーケットでしょうゆを購入する際に、1957年の本格的な海外進出以来築き上げてきたブランドがあったおかげで、スーパーに並ぶ様々なSOY SAUCEの中からKIKKOMANブランドが選ばれたのだろう。もう一点は、レシピの提供である。当社では、米国で本格的にマーケティング活動を開始してから、常に「しょうゆをそれぞれの現地で普通に食べられている料理に使い、新しいおいしさを実感してもらうことで、キッコーマンを現地の味にする」という思いで、しょうゆの現地化を進めてきた。そして、しょうゆの使い方を啓蒙するために、膨大な数のレシピを開発し、消費者、レストランシェフ、加工食品メーカーなどの顧客に提案してきた。コロナ禍は、ホームページで公開しているこれらのレシピの閲覧数が大きく伸びた。しょうゆを初めて使う消費者や、普段から使っている方々が、しょうゆを使った新しいレシピを検索し、料理する機会が多くなったからである。これらの結果、しょうゆの新規ユーザーの獲得と、既存ユーザーの使用量の増加の相乗効果で、家庭用の売上が大きく伸びることになった。

この成長は予期していたものではないが、一時的なものでもないと理解している。言わば、数年内に顕在化するはずだった潜在的な需要が、パンデミックという特殊な環境下で、数年早く実現されたということだと考えている。今後これを契機に、ブランドが定着している国や地域ではよりブランド力を強化し、それ以外の地域ではブランドをしっかりと定着させていくことに、より一層注力する。また、家庭用市場については、まだまだ潜在的な需要があることも確信できた。家庭用市場のさらなる開拓と需要の創造について、トップメーカーとしてしっかり取り組んでいきたい。今回のコロナ禍を通して、大変な局面もあったが、60年以上続けている「現地の味になる」というマーケティング方針が正しかったことを改めて確認する機会にもなった。今後も、「キッコーマンしょうゆをグローバル・スタンダードの調味料にする」ことを目指して、世界各地の食文化との融合を進めていきたい。

第2節　東洋食品卸売市場を通じた日本食市場の創造

キッコーマングループの国際事業のもう一つの柱は、20を超える国・地域で60以上の拠点を展開している世界最大の東洋食品卸、JFCグループである。JFCの特長は、キッコーマンのしょうゆを含め、日本メーカーのナショナル・ブランド（NB）商品を中心に取り扱っていることである。日本の食文化を支えてきたメーカーとともに、海外に日本食の市場を創造し続けている。近年ではレストランだけではなく、スーパーマーケットでの売上も伸ばしている。主要スーパーの東洋食品の棚のカテゴリーマネジメントを任されるなど、日本食の海外での普及と市場の創造に力を注いでいる。過去何回かのブームで日本食の売上は伸びているものの、最も日本食が普及している米国であっても、食品市場における

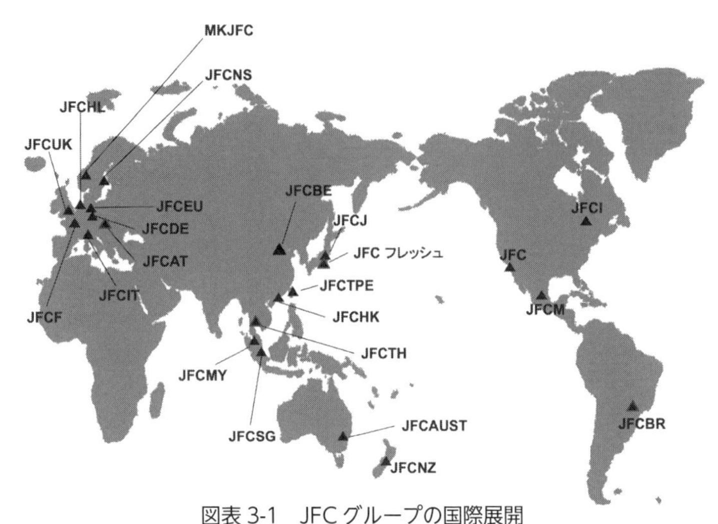

図表 3-1　JFC グループの国際展開

日本食の割合は非常に限定的であり、まだまだ日本食品の市場が伸びる余地は大きい。JFC は、NB 商品を多く扱うメリットを活かして小売チャネルを一層開拓しつつ、レストラン向けのビジネスとのバランスの良い事業ミックスの実現を目指していく。

第３節　2030 年からさらにその先へ ～ 新興国開拓の推進

今後、世界の中間所得者層に占める新興国の割合はどんどんと増加していく見込みである。当社は米国や欧州などの先進国でしょうゆ市場を大きく伸ばしてきたが、今後は新興国へリソースをより厚く配分し、新興国の成長を当社グループの事業の成長として取り込みを図る。一方、食品、特にしょうゆのように特定の文化と強く結びついた商品を他国で根付かせるのには、どうしても時間がかかる。「日本食のための調味料」だと認識されているうちは、市場が広がらない。したがって、「現地の食文化にいかに融合していけるか」、「現地で普通に食べられているメニューにしょうゆを使うことで新しい価値を感じてもらえるか」が成功の鍵となる。したがって、1957 年の米国本格進出以来掲げてきた「現地の味になる」というフィロソフィーはそのままに、新興国モデルのマーケティング手法で需要開拓を加速させていく。

そのため、コロナ禍でも新興国開拓の手を緩めなかった。近年力を入れてきた ASEAN では、事業の２桁成長が軌道に乗りつつあり、成果が出ている。インド

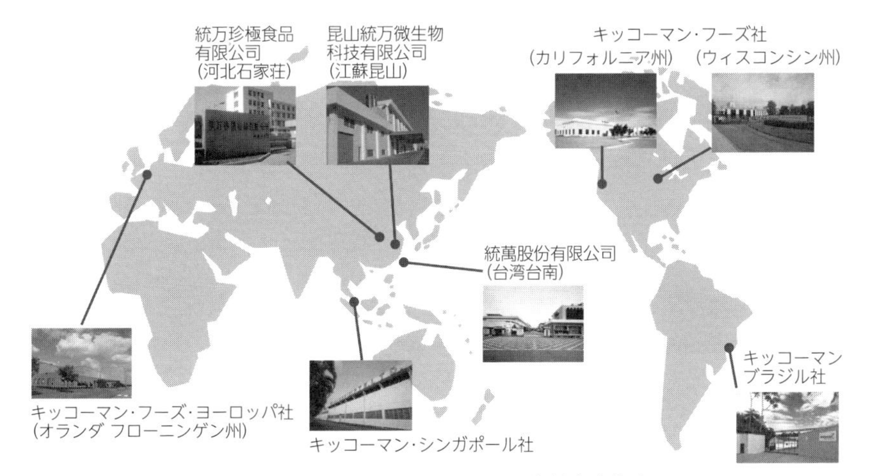

図表 3-2　キッコーマンしょうゆの海外生産拠点

では、2021 年に現地に販売会社「キッコーマン・インディア社（KID)」を設立し、本格的なマーケティング活動を開始した。また、20 年に本格参入を果たしたブラジルでは、21 年 10 月からブラジル製のキッコーマンブランドの本醸造しょうゆの販売を開始した。当社にとって、海外では 8 ヶ所目の本醸造しょうゆの生産拠点となった。コロナパンデミックに加えて地政学上の課題や国家間紛争の顕在化など、事業環境は良好とは言えないが、GV2030 で定めた「2030 年になっていたい企業の姿」の実現と、さらにその先 2040 年、2050 年を見据えての事業投資を積極的に行っていく。

第 4 節　地球社会にとって存在意義のある企業を目指す

近年、SDGs など社会課題の解決に向けた企業姿勢が益々求められるようになっているが、1917 年に 8 つの個人経営の会社が合併して設立されて以来、当社は「社会の公器」としての責任を果たすことを是としてきた。今後も、事業活動を通じて社会に貢献していく。一例としては、アレルゲンフリーをはじめとした「Free from」商品の拡充である。当社の基幹技術である醸造発酵のノウハウを活用し、全ての人が等しく美味しさに触れることができる事業を目指す。また、環境課題への取組も積極的に行っていく。当社は、2030 年度までに 2018 年度比で CO_2 排出量を 30% 以上削減することと、2050 年度までに CO_2 排出量をネットゼロにすることの達成をめざして、プロセス改善、エネルギー効率の高い設備の導入、再

写真 3-1　湖水を汲み上げて浄化水路へ送る「キッコーマン風車」（オランダ）

生可能エネルギーの活用や技術革新などの施策を推進している。それと同時に、海外生産拠点では5年ごとに地域社会への貢献活動を行っている。例えば、オランダでは水質改善や植林などのプロジェクトに参画した。米国では、ウィスコンシン大学に水資源や環境を研究する Kikkoman Healthy Waters Environmental Health Laboratories を設立した。また、シンガポールでは水質改善プロジェクトやマングローブの森の植林などを行っている。

第５節　今後の課題 ～ 人財の確保と育成

今後もサステナブルに国際事業を成長させていくためには、人財の確保と育成が最重要課題である。従前のように、国内で一括採用した中から選抜する方法だけでは、事業の成長のペースにとてもついていけない。国際事業でキーパーソンとして活躍している人財は、すでに多国籍で採用方法や雇用形態も多様化している。今後も、ダイバーシティーと強さを持った組織に変革をしていきたい。一方で、グループとしての強みを発揮するためには、チームとしての一体感を持たせることも重要である。キッコーマンというブランドを背負って事業を展開することの重みや、当社グループが大切にしてきた価値観などを、どのようにグループ社員全員で共有することができるのかは、今後国際事業の組織が大きくなる中で重要な課題になる。

江崎グリコ

創立100年、ポッキー海外生産50年、江崎グリコの挑戦

はじめに

江崎グリコは2022年2月、創立100周年を迎えた。1922年に栄養価の高いグリコーゲンを入れた栄養菓子「グリコ」を大阪の百貨店で発売したことが創業の原点だ。早くから海外も視野に入れ、1966年に日本で発売した「ポッキー」は、タイで50年間生産し、現在、約30の国と地域で販売するブランド[1)]に成長している。また、2022年末をめどにインドネシアで菓子の工場を稼働する。各製品の発売の経緯やグローバルブランドへの変遷を順番にみていきたい。

また、100周年を機に、新たにGlicoグループは存在意義（パーパス）として「すこやかな毎日、ゆたかな人生」を定めた。世界で健康価値を備えた商品を提供し、事業を通じて社会に貢献する。この取組みについてもみていこう。

第1章　創業の歴史と海外志向

第1節　江崎グリコの由来

江崎グリコの創業者、江崎利一（1882 – 1980）は佐賀県の蓮池村（現・佐賀市）で薬種業や葡萄酒の卸売業をしていた。「さらに世の中に大きく貢献する事業がしたい」と考え、牡蠣の煮汁に栄養価の高いグリコーゲンが含まれていることをヒントに、子どものココロとカラダの健康に役立つ商品を企画

写真1-1
発売当初の栄養菓子「グリコ」

した。こうして誕生したのが、社名の由来となった栄養菓子「グリコ」だ。

当時、菓子市場にキャラメルは広く流通していた。先行する企業を追い抜くために名称や形、意匠、商標、広告までこだわり抜いた。「グリコ」の3文字が簡潔で覚えやすく、また、丸みのある形にすると舌触りがよいと、人体の中心にある「ハートの形」にした。

デザインに赤色を採用したのも、広く知られた黄色い他社品との差別化のためだった。栄養価をもとに「一粒300メートル」というキャッチフレーズをつけ、神社の境内で遊ぶ子どもが両手を挙げてゴールする姿をモチーフにした「ゴール

図表1-1　江崎グリコの主な歴史

1921年	栄養菓子「グリコ」を開発
1922年	大阪の百貨店で栄養菓子「グリコ」を発売 2月11日を創立記念日に
1933年	酵母入りのビスケット菓子「ビスコ」を発売
1955年	「アーモンドグリコ」発売
1958年	「アーモンドチョコレート」発売
1962年	「プリッツ」発売
1966年	「ポッキー」発売
1970年	戦後初の海外法人「タイグリコ」を設立
1972年	「ポッキー」の海外生産をタイで開始 「プッチンプリン」発売
1986年	「アイスの実」発売
1979年	「カフェオーレ」発売
1995年	「熟カレー」発売 中国市場に参入
2001年	乳児用ミルク「アイクレオ」を買収
2003年	米国に販売子会社「米国江崎グリコ」を設立
2011年	韓国の菓子メーカー大手と合弁会社を設立
2014年	インドネシアに販売子会社を設立 「アーモンド効果」発売（国内）
2017年	「ＳＵＮＡＯ」発売（国内） マレーシアに販売子会社を設立 ASEANの事業統括会社をシンガポールに設立
2018年	フィリピンに販売子会社を設立
2019年	ベトナムに販売子会社を設立
2020年	台湾に販売子会社を設立 国内の生産子会社を新設、14の生産子会社を吸収合併
2021年	「アーモンド効果」を海外で発売（中国）
2022年	インドネシアに菓子の新工場を稼働（予定）

インマーク」を考案した。

1921年初め、佐賀から一家をあげて大阪に出て、栄養菓子「グリコ」の販売を開始した。大阪の有力な菓子問屋に通い詰めたが、それまでのキャラメルの常識を覆す商品企画だったため、すんなりとは扱ってもらえなかった。不屈邁進の精神で商談を続け、有名な小売店のひとつである三越百貨店に採用が決まり、22年2月11日に店頭に並んだ。この日が、わがグループの創立記念日となったのである。

第2節　江崎利一と創業の精神、Glicoの七訓

創業した当初は事業が順調に進まず、筆舌に尽くしがたい苦難を幾度となく経験した。軌道に乗り始めたのは創立から4～5年が経ってからのことだ。江崎利一は創業当時の困難や苦労を教訓にして残し、さらなる困難に立ち向かうことを決めた。食品による国民の体位向上に寄与することを社是と定め、事業を通じて社会に貢献することを明確に示した。「創意工夫」「積極果敢」「不屈邁進」「質実剛健」「勤倹力行」「協同一致」「奉仕一貫」を、Glicoグループの事業発展の原動力となった言葉と表した。のちに「Glicoの七訓」としてまとめた。これは、今も社員の行動指針として根づいている。

写真1-2　創業者・江崎利一と「Glicoの七訓」

第3節　「グリコ」「ビスコ」と海外志向

江崎利一は栄養菓子「グリコ」に続く新商品の開発を模索していた。1931年、本社がある大阪市西淀川区歌島に栄養菓子「グリコ」を生産する工場を設立したころだ。「第二の栄養菓子」として生まれたのが33年に発売した「ビスコ」だ。クリームビスケットのクリーム部分に胃腸の消化吸収作用を高める酵母を入れ、

ビスケットの生地とクリームを外れにくくするためクリームにヤシ油を入れたのが特徴だ。商品名は「酵母ビスケット」を略した「コービス」を逆さまにしたことに由来する。

写真 1-3
発売当初の「ビスコ」

江崎利一は世界中にGlicoの商品が行き届くことを目指し、早くから「グリコ」「ビスコ」を海外市場へと展開した。朝鮮半島や中国の遼東半島、台湾ではそのころから既に販売されていた。1933年に中国の大連市で栄養菓子「グリコ」の生産を始め、35年に奉天市（現：瀋陽市）に工場を新設し大連市の工場を統合した。39年に天津市で工場を新設、「固力果」の名称で展開した。さらに42年には同工場を拡張しビスコの生産を開始し、「美寿果」の名称で販売した。

第2章　戦後の海外展開

第1節　東南アジア市場を開拓

第二次世界大戦の終結とともに海外にあった現地の資産はすべて接収され、日本国内でも大阪工場が食堂を残して全焼、東京工場も全焼し、焼け野原からの復興を目指した。

戦後の海外展開は、香港市場で「プリッツ」を発売したことが始まりだ。「プリッツ」はビールの本場、ドイツで親しまれているおつまみ「プレッツェル」をヒントに、1962年に国内で発売した。翌年に発売した、「バタープリッツ」がお菓子として次第に広く知られるようになり、定着していった。

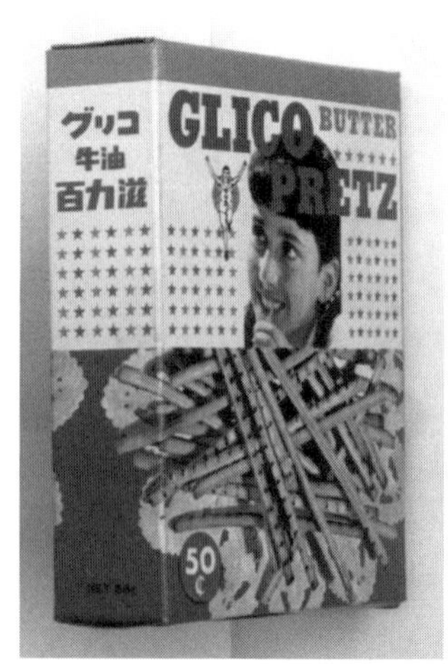

写真 2-1
香港市場で発売した
「百力滋（プリッツ）」

1967年、香港で「プリッツ」を売り出した。おいしくて栄養も多く含まれていることを意味する「百力滋」を商品名とした。現地資本の店頭にPOPを活用して商品を陳列し、テレビ広告も投入するなど、日本で成功したマーケティング手法を活用した。

香港での市場導入が成功したあと、東南アジア市場の開拓に乗り出した。現地で生産から販売まで一貫した体制を整えることを視野に、市場の成長が見込めるシンガポールやマレーシア、台湾を調査した。その結果、原材料の調達や現地人材の確保、市場の成長性を高く評価し、合弁事業で外国資本の投下が認められているタイを最終的に進出地として選んだ。タイが日本に親しみをもっていたことも決め手のひとつだった。1970 年、戦後初の海外法人として「タイグリコ」を設立した。日系の菓子大手のタイでの現地進出は戦後初めてだった。

1966 年に日本で発売した「ポッキー」は、タイの現地法人の設立と工場建設を契機に、海外の現地生産・現地消費が進んだ。長年タイの工場は ASEAN 地域内での供給拡大や、北米市場への輸出を担う主要な生産拠点として役割を果たしている。「ポッキー」は約 30 の国・地域で販売するブランドと成長した。次節で発売の経緯やグローバルブランドへの変遷をみていく。

第 2 節 「ポッキー」誕生

1960 年代半ばは、国内の菓子の主力市場がキャラメルやビスケットからチョコレートに移り、板チョコが全盛の時代だった。菓子メーカー各社が熾烈な新商品競争でしのぎを削った。Glico も新商品を投入したが「アーモンドチョコレート」を除いて不発に終わり、利益が目減りする悪循環に陥った。

写真 2-2 発売当初の「ポッキー」

1964 年、既存商品の品目を約 8 割削減し、営業も縮小する構造改革に着手した。一方、商品開発は他社との競争で優位に立つ見込みがあるものに絞り、年間売上高 10 億円以上の基幹商品をじっくりと育てる経営方針に切り替えた。

チョコレート市場で競争優位に立つ商品をどう打ち出すか。「今までの機械では作れない、工務課を困らせるものを考えよ」。社内からの厳しい要求に、当時の開発企画担当者は頭を抱えた。

スティックタイプの軽い食感でチョコレート市場に新風

ひとつの光明が1962年に発売した「プリッツ」の存在だった。「スティックタイプでより軽い食感を楽しめるスナックチョコを目指す」(当時の開発企画担当者)。チョコレート市場で主戦場の板チョコではなく、より気軽に味わうことに焦点を置いた商品を作ることで競争優位に立つことを目指した。

1966年に発売したのが「ポッキー」だ。

商品の試作は苦労した。すでに商品化していたプリッツをビター味のチョコレートで丸ごと覆うと手が汚れる。銀紙で包むとコストがかかる。手に持つ部分にチョコレートがかからないようにするアイデアを着想したが、専用の機械もなくテストセールでも手で1本ずつ回して作る状況だった。社内も当初、アイデアへの評価が低く、「プリッツ」の系列品程度として見なされ、売り上げも「プリッツ」の1割〜2割にととどまるとの見方もあった。

食べたときに「ポッキン」と音がすることから名づけられた「ポッキー」は、発売してすぐに低い下馬評を覆した。「ポッキー」独自のマーケティング戦略を展開することにより、発売から順調に売り上げを増やした。ウイスキーのおつまみとして「ポッキー・オン・ザ・ロック」、のちに「旅にポッキー」といった、食べる機会を提案して消費を拡大した。

バブル期にあたる1980年代後半〜90年代前半は、高級化や高付加価値化を推し進め、シリーズ商品も多数発売して飛躍的に伸びた。PRの一環として1999年(平成11年) 11月11日を「ポッキー&プリッツの日」と制定し、話題を集めた。

「ポッキー」の飛躍を支えたのが技術力だ。独創的なアイデアを商品にするには、高い生産技術と機械が不可欠になる。「ポッキー」は手に持つ部分を除きチョコレートをかける専用の機械を開発した。「まっすぐに焼く」「チョコレートを均質にコーティングする」という一連の生産過程について、高速で生産する技術に磨きをかけた。栄養菓子「グリコ」の創製以降、独創的な商品の開発と、高い生産技術がロングセラーを生み出している。

第3節　「ポッキー」　タイで生産50年 中国にも浸透

タイでは現地法人を設立した翌年の1971年、パトゥムタニー県にランシット工場が完成し、「プリッツ」の生産を始めた。テレビ広告など宣伝活動を積極展開し知名度を高めた。72年には「ポッキー」の工場が完成し、そのあともビスケット・

写真 2-3　タイの工場

写真 2-4
タイで販売する「ポッキー」

チョコレートの工場を増設した。「コロン」、「アーモンドチョコレート」などを次々と発売した。

1980 年代後半から、東南アジアは外資企業の直接投資が進み経済発展を続けた。「タイグリコ」は同国内の需要拡大や、近隣の国・地域への供給拡大を理由に、92 年に新たな生産拠点として同じパトゥムタニー県に、第二工場となるバンカディ工場が完成した。94 年に同工場に「ポッキー」の生産ラインを導入、さらに 96 年には建物を増設した。90 年代後半にアジア通貨危機の影響を受けたが、2000 年代に入ると回復し、2004 年にはバンカディ工場では新たに工場棟を設けた。

①　タイの工場は市場ごとに「作り分け」

タイは四季のある日本の気候とは異なり、熱帯モンスーン気候のため、年間の平均気温が 30 度近くに達する。日本の作り方ではチョコレートの油脂成分が溶けやすくなるため、タイグリコで生産する「ポッキー」は、品質を安定するため、市場ごとに商品を作り分けている。東南アジア市場向けには、日本のレシピをベースにして、油脂成分の融点を高く改良してチョコレートを溶けにくくしている。北米市場に輸出する商品は、日本で生産する商品と同じ設定で温度管理を徹底している。

②　中国市場に参入

タイに続き、江崎勝久社長（現・会長）主導のもと、中国への市場参入を決めた。1978 年に始まった改革開放政策をきっかけに経済が成長する様子を見て、参入機会を模索していた。まず、95 年に上海と青島の食品会社に経営参加した。中国企業と共同出資の合弁会社だったが、次第に出資比率を高めていき、99 年に上海の合弁会社は江崎グリコの100％子会社となった。ほぼ同時期に「百奇（ポッキー）」、2000年に「百力滋（プリッツ）」をそれぞれ上海で発売した。その後も、スティック菓子で軸の中空にチョコレートを充填した「百醇（プジョイ）」が主力商品に成長している。

2001年に中国法人の名前を「上海江崎格力高食品有限公司」（上海江崎グリコ）と現社名に変えた。03年に広州、深圳、南京、北京、杭州など10都市に営業事務所を開設し、中国全域への本格的な販路拡大を目指して営業拠点の整備を続けた。05年に第2工場、08年には第3工場を完成し、生産能力を大幅に増強した。

写真 2-5
中国で販売する「ポッキー」

欧州では、1982年にフランスの菓子メーカー「ジェネラルビスケット」との合弁会社「ジェネラルビスケットグリコフランス」を設立した。ポッキーは欧州では商品名「MIKADO（ミカド）」として発売し、現在ヨーロッパで定番の菓子として定着するまでに至っている。

米国へは食品の専門商社を通じて輸出していたが、現地の駐在員事務所をやめ、2003年に「米国江崎グリコ」をカリフォルニア州に設立して本格参入した。主に西海岸で「ポッキー」の販売促進をしており、Glicoブランドの浸透を進めている。

第3章　グローバル化を加速

第1節　ポッキーの「分け合う」価値を世界へ

2000年代後半から、「ポッキー」をめぐり、国内外の消費動向に変化の兆しがあった。商品の種類が増えて細分化が進むほど商品ごとの役割がわかりにくくなる一方、オリジナルである赤箱の

写真 3-1
ポッキーの定番品「赤箱」を核に

「ポッキー」が再評価される向きもあった。「ポッキー」を「ブランド」として構築し、国内外の消費者に浸透を図るため、「赤箱」を中核に据えて商品群を構成することとした。

チョコレートやビスケットなどの洋菓子は元来、海外の輸入品をもとに、国内の菓子メーカーが日本人の嗜好に合わせることで新商品を生み出し独自に進化させてきた。「ポッキー」の特徴は、スリムで携帯しやすく、柄に持つところがあり、場所を選ばず誰とでも分け合える機能的な価値があることだ。さらに、家族や友達といった仲間と分け合いながら、おいしく、楽しく食べることで、気分を満たして幸せを感じられる、情緒的な価値がある。

①　ブランドコンセプトは「Share happiness!」

「ポッキー」は、おいしさはもちろん、機能的な価値と情緒的な価値を合わせ持つブランドであり、独創的なアイデアをもった日本発の商品として世界でも十分通用すると考えた。ポッキーがあることで、人と人との気持ちがつながり、お互いに幸せな気分になれる。ブランドのコアバリューである「しあわせを分かち合えるチョコスナック」を簡潔に伝える言葉として、「Share happiness!」をブランドコンセプトに定めた。

ポッキーを通して世界中にしあわせを連鎖させていく。「世界で愛されるポッキー」に向けて、ポッキーブランドを永続的で強固なものにするため、ブランドロゴや色、商品パッケージの制作もグローバルブランドとして一貫性を保つことを明確にした。こうした考え方のもと、地域ごとにばらついていた商品や広告、販売促進などの各施策をグローバルで一貫した体制を取ることとした。

②　年間売上高 10 億ドルの「グローバルブランド」を目指す

長期的な視野に立った経営戦略でも「ポッキー」を中核にグローバルな成長を図ることを明確に位置づけた。2011 年、2020 年に向けた Glico グループのありたい姿と道筋を示した長期経営構想「フレフレ（2020）Glico」を定めた。「食品事業において創意と挑戦に満ちたモノづくりとマーケティングによって世界のお客様にココロとカラダがいきいきする『おいしさと健康』を提供し、豊かな食文化の創造・発展に貢献する」とビジョンを示し、３つの基本方針「ひとつのグリコ」「強いグリコ」「世界のグリコ」を掲げ、食品事業で強固な事業基盤を作り上げることを目指した。

基本方針のひとつ、「世界のグリコ」をけん引する象徴として、「ポッキー」の

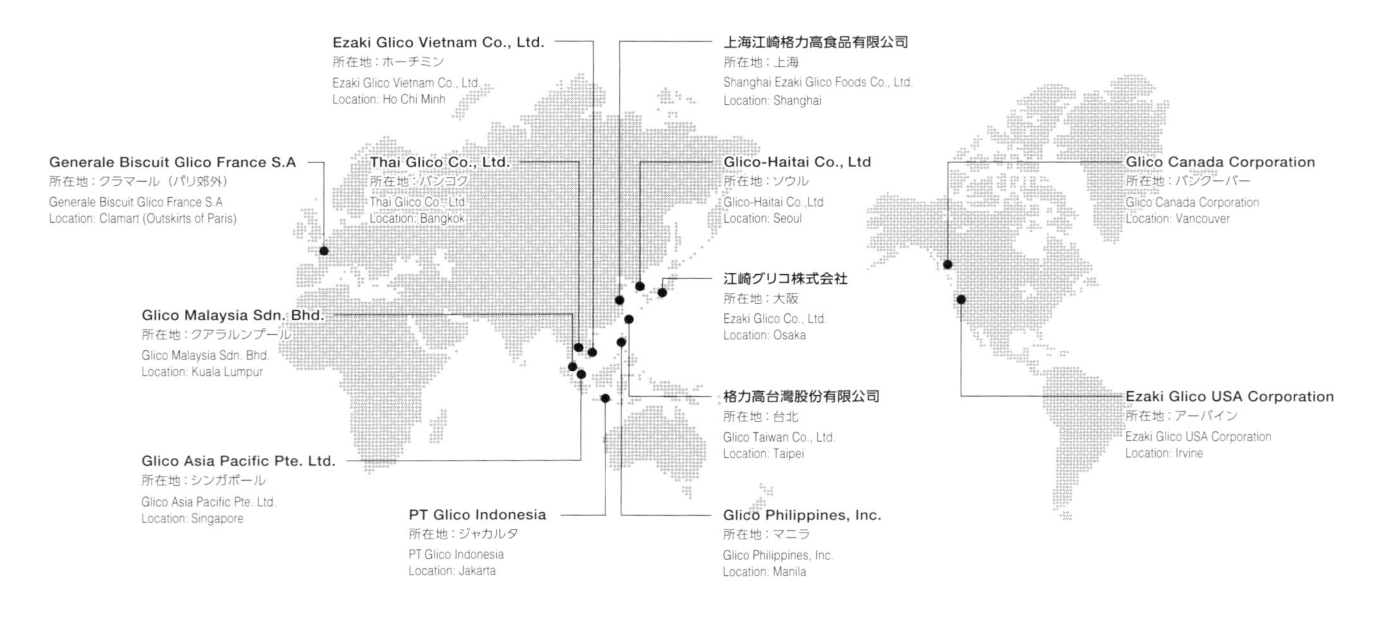

図表 3-1　ポッキーを約 30 の国・地域に展開している

年間売上高を「1ビリオンドル」(10億ドル、当時の為替換算で約1000億円)とする目標を掲げた。海外の菓子メーカー大手で年間売上高10億ドル以上のブランドは、チョコレートやビスケットでは、2011年当時では10個程度であったため。「ポッキー」は海外大手と肩を並べ、グローバルに競争が可能な商品であるとして、タイと上海の生産拠点を活用し、世界中の消費者に広く知られた存在になることを狙った。

③ アジア市場で拠点拡大

グローバル展開の推進において、重点市場と位置づけるASEAN(東南アジア諸国連合)を中心にアジア市場での拠点拡大を図った。「タイグリコ」の設立以降、マレーシア、インドネシアなどへは、早くからタイから現地の販売代理店を通じて商品を供給していたが、さらに市場の深掘りを目指して販売網を広げた。

マレーシアは2014年にクアラルンプールに駐在員事務所を開いた。代理店との連携を深めながら独自参入を模索し、17年に設立した現地法人「グリコマレーシア」が活動を始めた。インドネシアでは現地の販売代理店を買収、14年4月から「グリコインドネシア」と名称を変更して販売活動を始めた。その後、交流サイト(SNS)を駆使して地方や若者に積極的に営業活動をしている。また、ベトナムでは現地の販売子会社が市場を開拓している。そして、17年にシンガポールに東南アジアを統括する会社として「グリコアジアパシフィック」(GAP)を設立し、ASEAN市場の事業を推進することを狙っている。

アジア市場ではこのほか、韓国では2011年5月に現地企業の「ヘテ製菓」との合弁会社「グリコ・ヘテ」を設立し、13年6月に「ポッキー」を発売した。ヘテ製菓の販売網を通じて事業を展開している。

第2節 今後のグループの展望

① ASEAN、中国市場の地盤を固め、北米にも注力

最後に、Glicoグループのグローバル戦略について、近年の状況と今後の展望をまとめる。まず、地域的には、日本、中国、ASEANの3極を重点市場として強化・拡大し、さらに北米市場への注力も進める。

米国では2014年から16年にかけて、国内外の商社や卸会社を経由した形態から、現地法人の「米国江崎グリコ」を通じた直接取引に切り替えた。ポッキーの赤箱などの定番商品をタイから北米市場に輸出するなど、Glicoグループ内での

適地生産での供給体制を整えた。近年は米小売り大手の「ウォルマート」や「コストコ・ホールセール」のほか、西海岸の大手スーパーマーケットなどに展開している。小売店の店頭も、アジア地域の特産品が並ぶアジア棚から、菓子本来の商品が並ぶ定番棚への配荷が進み、日常的に購入する消費者の動きも広がりつつある。

カナダは、これまで30年以上にわたり事業を続けてきたが、Glicoの商品を販売する現地企業との合弁会社「グリコカナダ」を通じて展開した経緯を見直し、Glicoグループのマーケティング・営業などの施策を現地で迅速に展開するため、2017年に江崎グリコ100%出資の販売子会社として再スタートした。

② インドネシアに菓子の新工場を新設

「ポッキー」のASEAN地域内での供給拡大や、北米市場への輸出の伸びに対応し、2019年にインドネシアに菓子を生産する最新鋭工場を新設することを決定した。

写真 3-2 インドネシアの菓子の新工場

工場新設を決定することになったポイントは三つある。一つめは、タイのバンカディ工場の生産能力が上限に達することが見込まれたことだ。二つめはBCP（事業継続計画）の観点だ。タイでの洪水災害の経験を踏まえてリスク分散を図ることを考えた。三つめはASEAN市場で圧倒的に人口が多いインドネシア市場の攻略である。3億人近い人口があり、インドネシア市場を押さえることは、中長期的にASEAN地域をけん引する市場になる。

新工場は2022年7月、イスラム教徒の食生活に対応するため「ハラル」の認証を取得した。同年末をめどに稼働する見通しだ。環境に配慮して出力2000キロワットの太陽光発電設備も設置する。

③ 中期経営計画を始動

2022年2月の創立100周年を節目に、長期的な経営の構想を展望したうえで、直近3か年の中期経営計画を始動した。まずは、中計の達成に向け連結売上高、営業利益率を指標に安定成長を目指す必要がある。商品的には「ポッキー」は海外で伸長を見込み、「アーモンド効果」など健康価値を備えた商品を国内外で投入することを目指していく。

④ 「健康」の価値を国内外で浸透

アーモンドは当社にとても縁が深い食材だ。江崎利一が戦前、米国出張時に豊富な栄養成分であることに着眼し、1955年に日本で初めて米国カリフォルニア産のアーモンドを使用した商品「アーモンドグリコ」を発売した。「1粒で2度おいしい」というキャッチフレーズとともに知られている。長年培った技術から生み出した飲料の「アーモンド効果」は、当社の健康価値を備えた代表的な商品として国内外で浸透することを目指している。

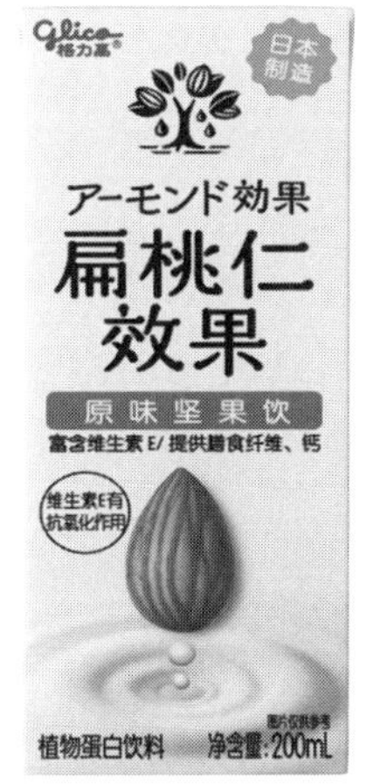

写真 3-3
中国で発売した「アーモンド効果」

中国では2021年8月に「アーモンド効果」を発売した。消費者がオンラインで商品を購買することが普及している現地では、デジタルマーケティングを駆使し、「天猫（アリババ）」など主にオンラインチャネルで展開している。台湾でも2022年2月に「アーモンド効果」を発売した。

ASEANではインドネシアの新工場の稼働を契機に売上高で高い成長を目指す。同地域では今後も中国と同様、健康に対する需要が高まるとみて、健康価値を備えた商品の投入を一層進めることとなるだろう。

米国では「ポッキー」を核に、新たな小売りチェーンや地域での大幅な拡販を目指す。お客様起点に基づく新たな商品の展開により、リピーターのさらなる獲得につなげていきたい。

2021年12月期の海外事業の売上高は610億円となった。この結果、海外売上高比率は約2割と10年前に比べて大きく伸びた。今後は「ポッキー」のほか、「アーモンド効果」など健康価値を備えた商品の普及を図ることでさらなる拡大を目指したい。そして、今後も事業を通じて社会に貢献することが当社の目標である。

結びに

創立して間もない頃や、第二次世界大戦の戦禍で工場が全焼した頃、新商品の大量投入の失敗で財務体質が悪化した頃など、幾度となく事業の危機に瀕しながらも、ここまで乗り越えて100年の歴史を刻むことができた。創業の精神「食品による国民の体位向上」は、当社の価値観として変わることなく、企業理念である「おいしさと健康」を唱え、さらに、このほど定めた当社の存在意義（パーパス）「すこやかな毎日、ゆたかな人生」へと継承している。

写真 4-1
存在意義（パーパス）を企業ロゴに

2022年3月24日、約40年間にわたりGlicoグループを率いた代表取締役社長の江崎勝久が代表取締役会長となるとともに、代表取締役専務執行役員の江崎悦朗が代表取締役社長に就任した。100周年を契機とした新たな時代の幕開けである。新体制のもと、「海外」と「健康」を基軸にしたグローバル展開をよりいっそう加速する。次の時代に向け、世界中の人々が「すこやかな毎日、ゆたかな人生」を過ごせることを目指していきたい。

注
1）欧州市場の商品名「MIKADO」を含む

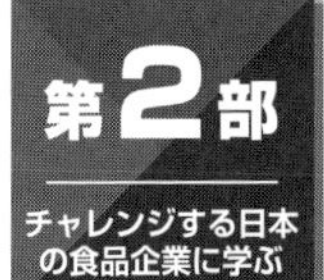

日本独自の商材、キラーコンテンツの活用

伊藤園

世界のティーカンパニーを目指して
「お～いお茶」をグローバルブランド化する挑戦

はじめに

日本茶は、江戸時代末期開国後の1860年代から1900年初頭にかけて、生糸と並ぶ主力輸出品であった。しかしその後日本茶は、世界市場で紅茶や珈琲に敗れていった。

伊藤園の海外進出は、それから約100年後の1987年7月、アメリカ合衆国ハワイ州に設立したITO EN（USA）INC.（現ITOEN（Hawaii）LLC）に始まる。そして本格的な日本茶の海外販売は2001年5月、同国ニューヨーク州に設立したITO EN（North America）INC.からだ。「今度こそ日本茶を世界へ」の強い信念で挑んでいる。

かつての日本同様、当社もまた苦汁を嘗める。しかし、当社の信念は揺らいでいない。なぜならば「お茶」という飲み物は、古来人類にとって安全で健康的な水分摂取方法のひとつだからだ。お茶は古代から効用とともに伝承されてきた。現代においてその効用は、伊藤園中央研究所をはじめ多くの大学や研究機関で証明されている。

苦難の中からもいくつかの成功体験を得る。失敗と成功の要因をつぶさに分析し、戦略を大きく修正したのが2010年代中盤である。2022年現在は再び、戦略と戦術、組織を再整備したところだ。本稿では、当社海外事業の取組について、当社概要とわが国の茶輸出史を交えながら整理し、順序立ててお伝えしたい。

第1章　経営理念「お客様第一主義」

当社ではお客様を次のように定義している。消費者の皆様、株主の皆様、販売先の皆様、仕入先の皆様、金融機関の皆様、地域社会の皆様——当社と関わりを

図表 1-1　伊藤園社是、マーケティング５機能

持たれるすべての方々をお客様と位置づける。経営理念「お客様第一主義」はマーケティング志向と実力主義が支える。「マーケティング」は経営理念の実践ツールであり、「実力主義」はその成果を公正に評価して報いる人事システムといえる。

当社では、マーケティングとは５機能からなる「売れる仕組みづくり」と教わる。５機能とは、①市場調査 ②商品化計画 ③販売活動 ④販売促進 ⑤広告宣伝――さらにわかりやすく、①お客様を知る ②お客様に添う ③お客様にサービスする ④お客様をひきつける ⑤お客様に知らせる――のことである。

マーケティングは「お客様を知る」ことから始まる。そして何度もここに立ち返る。お客様のSTILL NOWを知る。STILL NOWとは、今なお（何に不満をお持ちか？）である。ニーズやウォンツよりも具体的である。そのSTILL NOWを解決するのが「お客様に添う（商品化計画）」である。当社では商品化の際、５つの開発ドメイン（領域）を設けて自らを厳しく律している。すなわち、①自然 ②健康 ③安全 ④おいしい ⑤良いデザインである。

経営理念とこれらの教えから、当社は様々なイノベーションを創出してきた。例えば緑茶の飲料化。1980年前後の清涼飲料といえば、保存料、安定剤、香料、着色料のいずれかを使うのは一般的で、これらを使用せず製造するのは品質の安定性や安全面、収益面から無謀であったようだ。ところが当社はこの常識を覆す、無香料無調味、保存料不使用の緑茶飲料を開発した。「外出先でお弁当と一緒に飲めるおいしいお茶がない」というSTILL NOWを５つの開発ドメインの中で解決した。

第２章　伊藤園の沿革
～日本のお茶屋から総合飲料メーカーへ、そして再びお茶で世界に～

当社は1966年、静岡市に設立されたフロンティア製茶株式会社が前身で、1969年に現在の商号「伊藤園」に変更して現在に至る。保守的な茶業界にあって、様々な業界初、日本初、世界初の革新を手がけてきた。それは経営理念「お客様第一主義」に従い、お客様のSTILL NOWに対し、真摯に耳を傾け、誠実に解決してきた結果と自負する。

お茶もかつては、米や生鮮同様専門店での量り売りであったが、スーパーマーケットの台頭を捉え、伊藤園は包装茶を開発し流通させた。1972年業界で初めて高速自動包装機を導入。真空包装によって流通過程や店頭での酸化、着香、吸湿など鮮度劣化を解決した。この包装茶は「ルートセールス」方式で、店舗に直接納品していった。これも業界では革新的な流通方式であった。

緑茶の飲料化には10年以上の研究を要した。緑茶は茶葉が酸化発酵していない「不発酵茶」である。緑茶抽出液の鮮度を保持することは当時不可能とさえ言われていた。緑茶の飲料化研究に行き詰まっていた1979年、中国土産畜産進出口総公司との間で烏龍茶輸入総代理店契約を締結し、日本で初めて烏龍茶葉の輸入販売を開始した。烏龍茶葉は酸化発酵が進んでいる「半発酵茶」であるため、飲料化のハードルは僅かだが低いことがわかっていた。そこで烏龍茶の飲料化を先行、80年「缶入り烏龍茶」を完成させて沖縄で先行発売、翌81年に全国発売となった。その後も緑茶飲料の研究は続けられ、85年までには緑茶抽出液の酸化を抑える「T-Nブロー技術」など、淹れたての鮮度を守る複数の技術を確立。同年「缶入り煎茶」を完成させて上市、89年には現在の「お～いお茶」へと改称した。その後も業界に先駆けて、飲用場面、用途に合わせた容器容量（90年に2ℓ、96年

図表2-1　STILL NOWから生まれたイノベーション

図表 2-2　海外現地法人が所在する国・地域と変遷

に 500mℓ ペットボトル、2000 年には加温可能ペットボトル）を商品化、市場拡大とともに多様化する嗜好にも対応（新茶、濃い茶、ほうじ茶、抹茶入り、玄米茶など）していった。「お～いお茶」が、無糖茶飲料市場を生み、そして常に市場をリードしていった。

1990 年以降の伊藤園は、製品ラインを順次拡大。ティーバッグやインスタント、麦茶や紅茶製品、野菜系飲料製品、珈琲の飲料製品、乳酸菌や炭酸飲料の製品等、様々な嗜好飲料、清涼飲料を扱う企業となった。事業基盤をより強固にするため、2006 年にフード・エックスグローブ社（現タリーズコーヒー）、11 年にチチヤス社を迎え入れ、前後するが 08 年にはダノングループとエビアンの日本国内独占販売契約を締結した。

一方、海外での製造販売事業は、1987 年ハワイに飲料の製造販売を行う ITO EN（USA）INC.（現 ITO EN（Hawaii）LLC）の設立に始まる。2001 年には北米大陸での茶葉・飲料製品を販売する ITO EN（North America）INC. を設立。北米ではさらに 2006 年、サプリメントを製造販売する Mason Distributors, Inc. を、2015 年には珈琲豆を生産製造販売する Distant Lands Trading Co. を連結子会社化した。北米進出を機に本社内には、現地で販売する製品手配と輸出を担う国際部（現国際本部）が設置された。

オーストラリアでは1994年に緑茶を生産するITO EN AUSTRALIA PTY. LIMITEDを設立。現在では飲料製品の販売に加え、茶葉製品の製造販売もしている。中国では94年に茶葉の製造販売輸出を行う寧波舜伊茶業有限公司を合弁で設立。87年には飲料製品を製造販売輸出する福建新烏龍飲料有限公司への出資を開始、2004年からは中国本土、香港向けの「お～いお茶」飲料の製造販売を開始した。その後本土での販売を強化するため12年に伊藤園飲料（上海）有限公司を設立。同時期、東南アジアへも一気に進出。12年にITO EN Asia Pacific Holdings Pte. Ltdをシンガポールに設立。同年、シンガポールとマレーシアの販売を担うITO EN Singapore Pte. Ltd.、13年にはタイでの販売を担うITO EN (Thailand) Co.Ltd.を設立。同年インドネシアでは現地飲料大手ウルトラジャヤとPT ITO EN ULTRAJAYA WHOLESALEを合弁で設立。

現在「お～いお茶」はこれら現地法人進出国を含む36の国・地域で販売されている。

第3章　日本国の茶輸出史

我が国の茶輸出史について触れておきたい。1610年オランダ東インド会社が、平戸で買った日本茶をオランダに持ち込んだのが、日本初の茶輸出である。鎖国政策後の江戸時代末期、日本は各国と修好通商条約を結んでいった。1858年、日米修好通商条約が結ばれ、1859年、長崎、横浜、函館の開港を機に、日本茶181tが輸出された。

茶の輸出量は明治維新後もアメリカを中心に増加し、1887（明治20）年までは輸出総額の15～20%を占めた。茶の輸出は1900年前後を境に衰退していった。原因のひとつとして粗悪品の輸出があげられる。被害を受けたアメリカでは厳しい規制・法令が次々と発布された。日本側も茶業関係者自ら罰金制度などをつくって取締りを強化していった。加えて生産家も品質向上を目指す動きが出始め、1884年には現在の日本茶業中央会の前身となる中央茶業組合本部が設立された。

アメリカ輸出はその後も減少したため、ヨーロッパやアフリカの市場開拓にも乗り出したが、19世紀に発見されたインド・アッサム茶が台頭してきたこともあり、これは実を結ばなかった。第二次世界大戦後、アメリカからの援助物資の見返り品として緑茶が選ばれ、一時的に輸出は増加に転じたが、円高や国内需要の

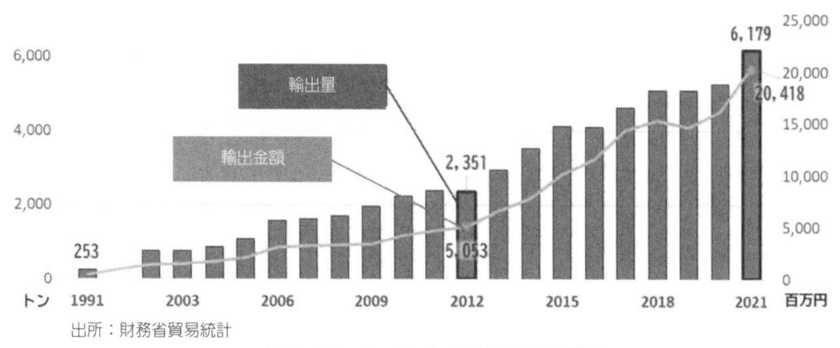

図表 3-1　日本国の緑茶輸出の推移

増加などから輸出量は再び減少し、1991 年には輸出量は 253 t まで落ち込んだ。

ところが近年、茶輸出は増加傾向にある。2021 年は 2012 年比 2.6 倍、前年比 17.1％増の 6,179 t と過去最高を更新した。当社も 2021 年には 2012 年比で 2.2 倍、前年比 15.2％増の 767 t と同じく過去最高を記録。背景には健康志向や日本食ブームがある。また、COVID-19 によって一層健康意識が向上した結果でもあると見ている。

第 4 章　伊藤園も経験する日本茶販売の難しさ

海外での日本茶販売の最初の障壁は PET 入り茶飲料のアメリカ FDA 登録であったが、安全性を証明する豊富な自社実績データによってこれを解決した。中性域の茶抽出液を高温殺菌後、高温のまま容器に充填し、防腐剤不使用、カテキンで静菌できることをアメリカでも証明してみせたのだ。缶入り茶飲料の発明が国内事業の転換点だったとすると、この PET 入り茶飲料のアメリカ FDA 登録は海外事業における転換点となった。

健康志向が進む欧米では 2000 年以前から日本食が注目され、日本茶も有望だと言われていた。市場規模、政治経済の状況、商慣習からみて最初の本格的販売先は、アメリカ以外なかった。01 年 FDA 登録された「お～いお茶」はいよいよ海を渡り、北米大陸への進出を果たした。しかし当社も、我が国の日本茶輸出史をなぞるが如く、いくつもの苦汁を嘗めることとなる。以下、どんな課題に直面し、どう対処してきたのか？　8 項目紹介する。

① 敬遠される日本茶固有の香味

古今、欧米では青臭くて青渋い緑茶は敬遠され、酸化発酵したお茶が好まれる。少し歴史を遡りたい。ヨーロッパに初めて茶を持ち込んだのは、中国やインドネシアとの貿易を独占していたオランダであったが、英蘭戦争（1672～74年）で敗れ、中国貿易の主導権はイギリスに移った。1689年以降、茶は福建省厦門（イギリス東インド会社）に集積されイギリス本国に流通、1720年には輸入独占権を得た。この茶は武夷茶（半発酵茶）で、茶葉が黒いことからBlack teaと呼ばれた。西欧では武夷茶が主流となり、さらにニーズに合致した「工夫紅茶」に発展し、これが現在に至る紅茶の原型となっていった。

アメリカも元々は紅茶の飲用習慣があった。18世紀後半、イギリス本国は財政窮乏の末、アメリカ植民地に対する関税、直接税を強化した。これに反発した植民地住民はイギリス製品をボイコット。本国はその報復としてお茶にも課税を始めた。当然お茶の消費は激減し、本国では在庫過多になった。すると一転、在庫のお茶を非課税にして船4隻に積み、ボストン港へ向かわせた。1773年12月16日、一連の政策に怒った住民らは、船のお茶を全て海中に投棄した。有名なボストンティーパーティー事件である。その後も本国からの弾圧、植民地側の反発はエスカレートしていき、1775年の独立戦争に至る。結果としてお茶が手に入らなくなった植民地で生まれたのが珈琲のアメリカンだ。ミルクティーの香味に似せるため、珈琲豆を浅煎りしてミルクを入れて飲むようになったようだ。

「体に良いもの」と頭で分かっていても、「口に合わないもの」はなかなか定着しない。アメリカでの日本茶の売上は長らく拡大しなかった。ところが苦戦を続けた2010年代中盤、ようやくアメリカでも受け入れてもらえる品質が見えてきた。キャッチできた彼らのSTILL NOWを開発陣にフィードバックして新たな製品開発に取り組んだ。これが現在、メインストリームで販売しているティーバッグの

図表 4-1　グローバルブランド ITO EN MATCHA GREEN TEA

グローバルブランド製品ITO EN MATCHA GREEN TEAである。本物でありながらアメリカ人が嫌う香味を可能な限り排除するため、当社の技術とノウハウを結集させた。手元にある様々な原料から適切なものを選んで青臭み、青渋みを抑える火入れ加工を施し、粉砕粒度、フィルターメッシュに至るまで細かく検討してつくりあげていった。

② 簡単ではない日本茶の飲用場面創出

日本人にとって日本茶の飲用シーンは、食中食後、ティータイム、仕事中、休憩時、現代では止渇などたくさんある。容器入り茶飲料がない時代から、日本茶は生活の一部になっていた。海外ではどうか。食中飲料としてはアルコールを除けば水や炭酸水、ティータイムには珈琲、紅茶、止渇としては、水や炭酸飲料、スポーツ飲料――厳しい現実に直面する。食習慣を変えるというのは容易ではないことを改めて痛感した。

どのように飲んで頂くか？　どの飲み物から切り替えてもらうか？――イギリスで紅茶は、水代わりだったワインの代用となった。アメリカでは、紅茶が飲めなくなったため、珈琲豆を浅煎りして代用した。良いものは必ず当地の文化に合わせて工夫され、やがて溶け込む。現在各国のSNSでは、「お～いお茶」の様々な楽しみ方が紹介されている。日本人には想像できない飲み方もある。ここに普及へのヒントが詰まっている。

③ 高い小売価格での新興国開拓

「お～いお茶」は新興国では高価な飲み物である。一食分の食費をはるかに上回る。「お～いお茶」は、無香料無調味、防腐剤不使用である。飲料製造時の殺菌ダメージと出荷後の経時劣化も逆算して、専用茶葉を畑からつくる。

砂糖も、魅力的な香料もなく、フレッシュな酸味や爽快な炭酸もない、ストレートティーが高額なのである。特にインドネシアではこの壁が高く分厚く立ちはだかった。しかし、どの国にも富裕層は必ず存在する。上質なものを理解し、健康意識が高い人も増えていく。現在の飲用者はどこにいるのか？　未来の飲用者はどこにいるのか？　つぶさに調べ、適切なチャネルと媒体を使ってコツコツとファンを増やし、人気を高めていくしかない。一時の流行ではなく定着させるためにはやはり時間はかかると覚悟している。

④ 新興国ではまだ早い栄養抑制型飲料

日本で無糖茶飲料市場が形成されたのは、経済成長に伴う飽食からの健康対策からだろう。健康食品には二種類あり、栄養摂取型と栄養抑制型がある。新興国で売れるのは栄養摂取型で、栄養抑制型の無糖茶飲料は依然として富裕層だけの飲み物である。しかし栄養抑制型の食品・飲料が必要となる時代はどこの国にもいつか来る、特に成長が見込める国では。潮目が変わる瞬間を捉えられるよう、虎視眈々と市場観察し続けている。

⑤ 世界共通にすべきか悩んだ「お～いお茶」の香味

北米進出後は幾度となく「お～いお茶」の香味を現地にあわせて変更できないか？ 」さらには「砂糖や香料を加えられないか？ 」といった声が上がった。しかしそこは思いとどまり、TEAS' TEA というローカルブランドを立ち上げて様子を見た。

結論として、現在「お～いお茶」の香味設計は、全世界で統一している。各国の法令に添った上で、言語、セールスコピーを除いたベースデザイン、トレードマークの扱い、香味は統一され、日本本社がこれを管理している。ブランドの本質価値と印象は一切ブレることはない。ただし、何をセールスポイントにして発信するか？ どう飲んで頂くか？ どのような売り場で売るか？ どのような形態、容量で売るか？ は、本社で決めるものではなく「現地の STILL NOW に従って現地法人が決める」としている。

図表 4-2 グローバルブランド化させた各国のお～いお茶

⑥ 読めない日本語のトレードマーク

外国人から見た場合、「お～いお茶」と筆書きされたトレードマークは、相当奇異であろう。初見から「ユニーク」「印象的」「エキゾチック」というポジティブな捉え方をしてくれる方は少数であろう。各国の売り場でその国の人の立場で眺めてみると、それが何を表しているかわからないだろう。

しかし、この個性をどう好ましく理解してもらえるようにするか？—— 今改めて広告戦略の大切さが身に染みている。中味とデザイン、トレードマークは世界統一。しかし、セールスコピー、宣伝は、飲み方同様、国ごとにアプローチを変えて、国ごとに根付かせていく。まだまだ研究と制作活動、発信が足りない。人財育成、体制づくりが急務だ。

⑦　まだまだ少ない輸出可能な日本茶葉

世界市場で敗れて国内消費が主となった日本茶の農薬基準は他国と大きく異なる。日本の農薬基準は経済合理性と安全性を兼ね備えている。しかし、消費地が求める基準とは全く違う。減収、病気、虫食いなども覚悟して栽培方法を変えなくては輸出できるお茶にはならない。茶農家の立場に立てば、どれだけリスクの高いことかお分かりであろう。

最近では、弊社の茶産地育成事業に共感してくださる茶農家が一層増え、海外向け茶葉の調達量も増えつつあるが、まだまだ価格及び品質、数量面など課題が多い。

⑧　「無香料無調味自然のままのおいしさ」での現地生産化

「お～いお茶とは詰まるところ何ですか？　」と聞かれればこう答える。「いつでもどこでも、淹れたての香りとおいしさを追い求めた日本茶です――」ティーバッグでも、インスタントでも、急須で入れる茶葉でもこの設計思想は不変だ。お茶屋だから、お茶風なものはつくりたくない。無香料無調味で防腐剤も使用せずつくりあげるから、畑から始める。

「お～いお茶」は従来の飲料製造とは思想が全く異なる。伊藤園の缶入り茶飲料が出現するまでの多くの飲料は、水と果汁、砂糖、添加物、香料などを調合する足し算でつくられていた。一方当社の茶飲料は引き算なのである。お湯を沸かし、急須替わりの大きな抽出機に茶葉を浸し、編み出した「温度」「時間」「撹拌」条件で、必要な香味だけを引き出す。余分な苦み、雑味、不快臭は抽出しない。よく練られた設計と、そのための茶葉の調達や仕上げ加工、飲料工場の設備と技術が求められる。おいそれと現地化できる代物ではない。

簡単なものは普及しやすく模倣やコモディティー化も早い。「広げづらいこと、普及しづらいこととは、裏を返せば高い価値がある」と、考えるようになった。

第5章　2015年「伊藤園」「お～いお茶」のグローバルブランド化戦略への舵切り

2012～13年にかけ、アセアン諸国へ進出し、傍からはいよいよ伊藤園の海外事業も加速してきたかに見えたであろう。第4章で述べたとおり、実際は10年以上前から進出していた北米も含め全地域で苦戦していた。

業績が悪いときほど欠点や失敗ばかりが取り沙汰され、成功事例は埋もれるものだ。2014～15年にかけては、「しかるべき戦略」を見出すため、暫し立ち止まって振り返った。反省はするが、非難や否定は一切しない。戦略を大きく変えるとか、微修正にとどめるとか頭から決めつけず、客観的に是々非々でつぶさに振り返り、とにかく事実を並べた。

- とあるティーバッグ製品が成功した事実
- あまり宣伝していない「お～いお茶」が静かに成長し始めている事実
- 巷のカフェメニューでは既に抹茶が定番フレーバーになっている事実
- 緑茶ティーバッグの売場が一定量、以前からある事実
- 市場の多くは中国緑茶で、現在当社が保有する原料で十分に優位性や差別化を確保できる事実
- 当社パッケージデザインは何者か分かりづらく不親切である事実　など……

見落としてきた成功体験、他社に先行されている事実に強い焦りを覚えつつも、「市場はまだ黎明期で混とんとしている。まだ誰も最適解を見出していない。今なら間に合う」と分析した。当社の課題は、「強みを生かせば勝てるはずだが、その機会への執着がなく、そのための研究や工夫をしないまま日本茶以外に目移りして、製品とブランドの乱立に陥っていた」ことが浮き彫りになった。そこで製品とブランド、デザインの基本戦略を次のように修正した。

- 製品は日本茶（緑茶と抹茶）に絞り、ブランドも「伊藤園」と「お～いお茶」に絞る
- パッケージデザインは「中味が何者であるのか」分かりやすくする

市場の大きさから飲料ばかりに気を取られていたが、日本で珈琲や紅茶、麦茶

がインスタントやティーバッグによって家庭内で普及してから大きな飲料市場形成に至ったように、「まずは家庭内消費を掘り起こすことが重要である」と気がつく。何より当社のブランドはユニークである。課題は伝え方、示し方である。そして2つの行動を直ちに起こした。

① 国際本部にマーケティング機能を追加

国際本部は現地法人への輸出、現地法人未進出国への販売や新規開拓に特化する営業本部であった。海外向け「お～いお茶」のブランド管理は、国内のマーケティング本部が担っていたが、適切な判断に苦慮していた。各国の法律、市場や飲用者の要求やトレンド、適切な現地語などを把握できている国際本部に、グローバルブランドの商品企画を含むマーケティング機能、ブランド管理（香味、基本デザインの均一性）機能を移管した。

② グローバルブランド戦略を導入

ブランド戦略、製品戦略も現場主義ですべて現地に委ねていたが、2015年に「ITO EN」と「お～いお茶」をグローバルブランドに制定。デザインや香味も不揃いであった「お～いお茶」を均一にしながら、欧米豪市場のメインストリームのお客様に添って開発したティーバッグや抹茶製品のITO EN MATCHA GREEN TEAも開発。各国バラバラに取り組んでいたマーケティングが戦略的になり、各国間や製品間のシナジーも効く形になった。点と点であった海外事業が線で繋がり始め、グループ一丸、面で戦える体制の基礎が整った。

第6章 2030年に向けた伊藤園の海外事業

第1節 現時点の海外事業の課題と対策

2015年にスタートさせたグローバルブランド戦略も、当初は各国でも戸惑いがあった。しかし2022年時点では浸透し、世界のティーカンパニーを目指す当社海外事業の太い柱となってきた。長年目標にしてきた海外売上高比率10%も2021年度に達成したが、目標はまだまだ上にある。

M&A、提携などパートナー選びも重要だが最重要課題は、グローバルブランド戦略を担う人財育成だ。質の高いブランディングには、マーケティング（商品企画、広告宣伝、本部営業、営業企画、営業管理）が、質の高い製品とサービスには品質管理、製品開発、農業技術、製造現場を担う人財が必要だ。最終的には現地ですべて育成できるのが理想だが、当社はまだその域に達していない。どの国でも、伊藤園が伊藤園たるためには、ただ優秀な社員の集団ではだめだ。真の伊藤園パーソンの集団でなくてはならない。そのためには当社の成り立ちや経営理念やポリシー、営業及び製造・品質管理に至る高度な伊藤園の仕組みを理解し、各分野において伊藤園固有の技術を習得した人間がまずは現地に出向かなくてはならない。そしてその人間が現地でまた人財を育成する。

企業の存在意義は、ユニークで代替不可能なサービスを持ち得ていることに尽きる。それは技術や知的財産、設備、組織力に支えられているが、突き詰めれば構成する一人ひとりである。伊藤園の真の強みを理解し継承できる海外人財を戦略的に採用し育成していくことが、次の10年、最も重要だと当社は考えている。

第２節　伊藤園グループの新・中長期経営計画

伊藤園は日本茶を祖業として、国内では日本茶以外も扱う総合飲料メーカーとして歩み、近年では食品分野に業容を広げてきた。ただし開発ドメインは変わらない。グループ経営理念の「お客様第一主義」、グループ全体ミッション「健康創造企業」は同時に当社の普遍且つ不変的テーマだ。そして中長期ビジョンはこれからも「世界のティーカンパニー」だ。

グループミッションでは、お茶だけでなく当社が提供する製品とサービスは全

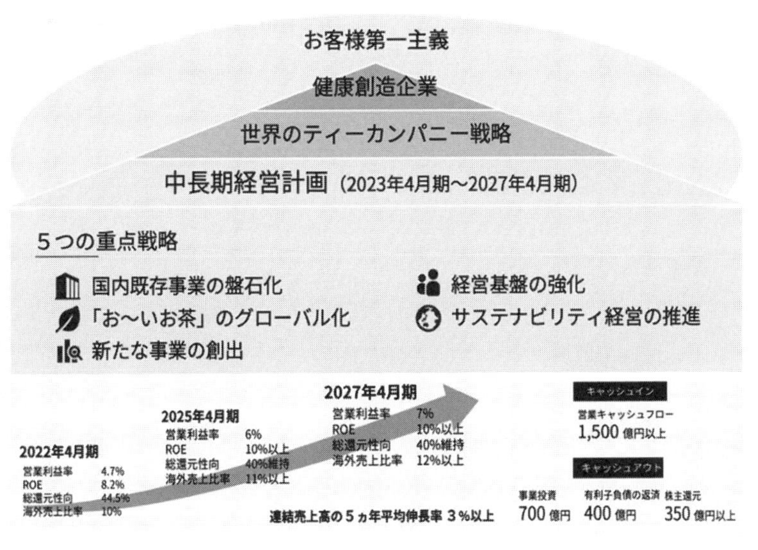

図表 6-1　中長期計画のフレーム

て、「自然由来を主として、誠実なサービスに徹し、お客様の健康で豊かな生活と持続可能な社会の実現に貢献します」と宣言する。グループビジョン「世界のティーカンパニー」は、祖業である日本茶に誇りを持ち、お茶を通じて「世界中のお客様の健康に貢献し、一人ひとりの豊かな生活を支える企業グループ」であると定義する。メーカーでありながら、当社はモノだけではなくコトも含めた健康に資するベネフィットを世界の皆様に提供し続けられる企業を目指すのだ。

第3節　2030年に向けた海外事業の重点課題 ～各国で人を育てて売れる仕組みづくりをする～

日本では18億本以上売れている「お～いお茶」だが、海外ではこのブランド製品が持つ、本質的で普遍的なベネフィットはまだ全く伝わっていない。日本の評判が、仕掛けもせず、手間もかけず、そのまま海を渡るなどという幸運はない。「お～いお茶」が、日本で無糖茶市場を創造し、一大市場を築くまでけん引できたのも、すべては自らの地道な「マーケティング」に尽きる。お客様のSTILL NOWを知り、誠実にお客様に添い（産地開発、技術革新、生産設備革新に立脚した商品化）、お客様に知らせて（広告宣伝）、お客様をひきつける（販売促進）活動を地道に行いながら、全社員が誠実にサービス（販売）し続けてきた賜物である。国ごとSTILL NOWは異なる。だから人を育てながら、海外においても一か国一か国、伊藤園のマーケティングをやっていく。

2010年代前半までは、トライも多かったがエラーも多かった。当社は2010年代中盤に、「日本茶という日本独自のキラーコンテンツ」「ITO EN、お～いお茶というブランド」これらが持つ底力に気づき、覚悟を決めてグローバルブランド戦略に舵を切った。

次の2020年代中盤まではこのグローバルブランド戦略に集中し、欧米の老舗ブランド、中国の新興ブランド、アジア諸国に広がる財閥系ブランドに伍していけるよう、磨き上げていきたい。そして、2020年代の中盤からは、各地の販売力、ポテンシャルを見据えながら、「サプライチェーン再編」も行い、生産性をあげながら戦略的に進出国を増やしていきたい。ここに示すにはまだ早いが、ブロック構想の青写真はすでに頭の中にある。世界のティーカンパニーへの挑戦はまだまだ始まったばかり。いよいよこれからである。

日本独自の商材、米菓の強みを活かして海外展開に取り組む
“新潟から世界を目指して”

第1章　はじめに

第1節 亀田製菓の「創業の心」

亀田製菓誕生の源流は、戦後間もない1946年夏。亀田町（現、新潟市江南区）の小さな集会所で行われていた生活協同組合の会合で話された内容である。

「男たちは手近にあるどぶろくで気晴らしができるが、女性や子供はそうもいかない。何かできることはないだろうか」。当時の女性や子供たちが選ぶものといえば何と言っても「甘いもの」。戦後の食糧難の時代とはいえ、亀田町は農家が多く、各家庭に余っている米があったことから、これで水飴を作ってはどうか。亀田製菓の創業者である古泉榮治の発案により、「亀田郷農民組合委託加工所」が発足し、近所の醤油蔵を工場に、従業員6名という小さな規模でスタートしたのが亀田製菓の始まりである。

最初は試行錯誤の連続であったが、甘いものに飢えていた時代、水飴事業は予想通り大繁盛した。「人々はいま、何を求めているのか」。それに真摯に向き合い、努力し、応えていく。そうした商売の原点は、70年以上たった今も「創業の心」として脈々と受け継がれている。

第2節　米菓売上高日本一へ

水飴づくりから始めた事業であったが、組合から委託された米をさらに活用する目的から目を向けたのが「米菓」である。

飛躍のきっかけは、当時、職人の肌感覚によるものであった米菓製造方法を、新潟県食品研究所（現、新潟県農業総合研究所 食品研究センター）のサポートを得ながら製造に関するあらゆる要素を分析、数値化したことによる。これによって機械化、量産化の目途が立ち、他の米菓メーカーに先駆けて量産化する技術を得たことが事業成功の大きな要因である。その後、戦後、食生活が豊かになるにつれて、菓子などの嗜好品の需要が増えることを予見し、全国に販路を広げ、事業拡大に繋げていった。

当社は一貫して日本の食の基本である「お米」を素材とし、お客様に愛される米菓をつくり続け、1975年に米菓売上高日本一となった。

余談ではあるが、亀田製菓の本社の住所にある亀田工業団地という地名を見て、お客様から「社名が住所になっているのですね」という趣旨のお話を頂くが、それは全くの逆である。創業者は「亀田製菓は、亀田町（現、新潟市江南区）が生み出したようなもの。地域に密着、町民の支持を得ながらともに会社を育てていきたい」。その想いから、社名を亀田にしたとのことである。

地方企業の中には東京に本社機能を移転する企業もあるが、当社は今も創業の地を大切にする。デジタル技術の進展等によって、地方にあるハンデや物理的距離は徐々に解消されつつあり、“新潟から世界を目指す”ことは可能と考えている。

190g 亀田の柿の種 6袋詰

108g ハッピーターン

第２章　亀田製菓の海外展開

第１節　「グローバル・フード・カンパニー」を目指して

亀田製菓は、米菓を通して世界中の人々に健康や幸せをお届けする「グローバル・フード・カンパニー」の実現を目指し、お菓子本来の役割である、「おいしさ」と「喜び」をお客様に提供することを使命としている。

米菓は、日本の食文化の中心にあるお米を原料とした伝統的なお菓子であると同時に、海外でも急速に市場が拡大してきている。お米は、低アレルギーな素材として世界的に注目を集めており、米菓もまた、そうした健康志向を背景にアメリカ等を中心に急速に普及し、今後もさらなる成長が期待されている。

亀田製菓の海外進出の始まりは、1989年の北米での米菓製造・販売に遡る。近年、北米で拡大する“Better For You”市場は、既存の日本国内の米菓市場を凌駕する市場の登場を予感させるものである。その市場で期待されているグルテンフリー、遺伝子組換え原材料不使用、オーガニックといった特徴は、米菓製法の商品にとって極めて親和性が高く、アレルギーにも幅広く対応が可能である。今後も最優先市場と位置づけ、取組を加速したい。

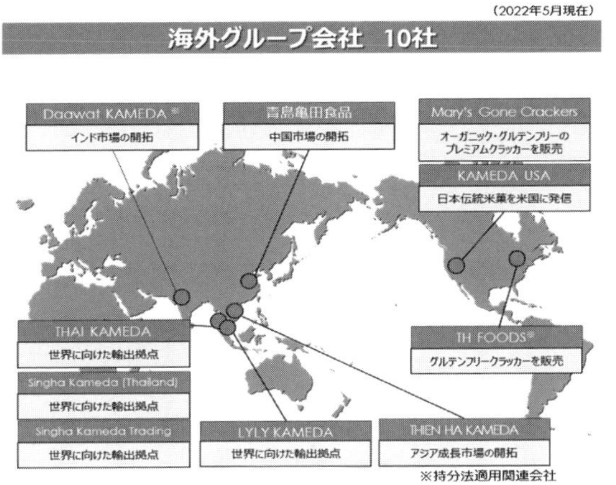

図表 2-1　亀田製菓グループ海外拠点一覧

また、アジアは、将来の域内需要拡大の可能性に加え、豊富な原材料、潤沢な人的資源などを保有し、米国など先進国向けの輸出拠点として、極めて重要な地域となっている。進出国は、2003年中国の「青島亀田食品有限公司」の設立を皮切りに、タイ、ベトナム、カンボジア、インドなどに拡大しており、各国のパートナーと良好な関係を構築しながら、アジアの主要国に進出している。

第2節　中期事業戦略の方向性

当グループを取り巻く環境は、今後、大きな変化が見込まれる。世界的な人口増加の流れのなか、米国、アジアでの事業機会はさらなる広がりが見られる。消費者の健康・環境意識の高まりも相まって、当グループが提供する価値も変えていく必要があり、こうした観点から2030年度のありたい姿からバックキャストで、さらなる企業価値向上に向けて、お客様価値の提供を通じて“あられ、おせんべいの製菓業”から“Better For You の食品企業”へ進化するための取組を進めている。

図表 2-2　亀田製菓グループの提供価値

当グループが加工を得意とするお米は、アレルギー対応などで無限の可能性を秘めている。また、培ってきた技術は、他の穀物にも応用可能であり、社会課題の解決に寄与するものと考えている。具体的には、国内米菓事業の安定基盤をベースに、海外事業、食品事業を飛躍的に拡大させることで、事業の三本柱を確立させる。食品事業で米菓に次ぐ海外展開の種を育てることで、中長期にわたり、持続的な企業成長が可能と考えている。

第3章　亀田製菓のキラーコンテンツ「柿の種」

柿の種は、新潟県内の製菓店が1924年に売り出したものが元祖とされる。あるメーカーが、小判型あられの金型を踏んでしまい、そのままあられを作ったところ、形が果物の柿の種に似ていたため、柿の種と命名された。

亀田製菓は1966年、ピーナッツ入り柿の種を商品化。77年に6袋入りのフレッシュパックが売り出されると個包装の商品は持ち歩きにも便利と評判を呼ぶとともに、その1袋が缶ビール1本のおつまみにちょうどよいとのことで、80年代後半の辛口ビールブームに乗って爆発的なヒット商品となった。

2016年には亀田の柿の種発売50周年を記念して、世界一巨大な柿の種の製作にチャレンジ。長さ55.4cmの柿の種がギネス世界記録に認定されている。また、21年2月には宇宙飛行士の野口聡一さんが「宇宙日本食」として国際宇宙ステーションで口にしたことでも注目を集めた。

この革新と挑戦によって大きく実った「亀田の柿の種」はキラーコンテンツとして海外展開にも果敢に挑戦している。過去の歴史を振り返りながら「亀田の柿の種」のグローバル展開を紹介する。

第1節　柿の種、北米への挑戦

①「亀田の柿の種」のグローバル展開

「亀田の柿の種」のグローバル展開に向けて本格的に取組を開始したのは2008年である。海外事業の拡大と将来への布石を打つことを目的に、2008年4月に「柿の種（Kameda Crisps)」をはじめとした米菓販売を事業とする「KAMEDA USA, INC.」を設立。「亀田の柿の種」のグローバル展開にむけた第一歩を踏み出したのである。

②　柿の種アメリカ進出プロジェクト

「KAMEDA USA, INC.」の当時のオフィスは、ロサンゼルス市内より南南西に約15km、ロサンゼルス国際空港から車で約15分のトーランス市が拠点となった。トーランス市には、本田技研工業など数多くの日系企業が集まり、周辺にはディズニーランドやユニバーサルスタジオなど観光名所も数多く存在する。柿の種アメリカ進出プロジェクトは、韓国系・日系スーパーマーケットでの販売からスタートした。2008年5月の開始から1カ月後には、日本から輸入した柿の種に、アメリカ産ピーナッツを併せて包装した「柿の種（Kameda Crisps）」を販売開始。試食宣伝効果もあって、上々の滑り出しとなった。

写真3-1　Kameda Crisps 商品ラインアップ（当時）

③　苦戦を強いられる柿の種

「柿の種（Kameda Crisps）」の取扱店舗を増やすなど販売拡大を目指し、現地において様々なマーケティングテストを実施した。テスト結果を踏まえ、現地で受け入れられやすいローカライズした味付け商品の発売など取組を強化したものの、売れ行きは芳しくなかった。しかし、その背景には、北米を中心に健康志向の機運が高まっていたのである。そこで13年に、健康志向に合わせ、北米で急成長するグルテンフリー市場の需要を取り込むため、「柿の種（Kameda Crisps）」のグルテンフリー化（小麦グルテンを含まない）を実施した。

グルテンフリーとは、グルテンを摂取しない食事方法、もしくはグルテンを含まない食品のことである。グルテンとは、「小麦」「大麦」「ライ麦」などの穀物の表皮の中にある、胚芽と胚乳の部分から生成されるタンパク質の一種である。「セリアック病」や「グルテン不耐症」などの免疫疾患でグルテンの入ったものを口に出来ない人たちのための食事療法としてグルテンフリー商品は誕生した。北米で販売する「柿の種（Kameda Crisps）」は従来、日本で素焼き、味付けした「柿の種」を米国に輸出し、現地でピーナッツを配合、包装して販売していた。しかし、日本での味付け段階では小麦成分を含む商品を同じ工場の生産ラインで取り扱っていることから、「柿の種（Kameda Crisps）」のパッケージにはグルテンフリーと表示できなかった。それを解決するために2013年7月、味付けを現地で行うことで、グルテンフリーの表示を可能にしたのであった。

市場の成長とともに、売上は拡大するという確信があったものの、いまひとつ浸透していかない。「柿の種（Kameda Crisps）」は、アメリカで販売されているポテトチップス、コーンチップス、ナッツなどのお菓子の中のどのカテゴリーにもあてはまらない、どの棚に並べればいいか迷う商品であった。

また、アメリカ人にとって「柿の種（Kameda Crisps）」はパッと見ただけではどういう食べ物なのかわからないという存在でもあった。プロモーションを拡充すべきとの意見もあったが、およそ10年にわたる挑戦を踏まえ、2018年から「柿の種（Kameda Crisps）」の販売を見合わせている。

ちなみにこの当社の挑戦に関して、ハーバード大学のビジネススクールにおいてもアメリカ市場への挑戦の事例として教材に取り上げられている。改めて、異なる食文化のなか米菓が浸透するまで、相当な時間を要することを学ぶ機会となった。

④　北米事業の拡大にむけて

その一方で、この10年間の挑戦で大きな学びもあった。健康意識の高い人々には確実に売れることがわかったのである。現在は「柿の種」や「亀田ブランド」にこだわらず、お米をベースとしたお菓子を広めることに注力している。

北米市場の成長性は勿論のこと、米菓製造は製造工程も複雑であり、高度な技術の集積であることから競争優位性の観点からも強みがあるものと考えている。

また、「お米のお菓子を世界に広めることは、世界の人々の健康に役立つ」という信念のもと、1950年代後半からお米の研究を続けてきたお米のエキスパートとして、何よりも米はアレルギー特定原材料等28品目に含まれていないため小麦アレルギーの人たちにも安全に食べることができる。加えて、お米には糖尿病予防、アルツハイマー病予防、脂質代謝改善にも役立つ成分が含まれている[1)]。さらには、幼少期に米タンパク質を摂取すると大人になってから太りにくい[2)]ということも当社と新潟大学の共同研究で明らかになっている。以上のことからも、お米のお菓子は社会課題の解決に繋がるものと考えている。

2012年には提供価値“Better For You”を体現するプレミアム・ライスクラッカー大手「Mary's Gone Crackers, Inc.」（以下MGC社）を買収し、順調に業容を拡大している。グルテンフリー市場の拡大とナチュラル系スーパーから一般スーパーへの販路拡大により、2020年度には創業以来初の黒字を確保した。アメ

写真 3-2　Mary’s Gone Crackers のブランドラインアップ（現在）

リカのグルテンフリー市場は、長期的な拡大が見込まれており、アメリカの伝統的な菓子であるグラハムクラッカーに MGC 社の加工技術を融合した商品など、さらに付加価値の高い商品を市場に投入していくことで、北米事業の持続的な成長を目指している。

第 2 節　柿の種、インドへの挑戦

①　インド進出への経緯

当社は目指すべき姿「グローバル・フード・カンパニー」の実現に向け、海外有望市場での製造・販売の展開を進めている。

なかでも 13 億人以上の巨大な市場を抱え、菓子需要を着実に拡大しているインド市場での拡大に取り組んでいる。インド主要都市における一人当たり GDP はすでに US3,000 ドルを超えており、白物家電、オートバイ、携帯電話等の急激な普及とともに、食品業界においても、味・食感・ブランドイメージ等プレミアム感のある製品ニーズが着実に高まっており、高品質、健康志向を全面的に打ち出しながら、米菓という新カテゴリー・市場創造を目指し進出した。

②　合弁事業パートナー「LT Foods」との合弁会社設立

当社が日本国内で培った安全・安心で高品質な製品を提供し、米菓市場を創造することを目的とし、2017 年 4 月に合弁事業パートナーであるインド大手食品企業「LT Foods Limited」(以下 LTF) 社と共同で、インド市場に合致した米菓の開発、製造、販売を担う合弁事業会社「Daawat KAMEDA（India）Private Limited」（以下 DWK 社）をハリヤナ州グルガオンに設立した。LTF 社はバスマティ米の国内販売・輸出を主要事業としており、インド国内でも強固な販売網を有していることから、DWK 社においては、主に販売・マーケティングを LTF 社が、生産・開発・

技術を当社が担うこととなった。

DWK 社製造拠点は、ニューデリー中心部から北へ 60㎞離れたソニパットに位置する。LTF 社バハルガハル工場敷地を一部活用し建設した。慣れないインドでの現地生産体制を確立する上で、設備導入・据付や試作品の製造等に大変時間を要することなった。一方で 2017 年後半以降、テスト販売･マーケティングを実施。グループ会社である「青島亀田食品有限公司」にて製造したインド市場向けサンプリング製品を発売。デリー、ムンバイ、バンガロールの 3 都市に的を絞り、大手モダンチェーンストア約 50 店舗（Reliance グループ、Big Bazaar グループ等）にて 6 カ月間店頭出口調査、購買意思決定調査に当たった。その結果、味、品質、安全性やブランドイメージ等総じて受容可能、商品競争力があるとの結論に至った。その後も製品の配荷を継続し、消費者からは良好な感触を掴んでいる。

③　インド版柿の種とは

インド版柿の種の開発・生産・販売にあたり、ブランド名は「KARI KARI（カリカリ）」と決定した。発売フレーバーはマサラ味、塩コショウ味、ガーリックチリ味、ワサビ味の 4 種類で、1 袋あたり 70g と 150g の 2 タイプでスタートした。インド国内では、お米を原料としたスナック菓子が非常に少ない中、「今までにないカリっとした食感、モダンな形状、ナッツとコラボレーションする味が絶妙な日本発のプレミアムスナック」としての特徴を訴求した。高い競争優位性を維持しながら主に 25 ～ 45 歳の男女消費者かつ世帯年収 US7,400 ドル以上の層をターゲットに絞り拡販を図る戦略であり、差別化による先駆者利益を着実に得ることで事業を急拡大したのであった。

写真 3-3　KARI KARI 商品ラインアップ

④　いざ生産、そしてインド国内、さらにインド国外へ

テスト販売・マーケティング調査を入念に行い、2019 年 11 月から本格的に生産を開始した。原料には細長いインディカ米を使用。現地の好みに合わせ、日本の商品より辛い味付けで、13 億の人口を抱える巨大市場に挑戦する第一歩を踏み出した。発売後は、約 1 年で売り上げは当初の 4 ～ 5 倍増となり、オンラインや

自販機での販売も始めるなど、インドで徐々にファンを増やしている。デリーのほか、ムンバイやバンガロールなど主要都市の1,000以上の店舗まで配荷を進めた。さらに現在ではキラナとよばれるインドの零細・個人商店向けに小袋（27グラム入り）と新しい味（ハラペーニョチーズ、スイートタイチリ）を追加し、事業拡大に力を入れている。

またその勢いは、インド国内にとどまらない。2021年にはアラブ首長国連邦（UAE）やオーストラリアなどへの輸出をスタートした。UAEなど中東諸国はインドやスリランカからの駐在員や出稼ぎ労働者が多く、食の好みが近いのだ。またオーストラリアでは、人種と食の多様化が進み、インド料理のレストランも増えているからだ。

アジアにおいても、タイやベトナム、シンガポールなどを念頭に販路を拡大し、将来的には日本への輸出も視野に入れている。まずは、今後のビジョンとして、日本と同じように「KARI KARI（カリカリ）」をインドの国民的なお菓子に育てていきたい。

第3節　米菓のローカルフィット展開

①　ベトナムでのローカルフィット商品

「亀田の柿の種」で知られる亀田製菓ではあるが、実は、「亀田の柿の種」以外にも海外で伸長している商品がベトナムにある。2021年5月、ベトナムで米菓の製造販売を手がける合弁会社で持分法適用関連会社である「THIEN HA KAMEDA, JSC.」（以下THK社）を子会社化することを決めた。そして2021年10月、THK社の株式の一部を追加取得し、連結子会社化を果たしたのだ。

THK社は、遡ること8年前、2013年6月に亀田製菓と現地企業ティエン・ハ・コーポレーション（Thien Ha Corporation、ハノイ市）との合弁会社として設立した。実はかつて、亀田製菓は1996年にベトナムの国営企業などと4社合弁で同国に進出したものの、1999年に同国市場から撤退している。その経験を活かし、今回は明確な経営体制を構築した。亀田製菓は生産に、ティエン・ハ・コーポレーションは同国市場に精通するグループ会社を通して販売に、それぞれが特化した。この体制で亀田製菓は同国産のジャポニカ米を使用し、日本で培った米菓製造技術を活かし商品を生産。パートナーシップを組む、ティエン・ハ・コーポレーションのグループ会社は、同国で№1米菓メーカーである。道路整備と自動車の普及が進んでいない同国で、1,000人規模のセールス・バイク部隊が津々浦々まで商品を供給。ここからベトナムのローカルフィット商品が誕生したのである。

② 「Ichi」が空前の大ヒット

THK社は、第1弾商品として、まず、えびせんべいの「YORI」を発売。この商品が好調に推移するなか、勢いを加速させるため、2014年4月に第2弾商品となる揚げせんべい「ICHI」を市場投入した。かつてのベトナムでの苦い経験から、ベトナム市場に合う米菓を研究し、品質の高いしょうゆ味の揚げせんべいをコンセプトに「ICHI」を市場に投入したのである。これは同国では高級で健康によいとされる蜂蜜の量を増やすなど、日本で製造販売する当社製品「揚一番」を同国人に受け入れられるように味付けをカスタマイズしたものである。これが空前の大ヒットになったのだ。そのため、「YORI」の生産を中止し、「ICHI」の生産に集中することにした。この思い切った経営判断が功を奏し、量産効果によりコスト削減と歩留まりの向上を実現した。さらなる需要の増加が予想されることから、本社工場である北部のハノイ工場に続き、15年には中部のダナン市近郊に、16年には南部のホーチミン市近郊に次々に工場を建設し新工場を稼働させた。南北に大きいベトナム全土に商品を安定的且つ迅速に配荷できる体制を整えた。こうして「ICHI」は、当初の販売計画を大幅に上回るヒット商品となった。

③ さらなる飛躍を目指して

「ICHI」はベトナム国内で高いシェアと収益性を獲得しているが、市場は引き続き伸長していくものと考えられる。さらなる拡販を目指し、下記3点に注力していきたいと考えている。

1つ目は、ベトナム国内でのブランドポジションを確立し、コロナ禍の環境のもとでも高い収益性を維持すること。2つ目に、豊富な労働力、良質廉価な原材料を活用した輸出生産拠点を目指すこと。最後に、日本向け揚げ米菓、先進国向けの米菓スナック需要の取り込みに向けてグループ連携を強化することだ。例えば、亀田製菓では現在、米国大手スーパーマーケットチェーンへのOEM供給やタイ、カンボジア子会社からオーストラリアへの輸出など国をまたぐ柔軟な供給体制を構築している。今後はこのような取組みをベトナムにおいても拡大し、地域×商品の組み合わせを充実させることでさらなる成長を目指していきたい。

以上に加えて、タイ、中国、カンボジアなどにおいてもその市場の食文化に適合した商品を開発し、各国内の販路拡大とブランドの確立を目指していく。

第４章　強みの深掘り

第１節　植物性乳酸菌

先述のとおり、亀田製菓は1950年代後半からお米に関する研究を続け、90年からお米由来の植物性乳酸菌研究に着手してきた。

2000年に植物性乳酸菌ヨーグルトを発売以降、B to Bの素材販売を中心に展開しており、「お米由来の乳酸菌」“RiceBIO”は、近年、新型コロナウイルス感染症拡大による免疫機能への注目の高まりから、世界中でますますそのニーズが高まるものと考えている。

乳酸菌については、動物性や植物性の中でも様々な種類があると言われているが、当社の乳酸菌は「酸や熱に強く、微生物とも共存でき、腸まで届きやすい」と言われている植物性の乳酸菌であり、日本らしい「玄米由来」のK-1菌、「酒粕由来」のK-2菌、の２種類を開発、保持している。

さらには、生菌ではなく殺菌タイプの乳酸菌を開発し、販売先の工場ライン内での異物混入の心配がなく様々な食品に応用できることから、その殺菌タイプの植物性乳酸菌の拡がりに今後の期待を寄せている。

特に、海外では殺菌タイプの乳酸菌は非常に珍しく、今後のアプローチ次第では多くの可能性を秘めている。実際に、世界初の「お米由来の乳酸菌」“RiceBIO”を世界に拡げるための活動を開始しており、確かなエビデンスやK-1菌のWヘルスクレーム（整腸と肌の潤い）に高い評価を頂いている。世界のたくさんの方々の健康を支える一助になれば非常に嬉しいところである。

また、お米からは乳酸菌のほかにも機能性素材として期待できる成分があることが、当社の研究からわかってきている。元来、日本人の主食として長年健康を支えてきたお米は、その栄養成分以外にも着目しており、今後また新たな機能性素材においても世界中に展開することを考えている。

植物性乳酸菌 ブランドロゴ

第２節　米粉（グルテンフリー）製品

近年、小麦粉の高騰により一気に注目度が上がっている米粉であるが、非常に優秀かつ美味しい食材として注目されている。

日本国内では特に子どものアレルギーは増加傾向にあり、社会的な課題となっている。また、小麦アレルギーについては、大人になってから発症する方も多く、たくさんの方が小麦パンを食べられない現状にある。

海外では、セリアック病の罹患者が非常に多く（米国では3.7～8.0%[3]）、グルテンフリーのコーナーが普通のスーパーにあるほど定着した市場となっている。

その課題解決に向け「家族みんなが笑顔で囲む食卓をつくりたい」という思いから亀田製菓グループも米粉パンを製造販売しており、アレルギーで悩む方々へ広く米粉パンを届けたいと考えている。

まずは日本国内の消費者に向けて商品供給を最優先に考えているが、よりニーズが高い海外への展開も視野に検討を進めている。近年では、「グルテンを摂らない方が体調が良い」ということでグルテンフリーを実践される方が増えている背景もあり、健康に気遣う人々がグルテンフリーの米粉パンを求めるケースも多くなってきている。

亀田製菓グループでは、アレルゲン28品目不使用の工場を保有し、国産米粉を100%使用した米粉パンを販売しているが、海外ではその国に合った素材のブレンドも視野にいれながら、それぞれの国の消費者が「美味しい」と思う商品を実現したいと考えている。

また、商品そのものを輸出するだけでなく、扱いにくい米粉の技術的なアライアンスパートナーを見つけるなど、様々な方法での展開を模索する必要もある。

米粉パン ブランドロゴ

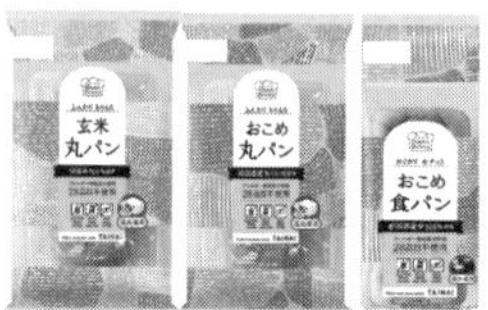

アレルゲン28品目不使用 米粉パン

米粉においては、パンのみならず、クッキーや麺など様々な食品に加工・転用できるところが魅力であり、世界の様々な国でお米がベースの主食が展開されることに、大きく期待している。日本企業として食の多様性の強みを活かしながら、国内外の食文化を形成していきたい。

第3節　プラントベースドフード（植物性代替肉）

海外では環境や健康の観点から注目度が高く、すでに市場形成されているプラントベースドフード（植物性代替肉）であるが、日本はかなり遅れをとっているのが現状である。

将来的には日本国内においても市場形成されることは間違いないが、事業として成立させるためには、国内における競争力確保と同時に、海外の展開も視野にいれる必要がある。

プラントベースドフード
ブランドロゴ

亀田製菓の強みは、米菓メーカーならではの製法を活用する事による「肉らしい」食べ応えのある食感の実現、そして、大豆以外の植物性素材やコメを活用した独自の価値の創出にあると考えている。まだ、発展途上ではあるが、新しい食文化を作るべく、様々なチャレンジを考えている。

プラントベースドフード

たんぱく質クライシスに立ち向かうだけでなく、良質なたんぱく質を摂取することによる健康維持・推進を目指し、日本発のプラントベースドフードを世界中に展開するため今後も研究開発を進めていきたい。

第4節　長期保存食（アルファ米）

近年の豪雨や台風、地震といった自然災害が相次ぐ状況と、防災意識の高まりを背景に長期保存できる「防災食品（非常食）」の需要が高まっている。非常食と言えば乾パンのイメージがあるが、亀田製菓グループの尾西食品は、お湯を入れて15分（水の場合は60分）で食べることができるアルファ米や、米粉めん、パン、ライスクッキーなど、主食からおやつまで幅広いラインアップを提供しており、5年間保存が可能である。

近年では、災害時のみならず、海外出張やキャンプなどのアウトドアシーンでも活用されるケースが増えてきている。

加えて、一部商品がハラル認証を取得していることから、海外においても、メッカ巡礼時の食事として利用されるなど、火を使わずに安全・簡単で美味しい、という観点からアルファ米の海外展開の可能性も出てきている。

長期保存ができ、アレルゲンフリー、かつハラル対応が可能という強みを活かし、海外でも着実に市場を見つけられる可能性があると考えている。

長期保存食ギフトボックス

第5章　おわりに

以上、米菓という世界的にはニッチな製品を中心とした海外展開の過去から現在、さらには米や植物性素材に関する知見や技術を活用した海外展開の未来についての取組や今後の方向性について説明させて頂いた。

米菓は日本を起源とする食であり、健康観のある食として、またその加工技術は、世界各地で求められている。

近い将来、日本発、新潟発、亀田製菓発の食が、技が、世界の各地を席巻し、人々の暮らしに貢献する姿を夢に新潟から世界を目指し亀田製菓は取り組んでいる。

注

1）下記の論文を参照。

1. Kozuka, C., Sunagawa, S., Ueda, R., et al. A novel insulinotropic mechanism of whole grain-derived γ-oryzanol via the suppression of local dopamine D2 receptor signalling in mouse islet. British Journal of Pharmacology. 2015. 172; 4519–4534.
2. Shimabukuro, M., Higa, M., Kinjo, R., et al. Effects of the brown rice diet on visceral obesity and endothelial function: the BRAVO study. British Journal of Nutrition. 2014, 111, 310–320.
3. Antonella, Sgarbossa., Daniela, Giacomazza. And Marta, Di, Carlo., Ferulic Acid: A Hope for Alzheimer's Disease Therapy from Plants. Nutrients 2015, 7（7）, 5764-5782.
4. 谷口久次，橋本博之，細田朝夫 ら　米糠含有成分の機能性とその向上　日本 食品化学工学会誌　2012, Vol. 59, No. 7, 301 ～ 318
5. Saito, Y., Watanabe, T., Sasaki, T., et al. Effects of single ingestion of rice cracker and cooked rice with high resistant starch on postprandial glucose and insulin responses in healthy adults: two randomized, single-blind, cross-over trials. Bioscience, Biotechnology, and Biochemistry. 2020, 84:2, 365-371.

2）下記の論文を参照。

6. Higuchi, Y., Hosojima, M., Kabasawa, H., et al. Rice Endosperm Protein Administration to Juvenile Mice Regulates Gut Microbiota and Suppresses the Development of High- Fat Diet-Induced Obesity and Related Disorders in Adulthood. Nutrients. 2019, Dec 2;11（12）.

3）2019年3月 農林水産省（委託先：アクセンチュア㈱）
　米粉の輸出拡大に向けた欧米グルテンフリー市場調査
（アメリカ国立医学図書館のデータベース『PubMed』に掲載されたグルテン関連疾患の論文より集計）

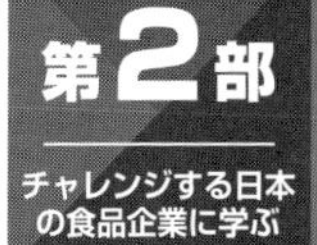

日本独自の商材、キラーコンテンツの活用

オタフクソース

オタフクソース、海外への展開
ソースを売るのではなく、お好み焼を広める

第1章　当社の歴史

1922年に醤油類の卸と酒の小売業「佐々木商店」として創業し、38年から酢の醸造を始めた。創業者には「人々に幸せを広めたい」という強い精神があり、その思いをこめて商品名を「お多福酢」とし、のちに社名とした。原爆ですべてを焼失したが、翌年には酢づくりを再開。そして、食事が洋風化するという助言もあり、50年からウスターソースの製造を始めた。

しかし、後発メーカーだったため販売に苦戦した。やむなく広島市内の八百屋や食堂、市内中心部に多くあった屋台にウスターソースを持参して、直接味をみてもらった。その一つにお好み焼店があった。

広島のお好み焼のルーツは、戦前は子どもに人気のおやつだった「一銭洋食」だという説がある。一銭洋食は小麦粉を水で溶いて薄く伸ばして焼き、ネギやかつおぶしなどをのせ、ウスターソースをぬったもの。それが、戦後の食糧難に、キャベツを入れてボリュームを出し、食事「お好み焼」として売られるようになった。店主から「(ドーム状の) お好み焼から流れ落ちず、お好み焼の味に合うソースはないか」と相談を受け、約2年をかけて「ウスターソースお好み焼用」を開発した。これが後に主力商品となる「お好みソース」である。

第2章　ソースを売るのではなく、お好み焼を広める

低塩低酸でとろみと甘みが特長の「お好みソース」は、「お好み焼」が広まっていくのにあわせ、徐々に認められるようになった。最初は業務用商品として広島市内のお好み焼店などへ販売していたが、家庭でも使用したいという声を多くいただくようになり、2合瓶に充填し家庭用商品として販売を始めた。業務用、

家庭用ともに、しばらくは広島市内のみで販売し、設備や容器を改善しながら生産体制を整え、瀬戸内圏、西日本、東日本と少しずつ拡げていった。

その際、「ソースを売ることよりもお好み焼を広める」ことを徹底した。例えば、東京に駐在所を設けたのは1984年だが、当時お好み焼店は数えるほどしかなく、広島お好み焼の認知度は出身者や在住歴のある人に限られるほどだった。そこで、スーパーやデパートに鉄板を持ち込み、社員が実際にお好み焼を作ってそれを食べていただくという試食販売を繰り返し、お好み焼がどのような味か、まずは知ってもらうことから始めた。また、事務所にはお好み焼店のような鉄板と厨房設備を整えた研修センターをつくり、お好み焼店を開業したい方へ技術と経営、両面の研修も行った。この研修センターは現在では国内に8カ所ある。

第3章　海外への展開

戦前、酢の醸造を始めてまもなくフィリピンやハワイへ輸出しており、それが創業者の誇りであったという記録が残っている。当時、広島県からは多くの移民が渡航しており、その方々へ向けた輸出だったと思われ、戦時中は軍隊への供給物資の一つとして船荷していた。戦後は商社を通じて、海外邦人向けに家庭用商品（お好みソース・焼そばソース・たこ焼ソース）を輸出した。

海外へ本格的に展開したのは1990年代で、将来を見据え93年から米国の日系食品企業に出向して現地のビジネスを学び、96年にはFDA（アメリカ食品医薬品局）の認証を取得。そして、98年、米国ロサンゼルスに現地法人OTAFUKU USA,Inc.（2000年にOtafuku Foods,Inc.に社名変更）を設立した。これを機に北米を中心とする海外での販売促進活動を開始した。

外国人シェフへたこ焼の作り方をレクチャー

北米でも、東京など日本各地で行ってきたように、まずは「お好み焼の味を知っていただく」ことを第一に考え、スーパーでの試食販売はもちろん、展示会、お祭りやイベントなどへ積極的に参加した。北米では1960年代から徐々に日本食が広まったが、寿司や鉄板焼などが主流であり、初めて見るお好み焼には「これは何だ」「何が入っているんだ」という反応が多かった。ピザなど似たようなものはあるけれども説明は難しい。それでも食べてもらえれば、その美味しさを伝えることができた。

一方、1997年には本社（広島市西区）に国際事業部を新設し、輸出事業も強化した。国内貿易会社を通じ欧州、豪州、東南アジアなどへの間接輸出はもちろん、韓国、台湾、アメリカなど一部の国への直接輸出も可能になった。アメリカではOtafuku Foods,Inc.が輸入者となり、アメリカ及びカナダ一部への販売を担った。1980年代後半になると欧州などにも日本食が伝わり、世界的なブームとなっていく。それに伴い家庭用商品はもちろん、現地の日本食レストラン向けの業務用調味料の供給も増え、自社ブランド製品のみならず、他社ブランドの受託製造も行うようになった。

現在、輸出国は50ヵ国以上、世界各国へ営業担当者が赴く。邦人コミュニティはもとより、現地の方に、お好み焼とともにたこ焼・焼そばなど、いわゆる「粉もの」をPRしている。

「ソースを売るのではなく、お好み焼を広める」。多くの方とのコミュニケーションを通じて、お好み焼の味を知っていただく、ファンになっていただく。海外のお客様にも日本で行ってきたことを同じようにコツコツと続けている。

第４章　現地の文化や習慣を学び、商品を開発する

初めて海外に生産拠点を設けたのは2012年。中国に大多福食品（青島）有限公司を設立した。経済発展に伴う食品の消費支出額の増加、日系企業による流通・外食産業の活発な展開も相まって日本食の人気が高まり、広まっていくことを想定した。業務用のソース類（お好み、焼そば、たこ焼、とんかつ）、かば焼や焼鳥のたれ、調味酢などを製造、中国と近隣国へ販売している。

2013年には、Otafuku Foods,Inc.がロサンゼルス工場を竣工した。会社設立から15年、現地の食文化やそれにともなうニーズに、スピーディーかつタイムリーに対応する体制を整えた。業務用のソース類に加え、Sushiソース、テリヤキソース、味付ポン酢、調味酢などを製造、北米・中南米へ販売している。

両工場とも、日本の調味料メーカーとして培った技術を柔軟に対応させ、それぞれの国の文化や嗜好に合わせた調味料の開発を行う。また社屋内に鉄板・厨房

輸出用お好みソース 500gFB

設備のある研修センターを設け、お好み焼などの鉄板料理、その他当社の調味料で調理してお客様へ提案することができる。

2016年にはマレーシアに合弁会社OTAFUKU SAUCE MALAYSIA SDN. BHD.を設立し、マレーシア工場を稼働した。翌年にはマレーシアJAKIMよりハラールの認証を受け、認証調味料の製造・販売・輸出を開始した。

そのほか、海外の多様な嗜好や食習慣に対応する輸出用商品も開発している。2020年には輸出用「お好みソース」「焼そばソース」をヴィーガン仕様にリニューアル。21年にはヨーロッパの輸入規制にも対応する輸出用「たこ焼ソース」「お好み焼・たこ焼粉」を発売した。

世界中のどこでも、どなたにも、お好み焼をはじめとする粉もの料理を楽しんでいただけるような商品づくりを今後も行う。

第5章　日本の食文化を発信する

長年にわたりお好み焼と向き合い、ピザやハンバーガーのような世界的な味としての資質があることを自負している。単品でも栄養バランスが良く、野菜、肉などの材料は世界中のどこでも手に入れることができ、比較的安価である。そして、何より、お好み焼を作り、食べながら、コミュニケーションが生まれ楽しい時間を過ごせる。

世界中の多くの方にお好み焼を知っていただきたい。そしてお好み焼を世界に誇れる日本の食文化にしたいという気持ちは、今もこれからも変わることはない。

海外で開催される「日本文化を紹介するイベント」に出展

日本独自の商材、キラーコンテンツの活用

スギヨ

世界初のカニカマを世界で売る

第1章　カニカマ誕生50周年

①　開発背景とスギヨの概要

三方を海に囲まれた能登半島は、日本海に面する外浦と、富山湾を臨む穏やかな内浦の二面性を持ち、多様な海洋資源の宝庫である。「能登の里山里海」は2011年、日本で初めて世界農業遺産に認定された。当社は1640年頃に漁業として創業以来380年以上にわたり、この豊かな自然に恵まれた能登に根差してきた。創業期の漁業を経て、現在に至るまで珍味や水産加工品の開発、製造などを行ってきた。海の恵みを享受する一方、陸上では大消費地から遠く物流コストがかかるため、他社と同じ商品では太刀打ちできなかった。カニカマ開発の裏には、他にはないアイデアと技術で勝負するしかないという地理的背景があった。

②　クラゲからカニ誕生

1960年代後半、珍味に使われた中国産クラゲの輸入が激減した。困った珍味業界から、当時「からすみ」に似た代替食品を開発していた当社に「人工クラゲ」の開発の依頼が寄せられた。アルギン酸などを使ってクラゲの食感を再現できたものの、最後に醤油で味付けをすると弾力を失い、開発は失敗に終わった。しかし、その失敗作を刻んで食べてみると、カニの食感に似ていることに気が付いた。そこから一気に人工カニ肉の開発にシフトし、1972年に世界初のカニカマ（当時の商品名「かにあし」）が誕生した。

世界初のカニカマ
「かにあし」

③　「世界初」を売る壁

カニカマの誕生に沸いた開発者たちをよそに、市場の反応は冷たく「刻んだかまぼこなんて売れない」と相手にされなかった。それでも、全国に営業を続け、一人の板前が興味を示したことをきっかけに、築地市場で爆発的なヒットを記録した。しかし、カニカマの認知が広がるにつれ、今度は消費者から「偽物」「騙された」などのクレームが殺到した。世の中にないものを商品化し、理解してもらう苦労は避けて通れなかった。

これらの批判を受け、商品ラベルの変更を重ねたり、「かにの様でかにでない」というわかりやすいキャッチコピーのCMを流したりして、認知を広める活動を続けた。その後、他の日本企業も市場に参入するなど、カニカマ界は活性化。食品の新たなジャンルを確立した。カニカマが、能登の小さな開発部屋で産声を上げてから2022年で50年。カニカマはインスタントラーメン、レトルトカレーとともに「戦後の食品三大発明」と呼ばれるようになった。

当社は、開発50周年を機に開発秘話を描いた短編映画「カニカマ氏、語る。」を制作した。開発にかけた思いや開拓者精神を描き、英語や中国語字幕版も制作。世界初の商品を生んだ歴史と技術力を伝え、海外の取引企業との信頼構築に役立てている。

カニカマ50周年記念映像

第2章　輸出の歴史（1976～）：アメリカ

「カニ、エビと同様にカニカマも国際食品になる」と確信し、開発当初から海外進出のタイミングを探っていた。アメリカではカニの漁獲量が減少し、価格は高騰していた。既にアメリカ在住の日本人、日系人向けに、日本企業が板かまぼこやちくわなど、伝統的な水産練り製品を輸出していたが、市場も狭く輸出量はわずかだった。かまぼこ独特の強い弾力に抵抗を感じるアメリカ人が多く、かまぼこは「アジア人の奇妙な食べ物」とみなされ、積極的に食べようとする人は少なかった。

①　イメージを変える

当社は1976年、日米の商社と連携し初めてサンプルを輸出。1977年には初注文が入ったが、日本と同様、アメリカでも「カニカマとは何か」を認知させるのに苦労した。カニカマは、アメリカ人が食べ慣れている本物のカニの食感や風味に近く、伝統的なかまぼことは全くの別物だったが、従来のイメージを払拭しない限り、かまぼこと同一視される恐れがあった。

そのため、輸出当初はアジア系のスーパーには販売しない戦略をとった。そのことで社内外からクレームがついたが、何よりも最初に定着するイメージがその後の売上を左右するとして、この方針は変えなかった。

一方、カニカマに高級なイメージをつけるため、アメリカ人の富裕層が多く利用するユナイテッド航空に働きかけた結果、機内食に採用された。機内では、カニカマを使った料理が「低カロリーで新しい」と紹介され、ヘルシー食品として受け入れられるようになった。

第一回米国輸出記念

その後、カニの脚肉と胴体を模した2種類のカニカマに、マヨネーズ、ワサビ、セロリを混ぜ合わせたサラダ（9割がカニカマ）を提案すると、それまで食べ方を知らなかった消費者に受け入れられ、売上は急増した。

② 好調期と転換期

カニカマが低カロリーでヘルシーな食品として認知されるにつれ、需要は高まり輸出は伸びていった。その需要に対応するため1984年、当社は輸出品の製造専門工場（商業団地工場）を建設。1985年、アメリカに輸出されたカニカマのうち当社製品が約40%を占めた。しかし、プラザ合意を機に急激に円高が進み、国内生産品の輸出は採算がとれなくなった。輸出をやめるか続けるか。この苦境を打開するために、「アメリカ現地工場建設」が決まり、1986年ワシントン州アナコルテスにSugiyo U.S.A., Inc.を設立、翌年生産を開始した。当社1社で始まったカニカマ輸出は、このころには10社ほどに広がっていた。

第3章　輸出の現在（2004～）：中国

アメリカ全土の販売量を現地工場で製造するようになると、輸出事業は一時中断したが、2004年に食品市場の拡大が見込まれる中国向け輸出の検討を始めた。言葉や商習慣の違いが壁になったが、2006年に中国人社員が入社し、海外事業推進部を立ち上げると、スピード感のある円滑なコミュニケーションを通して、輸出額は急速に伸びていった。

① メーカー主導の市場開拓

当社は、2004年に日本で発売した最高級カニカマ「香り箱」にもみられるように、一貫して高品質・高価格帯を中心に販路開拓している。香り箱の開発は2006年、カニカマ初となる天皇杯受賞につながった。

一方、中国ではカニカマを火鍋に入れることが多く、安価なものとされていたが、当社商品は中国の一般的なカニカマの10倍以上の価格で、それに見合った価値を理解してもらうのは容易ではなかった。また、中国には既に日本企業が参入していたこともあり、それらの商品と差別化する必要があった。

その課題を解決するため、商社に頼らず中国人社員が自ら末端の顧客とコミュニケーションをとる「メーカー主導の市場開拓」を行ってきた。社員が頻繁に現地に赴き直接顧客とつながることで、顧客の想定を超える高価格商品であっても、それに見合った高い品質や安全性などを丁寧に伝えることができる。同時に顧客の生の声を収集し、商品開発にも生かしている。

② 輸出額の推移

中国経済の伸長と共に、食卓も豊かになり、高価格帯のカニカマも受け入れられやすくなった。それまで火鍋が中心だったが、当社が初めて寿司ネタとして提案したことで、現在は大手回転寿司チェーンなどで採用されるようになり、輸出は伸び続けている。中でも 2015 年、北陸のご当地カニカマ「ロイヤルカリブ」の輸出を本格化させると、輸出額は急増した。特に、カニカマにマヨネーズをかけてバーナーで炙った寿司が飲食チェーンで人気を集めている。このように、メーカー主導の市場開拓の中で、時代や食生活の変化を敏感に感じ取り、商品やメニュー提案を行っている。これら積極的な輸出の姿勢を評価され、当社は 2017 年度「輸出に取り組む優良事業者表彰」で農林水産大臣賞を受賞した。

カニカマの寿司
（中国寿司チェーン店）

年度	輸出実績（万円）
2014年	14,300
2015年	34,200
2016年	71,900
2017年	79,500
2018年	111,400
2019年	104,600
2020年	93,000
2021年	110,900

現在は主に中国に向けて輸出を行っているが、カントリーリスクを避けるため東南アジアなどへの輸出も強化していく。また、カニカマを中心に揚げかまぼこ、ちくわなども輸出している。

第 4 章　おわりに

① 世界のカニカマ

カニカマ発売当時、日本では「偽物」だと批判され、アメリカでは「奇妙な物」、中国では「安物」とみなされた。消費者の想像を超える商品だったからこそ、それまでのイメージを取り払い、新しい価値を伝える必要があった。開発から 50 年が経ち、カニカマは「SURIMI」として世界で認められるようになり、アメリカではカリフォルニアロールに、フランスではキッシュに、アフリカでは高級食材に、各国の食文化の中で受け入れられている。カニカマの生みの親として、これからもその可能性を世界に広めていきたい。

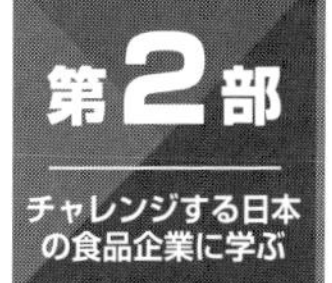

ヤマキ

世界の「鰹節屋・だし屋、ヤマキ。」に向けて

第1章　ヤマキ会社概要

ヤマキは、1917年（大正6年）愛媛県伊予市で創業。以来百余年にわたり、「鰹節屋・だし屋。」の道を一筋に歩み続けてきた。

ヤマキの歴史は、鰹節の美味しさをもっと手軽に味わってもらいたいという想いを基に削り機3台で「花かつお」の製造から始まった。以来、「だしの素」、「かつおパック」、「めんつゆ」、「割烹白だし」等、鰹節・だしを様々な使用の用途・場面に合わせ展開し日本が世界に誇る鰹節・だしをさらに価値あるものに高め、お客様にお届けすることに努めている。

2021年3月期の売上高は419億円。本社は愛媛県伊予市。全国8エリアに支社・支店を配置。生産拠点は愛媛県と群馬県に構え、家庭用事業・業務用事業・海外事業の3つの事業を展開している。

海外では、中国とアメリカに生産・販売会社、韓国では生産会社を設立。モルディブ共和国では、鰹節を生産する会社を設立している。

第2章　ヤマキの役割　鰹節・だしの普及について

ヤマキはCSV（Creating Shared Value、共有価値創造）の目標を「地球の健康」「心の健康」「体の健康」の3つと定めている。

「地球の健康」の取組みとして経営戦略の根幹に「持続可能な水産原料調達」を置いている。海の豊かさを守り、それを未来に繋いでいく、豊かな海のためのサステナブルな取組みが社会的責任と考えており、SDGs・持続性ある水産原料調達への貢献を目指している。

具体的な取組みとして、モルディブ共和国に設立した鰹節そのものを製造す

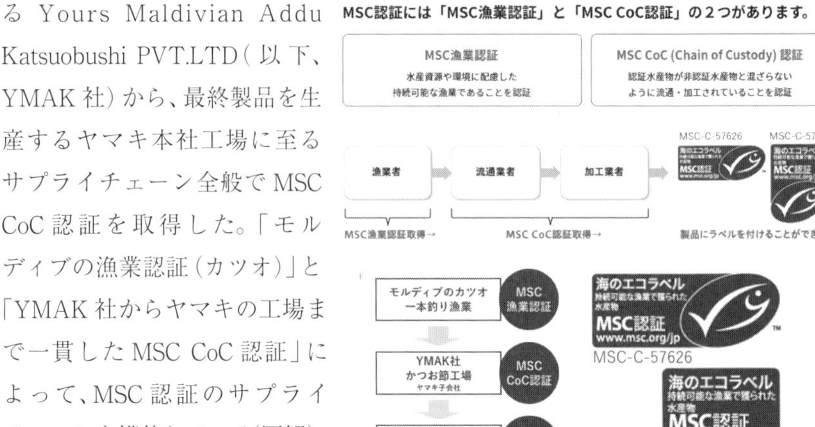

MSC CoC 認証で一貫したヤマキのサプライチェーン

る Yours Maldivian Addu Katsuobushi PVT.LTD（以下、YMAK 社）から、最終製品を生産するヤマキ本社工場に至るサプライチェーン全般で MSC CoC 認証を取得した。「モルディブの漁業認証（カツオ）」と「YMAK 社からヤマキの工場まで一貫した MSC CoC 認証」によって、MSC 認証のサプライチェーンを構築している(図解)。

次に、「心の健康」として、食文化伝承への取組みも積極的に行っている。

一般社団法人　和食文化国民会議への参画、特定非営利活動法人　うま味インフォメーションセンターとの協働、日本かんぶつ協会への参画、農林水産省「Let's！和ごはんプロジェクト」への参画等、「鰹節屋・だし屋。」として、和食の原点を見つめ、和食・食文化の伝承に貢献できる活動をパートナーとともに進めている。

そして、「体の健康」の取組みとしては、鰹節・だしの健康価値研究の推進を強化している。ヤマキならではの組織体として「かつお節･だし研究所」を設置し、鰹節やだしの製法や成分の研究はもちろんのこと、鰹節やだしの健康効果を日々研鑽しており、これまでに国内外の様々な学会で発表を行っている。

第３章　ヤマキ海外事業の変遷

ヤマキの海外事業の歴史は戦前にまで遡り､本格的参入は 1981 年（昭和 56 年)、台湾への「だしの素」の輸出から始まる。以降 90 年代にかけて、「美味しさは国境を超える」という信念のもとで、アメリカ、アジアへと海外ネットワークを拡大し、2022 年時点では世界 30 カ国以上でヤマキの商品は販売されている。

海外事業は輸出事業に加え、海外法人を設立することで現地生産・現地販売のビジネススキームを構築し、その国の文化を体感し、現地の食文化に合わせた鰹節・だしの活用方法を提案している。

海外法人の設立例を見てみよう。2008年ヤマキは初めての海外法人として、中国上海市内に削りぶし、調味料商品などを販売する会社「雅媽吉（上海）商貿有限公司」を設立、14年には同市内に、調味料商品などを生産する会社「雅媽吉（上海）食品有限公司」を設立した。中国では和食レストラン向けの外食ビジネスが主体となっていることから、業務用大容量の液体調味料が事業の核となっている。

2017年には、韓国 仁川市内に削りぶし商品を生産する会社「YAMAKI KOREA Co.,Ltd」を設立。韓国ではピザやチキンにかつお節をトッピングする等、日本とは異なる独特の使用方法が存在する。また、うどんに鰹節をかけて食べる「かつおうどん」という現地に大変定着しているメニューがあり、同社は「かつおうどん」を生産する韓国食品メーカー向けに添付用かつおパックを主に生産・販売している。

2018年には、アメリカ オレゴン州にアメリカ初となる削りぶし商品の生産並びにヤマキ全商品を販売する会社「YAMAKI USA, Inc.」を設立。農林水産省「海外における日本食レストラン数（令和元年）」によれば、北米には約29,400店の和食レストランがあるとのことであり、日本食需要も和食レストランが主体である。当社も、外食ビジネス向けの1ポンドの大容量花かつおが生産品目の大部分を占めることとなっている。

このように、ヤマキの海外事業は、各国・地域ごとに事業スタイルは異なるものの和食レストランの人気の上昇と共に、主に外食ビジネスにより伸長した。

第4章　今後のヤマキの海外戦略

2020年コロナ禍により、世界の外食ビジネスが大きな打撃を受けた。世界の和食レストランを対象に事業展開する当社の成長の戦略仮説は根底から崩れた。世界の人々の生活習慣の変化により、購買行動や食事をする場所・場面が変わってしまった。

ヤマキはこれまでの和食レストランを対象とした外食事業展開から、重点エリアに絞って、新たにBtoC事業の強化を急いだ。

BtoC事業の準備のために、農林水産省の「令和2年度輸出等新規需要獲得事業」の補助金を活用し、ヤマキ海外事業部と海外法人に加え、社外協働パートナーの連携体制を構築した。

現地生活者への提供価値を定め、認知してもらい、購入し続けてもらうことを目的としたマーケティングプランを構築したが、最大の課題は、これまで和食レストランを対象に事業展開してきたため、現地生活者に対して鰹節・だしの提供価値（Menuなど）が明確に定まっていないことである。つまり、日本と海外では食文化に大きな違いがあり、現地の食卓で鰹節·だしが使われるには大きなハードルがある。微妙な嗜好性の違い（塩味、うま味、だし、甘味など）、だし感が魚臭いと感じられることもある。また、鰹節やだしの認知が薄く、知らない方も多い。

対策として、認知と理解を獲得するため、店頭販売の強化のみならず、EC販売の構築を進め、製品のタッチポイントを増やすことに取組んだ。更にアメリカと中国では現地生活者とのコミュニケーションを開始する為、SNSを活用した公式ページも設立し、リアルとデジタルをセットで展開し、消費者の反応をデータ蓄積することを始めた。今後は、料理教室とタイアップしたMenuや使い方の啓発、各マス媒体を活用したPRも並行して実施していく予定である。

また、2021年度には、「6次産業化市場規模拡大対策整備交付金のうち食品産業の輸出向けHACCP等対応施設整備緊急対策事業」の補助金のご支援をいただき、製造面でも輸出拡大の為の整備を強化している。

第5章　世界の「鰹節屋・だし屋、ヤマキ。」へ向けて

日本食が浸透した背景には、健康意識の高まりがある。うま味が強く、高たんぱく質・低脂質であるという鰹節の特徴は、美味しくて健康という魅力的価値になると考える。また日本以上に、燻香がSmokyとポジティブに評価され、新しい鰹節の魅力的価値となる可能性がでてきた。

鰹節のみならず、和食のだし素材であるその他の魚介節、昆布等も含め、ヤマキはこれらの魅力を伝えるメニューや食シーンの提案を行い、現地の生活に融合させ、食への浸透となる活動を継続する。海外の方にとって、鰹節がたこ焼きの上で踊る姿は面白く印象的なようだ。鰹節の美味しさ、健康の価値はもちろんのこと、他の和食と組み合わせることで楽しさにも着眼できそうだと考える。従来のコミュニケーションにとらわれない活動で、鰹節・だしが和食の枠組みを越え、世界各国のローカル食に美味しさ、健康、楽しさを届けていけるようヤマキはグループを挙げてグローバル展開に取り組む。

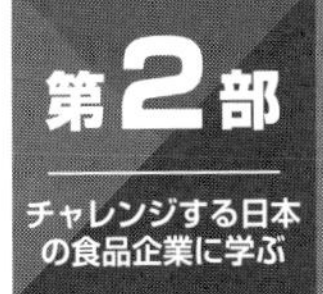

三島食品

FURIKAKE・ゆかり®を世界の調味料へ

第１章　会社概要

当社は、1949年に広島市で創業し、ふりかけを中心に調味料、ペースト製品やレトルト食品等を製造している。当社では「良い商品を良い売り方で」を基本方針に掲げ、自然を尊び自然に学び自然に準ずる心持ちを経営の根本に据えて食品づくりに努めている。

当社を代表する商品「ゆかり®」の原料である赤しそには、葉の形や色の濃さ、香りに至るまでたくさんの種類がある。その中から「ゆかり®」に適した色と香りの良いやわらかな葉をもつ、ちりめん赤しその種子のみを厳選して使用している。さらに、ばらつきのない安定した品質の原料を確保するために、赤しその優良株だけを選び、約20年にわたり改良・研究を重ね、オリジナル品種「豊香®」(農水省に新品種として登録)を開発した。2006年には広島県北広島町に自社農園事業「紫の里」を開設し、赤しそ等の栽培を行いながら、実験農場としてさらなる品質改良を行っている。また、20年からは赤しその水耕栽培に取り組んでいる。一方、当社の商品「青のり」に用いるスジアオノリは、香りが強く色の鮮やかな高級品種だが、近年は地球温暖化の影響などから国内産地での収穫量が激減している。当社は、高知県室戸市、広島県福山市走島の２か所でスジアオノリの陸上養殖に取組み、水産資源の保全とともに、自社製品の品質維持と安定供給に努めている。安全・安心は当然の現代において、「安定」して提供することにも取り組んでいる。

生産拠点は、国内に３工場（広島・観音・関東）あり、いずれもFSSC22000認証を取得している。2021年度売上実績は、144億円で増収増益にて着地した。コロナ禍の影響で市販用売上が増、業務用売上が減になり、現在の売上構成は、市販用50%：業務用50%になっている。

第２章　海外展開の事例

三島ブランドを広く世界の人々にお届けするため、海外にも積極的に進出してきた。関連会社として1988年にアメリカ・ロサンゼルスにMISHIMA FOODS U.S.A.,INC.を設立。2015年にタイ・バンコクにMishima Foods（Thailand）Co.,Ltd.を設立し、商品の拡売を展開している。1990年には中国・大連市に独資の工場を設立して商品の生産販売を行い、日本へは栗・きのこ類などレトルト食品を輸出している。当社の国内主力商品である「ふりかけ」をメインとした直近10年間の輸出実績は、約4.5倍に増加した（2021年度実績対11年度比）。国・地域によって実績は異なるが、輸出額の約80％は現地法人を構えている北米市場（主にアメリカ）である。続いて東アジア（台湾・香港）・東南アジア・ヨーロッパ・オセアニア等でこれまで世界42か国へ輸出してきた。世界的な和食の浸透とともに新規輸出国も着実に増え続けている。ふりかけ以外にも当社の得意な原料である「赤しそ」の抽出液を原材料に使用した、清涼飲料水「赤しそドリンクゆかり®」やお酒（リキュール）「Yukari Classic」も商品開発し輸出している。

第１節　現地法人設立による海外展開

現地法人があり売上構成の最も高い北米市場の実績が直近では特に好調である。進出して2022年で34年経過するが、長年行ってきた活動が形となって現れてきている。「ふりかけ」を知っていただくために、食品販売の基本である食べてもらうこと＝試食販売を継続して行ってきたことが最大の要因である。今では、「FURIKAKE」という言葉が一般化しつつあるが、以前は、海苔を虫がのっていると勘違いして試食を敬遠されたり、試食後、想像していた味とイメージが異なり吐き出す方がいたり、食習慣の違いで大変苦労した。何度も何度も地道に試食販売・食育活動等を進めた結果、だんだんと「ふりかけ」が認知されるようになってきた。国内では、「ふりかけ」はごはんにかけて食べることが一般的だが、海外では調味料としても普及している。例として、ハワイでは、海苔をメインにしたふりかけとあられを混ぜ合わせた「ハリケーンポップコーン」が人気になった。他にもPOKE等の魚料理にふりかける食べ方も定着してきた。また、シリコンバレーのIT企業のカフェテリアにも導入され、ハンバーガーやフレンチフライにもふりかけて提供するレストランも出てきた。世界的な日本食の広がりで和食レストランも増え、ふりかけの認知度も高まった。和食以外にも現地の食習慣にあった使い方になれば必然的に市場が拡大し、従来の市場に加えてローカル市場でも取扱いをされ始めたことにより売上の伸びが加速してきている。

タイ・バンコクでも同様の市場へのアプローチ（試食販売等の活動）をしてきた結果、商品が定着してきている。こちらでも当初は、ふりかけの食習慣がないので、どのような食べものなのか食べ方も含めて説明していく必要があった。現地ではおかずをごはんにかけて食べる食習慣があり、味の濃いタイ料理を食べている人たちにとって、ふりかけは味の面で物足りなく感じるようだった。また、ラーメンにかけるなど日本人では思いつかない食べ方も見受けられたようだが、最近は日本へ旅行する方や市内の和食レストランも増えたため、商品の一般的な使用方法も徐々に理解されている。コロナ禍でも現地法人がある強みで市場への販促活動を継続して行っていることも実績アップの要因になっている。なお、中国でもふりかけの売上はタイと同様に拡大しているが、タイのふりかけは日本から輸出しているのに対し、中国では、現地でふりかけ製造を行っており現状日本からの輸出は行っていない。

第２節　現地法人によらない海外展開

海外拠点（現地法人）のない地域への販売活動については、一部直接貿易もある一方、輸出形態のメインは国内商社にお世話になり間接貿易で行っている。商社の豊富な情報をもとに商品提案を行っている。可能な限り海外各地へも訪問し、現地代理店様や末端ユーザー様を訪問し実際の現場も見て、コミュニケーションを深めて販路拡大に努めている。提案を進める中で、相手先の食習慣・嗜好性・購買力（経済力）・販売品（ふりかけ等）の認知度をまずは理解する必要がある。また、輸出先によって原材料規制条件が異なるため、ターゲット先にあった商品提案をすることも当たり前ではあるが必要となる。嗜好性の部分で例をあげると当社の代表商品の赤しそふりかけ「ゆかり®」は、塩味と酸味を感じやすい商品である。本製品は比較的各国規制にも対応できているため多くの国々に輸出している。地域により嗜好性が異なるため、輸出実績も大きく異なっている。どちらかというと東・東南アジア地域では塩味を感じる「ゆかり®」等の商品よりも、かつおを主原料とした甘みを感じるふりかけ「瀬戸風味®」等の商品が好まれる傾向にある。一方、ヨーロッパでは塩味と酸味を感じる「ゆかり®」の違和感が少ないようで受け入れられている。ちなみにアメリカでは海苔を主原料にした「海苔香味」や「味海苔」が人気商品となっている。また、価格も大きな採用ポイントになるのでニーズによって提案品も変えている。このように市場ニーズを把握することで、地域性も含めた販売戦略を立てて提案を進めている。情報を得る手段として、JETROも積極的に活用し、海外展示会のJAPANパビリオン内での出展や各種支援事業、コロナ禍の中ではWEB商談会等海外のお客様との接点を設けていただくなどしている。

コロナ禍になり、海外各地への渡航が難しくなったので、今できる営業手段として、動画を作成している。作成した動画は、提案ツールの一つとして商談時に活用しています。ふりかけのことを少しでも理解いただける内容にした「FURIKAKE」や、使用方法のメニュー提案等のプログラムを作り、積極的な情報発信を行っている。ごはん・パスタ・パンは勿論だが、各種肉・魚・野菜にもあう「万能調味料」として発信している。また、現地法人がある強みで各地でのふりかけ等商品の斬新な使い方やメニュー導入例などを当社グループ内で情報共有して提案にも活かしている。

当社では2016年より外国人の雇用も進めており、海外事業でも1名所属している。翻訳、通訳は勿論だが、販売戦略を練る上で本人の考えや意見も重視している。海外の方から見た視点、感性などに気づかせてくれる。これも当社の事業が飛躍している要因の一つと考えられる。2021年の輸出額は、過去最高売上を記録した。

第3章　今後の課題

今後の課題として、より販路を広げるためには現場に寄り添った対応が不可欠である。各種規制に対応した商品開発や提案方法等にさらに磨きをかけていく必要がある。現在、42か国へ輸出しているが、国・地域によって売上実績は大小ある。まずは、日本の伝統食品である「ふりかけ」をより多くの皆さんに知っていただくことを目的に、配荷国をさらに増やしていきたい。また、スパイス等と同様に食卓に欠かせない食材「万能調味料」となるように活動を続けていく。目標は全世界制覇だが、一歩ずつ着実に前に進めていければと考えている。そして、当社の主力原料である「赤しそ」をふりかけの「ゆかり®」・清涼飲料水の「赤しそドリンクゆかり®」・お酒（リキュール）の「Yukari Classic」で地球をゆかり色に染めていく壮大な夢活動を推進していく。

日本独自の商材、キラーコンテンツの活用

白鶴酒造

時をこえ、親しみの心をおくる

第１章　日本酒輸出への取組み概要

第１節　現在の取組み概要

2022年現在で、白鶴ブランドの日本酒は56の国や地域へと輸出されている。最大市場である米国を含む米大陸エリア、アジアエリア、欧州エリアの大きく３つのエリアに分け、各エリアの状況に則した施策を展開し輸出拡大に取り組んでいる。

輸出商品群は、現地の制度や嗜好を重視し、伝統的に純米酒を中心に展開してきた。最近は、純米大吟醸酒や純米吟醸酒等、冷やして飲むタイプの高級酒の比率を高めるべく取り組んでおり、これら高級酒比率も伸長基調にある。日本酒の伝統的な味わいを訴求しながらも、現地の嗜好にマッチする商品群を厳選し輸出拡大に取り組んでいる。

輸出の基本政策として、現地代理店と密接に連動した市場開拓に努めている。海外では、国によって、文化や食習慣、嗜好、また日本酒の定着度に大きな差があるのが実情である。現地代理店と情報を共有し、その地域に則した最適な施策を現地と密接に連携し展開することを重視し、市場開拓に取り組んでいる。

第２節　輸出取組みのきっかけと実績

当社は1743（享保3）年に灘で創業。海外に向けては1900（明治33）年のパリ万国博覧会に瓶詰商品を出品して以来、100年以上にわたり、日本酒の輸出に取り組んでいる。白鶴ブランドは海外生産を行わず、全て日本で製造した「日本酒」を輸出するスタイルで展開してきた。「日本産」であり、「灘五郷」のお酒であることを大切に、日本から世界に届けることにこだわって取り組んでいる。企業スローガンである「時を超え、親しみの心をおくる」は、酒造り一筋に歩む社員一人一人が、酒造文化の継承者としての心を持ち、食文化の将来を絶えず見据え、研鑽・努力する姿勢を表す。日本酒のすばらしい酒造文化を世界へ伝え、現地の食文化の発展に貢献すべく取り組むことを企業理念としている。

コロナ禍や個別のカントリーリスクの影響があるにせよ、日本酒は伸長基調を維持し市場は拡大している。

図表 1-1　日本産清酒の輸出数量・金額の推移

図表 1-2
白鶴ブランド日本酒輸出推移

第２章　日本酒輸出拡大への課題とその対応、成果

第１節　各国・地域の嗜好への対応

各国・地域により、食文化や飲酒文化は大きく異なっている。日本酒の正しい知識や文化、造り手としての思いを伝えることは重要だが、時として、造り手の価値観を一方的に押し付ける形になる可能性もある。現地の嗜好や定着度合にあった日本酒の提案が、今後、世界で日本酒の拡大を図る上で大きな課題になると考えている。その対応として､現地での嗜好調査を計画的に実施している。ベースとして、わが社は独自に「現地でのアルコール飲料の嗜好」「アルコール飲料の消費シーン調査」「現地の料理との相性」「日本酒の定着度」などを調査しており、定期的かつ調査対象を厳選して実施することで、現地状況に則した商品提案、販売方法や飲酒シーンの訴求に繋げている。また、これらの訴求と同時に輸出専用商品の開発にも精力的に取り組んでいる。専用商品の開発は、商品パッケージの専用対応だけでなく、調査結果に基づく酒質の開発から実践している。

これらの取組みの成果は、対応商品の着実な消費の増加という形で実感している。特に綿密な消費者調査を実践して開発に取り組んだ輸出専用商品は、現在では、輸出に欠くことのできない中心的な商品群として定着している。

第２節　海外産清酒との差別化

従来から海外生産されている清酒だけでなく、近年、世界各地でクラフトサケメーカーが増加してきている。この潮流は日本酒を世界標準のアルコール飲料として普及させることに貢献していると同時に日本酒の日本産としての訴求も重要な課題になってきていることを示唆している。日本産の原料米や仕込み水の特長を日本で長く培われてきた醸造技術とともに、世界の消費者へ正確に伝えていくことは、今後益々重要度が高くなると捉えている。

対応として、「SAKE」ではなく「日本酒」としての訴求に注力している。新たに「日本酒」の定義が整備されことと連動し「日本酒」表記を全商品に展開、さらに現地代理店と連携し「SAKE」と「日本酒」の違いを伝える活動も実践している。地理的表示に定義された「GI 灘五郷」も活用し、日本の中でも、兵庫県の灘五郷でできていることをアピールし、日本酒としての価値観を訴求している。

その成果として、徐々にではあるが「SAKE」とは区別された「日本酒」としての認識が浸透し、日本産の米や水の素晴らしさ、杜氏の卓越した酒造技術が認知され、品質と価格の整合性への理解も深まったと実感している。そして、日本酒表記商品は着実に拡大している。とはいえ、お酒そのものが、まだまだ認知度が低い現状では、様々な手法で引き続き取り組んでいくことが重要である。

※「清酒」と「日本酒」の定義（令和２年国税庁）
「清酒」（Sake）とは、海外産も含め、米、米こうじ及び水を主な原料として発酵させてこしたものを広く言います。「清酒」のうち、「日本酒」（Nihonshu / Japanese Sake）とは、原料の米に日本産米を用い、日本国内で醸造したもののみを言い、こうした「日本酒」という呼称は地理的表示（ＧＩ）として保護されています。

第３節　日本酒関連情報の伝達と定着化

我々日本人には親しみ深い日本酒だが、世界の酒類市場からみると、まだまだマイナーな飲料の域を脱していない。日本酒を蒸留酒だと誤解されていることも多く、その飲酒スタイルも誤認されている例が多い。日本酒の需要を開拓・伸長・定着させていくには、関連情報を正確に広く発信できる体制の構築が重要である。

そのために、我々は様々な手法と枠組みでの情報発信を展開している。企業枠の情報発信としては、ホームページの多言語化や主要市場でのＳＮＳ発信等を推進している。また、関連団体と連携した活動としては、国際展示会での情報発信や提案素材の開発に取り組んでいる。さらには、関連知識の教育機関とも連携し、正確で整備された情報の開発も推進しており、「日本の産地」「原料（コメ・水）」「製法」だけでなく、「バラエティのある飲酒方法」や「食との相性」についても、JFOODOとも連携し洗練された内容の情報発信に注力している。

その成果として、ラベル上の商品コードやＳＮＳを介した情報取得の頻度が増え、教育機関を卒業した海外の日本酒専門家により、日本酒を届ける人の水準を高めるサーバートレーニングも活発化している。訓練されたサーバーによる説明は、その頻度・正確さともに向上している。

第３章　今後の展望

第１節　新たな市場の潮流

今後も海外での日本酒の伸長基調は、少なくとも当面の間は続くと予測され、その中で、清酒を構成する様々な要素の多様化・国際化が進行すると考えている。例えば、日本人に頼らない、現地の方による日本酒の訴求が深化する中で、既存の有名ブランドとは距離を置いた、現地の方による新規ブランドが増加・台頭するかもしれない。日本酒そのものの価値観（例えば、味わいや製法等々）も多様化が進み、従来の市場では受け入れられなかったような味わいが人気を得たり、日本の酒税法では認められない製法が現地の制度や価値観の中で許容されたりする動きが進むこともあるだろう。

日本酒を飲むシーンも多様化が進み、これまでにない多種多様な飲み方が生まれてくるものと推測される。多様化の潮流は、日本酒の新たな可能性を引き出す可能性も多分に秘めていると感じている。

第２節　日本酒の定着化への思い

豊かな酒造文化をもち、世界でも食文化の発展に貢献し得る日本酒を、世界で十分に認知されたアルコール飲料の一つとして定着させていくべく、わが社は強い思いをもって、日々、日本酒の製造・輸出に取り組んでいる。

かつての「寿司」や「和食」がそうであったように、世界で認知され定着していく過程では、国際化や多様化は避けて通れない。日本酒としての元来の特長を訴求しながらも、世界各国で標準化を獲得することは容易なことではない。いつの日か、どの国のリカーショップでもレストランでも、その一角には常に日本酒が並んでいることを目指し、今後も精力的に取り組んでいきたい。

グローバル展開への歩みと植物性素材によるサステナブルな食の未来の共創

第１章　原料確保から地産地消型への海外進出、そしてグローバル経営へ

第１節　原料を求め海外へ進出せざるをえない戦後の後発油脂メーカー

不二製油株式会社の創業は1950（昭和25）年。戦後最も後発の油脂メーカーであり、先行企業ひしめく製油市場で生き延びるには、原料調達から技術開発のすべてにおいて独自で道を切り拓いていかねばならず、安定的に油脂原料を調達するための海外進出であった。

南方系油脂に活路を見出し、1954年からパーム核の搾油に着手し、翌年には溶剤分別結晶装置を確立し国内初の工業化を実現した。翌年には日本発のハードバター（チョコレート用代替脂）を誕生させ、リパーゼによるチョコレート用油脂の工業化を開始。57年には新原料の探索として、西アフリカに自生するシアでハードバター製品を開発し、単なる代用品ではない新たなチョコレート素材を市場へ送り出した。また、油脂で培った原料を分けて新素材を得るという技術の考え方から、67年には純度の高い分離大豆たん白抽出技術を生み出し、すでにこの時代から将来の食料不足に役立つ大豆たん白の研究開発を開始した。69年には環境への配慮を徹底した阪南工場（大阪湾臨海）の操業を開始し、将来の国際競争力を見据え生産力を増強していった。

このように不二製油の成長は常に「人まねはしない」という挑戦と技術革新と共にあり、国内初のユニークな技術を武器に、原料確保から現地でのチョコレート用油脂、製菓・製パン素材の生産販売へと、グループの成長フェーズに合わせてグローバル市場を切り拓いていった歴史ともいえる。

第2節　市場ニーズ把握のため東南アジアを皮切りに海外生産拠点を開設

1970年代から東南アジアへ進出し、市場ニーズの把握のため現地での開発と生産を重視した。試行錯誤を経て、81年にフジオイル（シンガポール）を設立、86年にはマレーシアにパーム油の製造販売のパルマジュ エディブル オイルを設立し、海外の消費地そしてユーザーに近い国や地域での生産と販売を始め、不二製油を国内トップのパーム油メーカーに押し上げげた。88年シンガポールに設立したウッドランド サニーフーズでは調製品事業に参入し、顧客のコスト削減に貢献すると共に、日本の国内生産の拡大にもつなげ、現地での原料調達・加工・販売だけでなく輸出も加速させていった。また、加工度を高めたマーガリン、ショートニング、ホワイトソースといった製品群を開発し、シンガポールでは小売スーパー向けVIVOブランドとして家庭用マーガリン等を販売し、HACCP認証の取得など現地の食文化に合致した製品を投入していった[1)]。

念願だった米国進出は、1987年フジ ベジタブル オイル設立で果たす。食用油脂の製造販売拠点として成功した背景には、現地でのパーム油市場の拡大やCBE(Cocoa Butter Equivalent)需要拡大があった。世界有数の米国市場でCBE供給企業として地盤を築き、他方で2000年初頭から問題視され始めたトランス脂肪酸による健康への懸念もあり、ノントランス酸油脂の急速な需要にしっかり応えていった。

このようにして、原料を求めての海外進出から、現地の状況に適応し生産・販売へとビジネスモデルを拡大していったことで、多国籍企業が顧客となっていった。

第3節　需要拡大エリアへ生産拠点を拡大

1990年代に入ると、需要拡大が見込める欧州そして激動の中国へと進出していった。92年、ベルギーに高加工油脂のヴァーモ・フジスペシャリティーズを合弁で設立し（2001年フジオイル ヨーロッパへ改名）、チョコレートの本場である欧州向けにチョコレート用油脂の販売を開始。おりしも2000年にEUでもコーデックス5%ルールが認められ、スペシャリティファットに活路を求める事業戦略に大きな追い風となった。

東南アジア最大のココア産地であるインドネシアでは、1995年海外初のチョコレート生産拠点となる合弁会社フレイアバディ インドタマを設立し、東南アジアトップクラスの業務用チョコレート会社に成長した。調達面での優位性に加え、

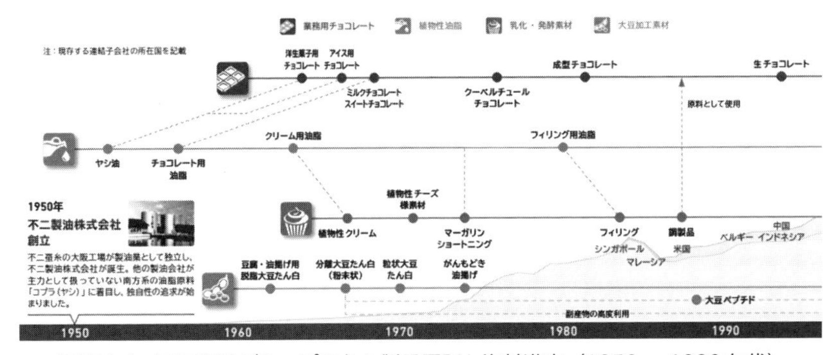

図表 1-1　不二製油グループの主な製品展開と海外進出（1950 ～ 1990 年代）

若年層比率が高く成長性が見込めることが当たった。

巨大市場へと歩みを進める中国においては、食の西洋化による製菓用・加工食品用の油脂の拡大を見込み、1995 年に不二製油（張家港）有限公司を設立し、現地のベーカリー市場を開拓した（図表 1-1）。

第 4 節　業務用チョコレート事業のエリア拡大

2000 年代に入ると、機能剤の需要を見込んで生産拠点を配置していった。2010 年 ASEAN の高成長を担ってきたタイに、油脂のほか製菓・製パン素材を製造販売するフジオイル（タイランド）を設立、2018 年には広州を中心とした華南地域をカバーする不二製油（肇慶）有限公司を立ち上げフィリング等の生産を開始した。2015 年には天津不二蛋白有限公司（2004 年設立）など 6 社を統括する不二（中国）投資有限公司を設立し、目まぐるしく変化する中国市場でスピードとタイミングでビジネスチャンスを掴んでいった[2)]。

業務用チョコレート事業のグローバル戦略は、2015 年のブラジル最大手のハラルド買収が大きな転換点となり、強みである油脂技術を導入することで新たなチョコレート市場創出への道が拓けていった。オーストラリアのインダストリアル フード サービシズ買収（2018 年）、米国ブラマー チョコレート カンパニーの完全取得（2019 年）を経て、不二製油グループは世界第 3 位の業務用チョコレートグループ企業となった（図表 1-2）。

第 5 節　地域統括会社によるエリア軸の強化

グローバル展開を進める中、2015 年 10 月持株会社化によるグループ本社制へ

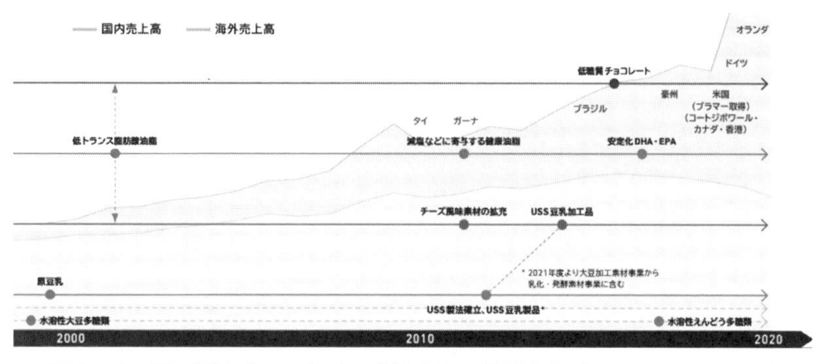

図表 1-2　不二製油グループの主な製品展開と海外進出（2000 ～ 2010 年代）

移行し、日本・中国・東南アジア・米州・欧州の 5 エリアに分け、地域統括会社に権限を委譲しエリア軸を強化していった。グループ本社は新規事業や M&A を含むグループ全体の事業戦略に特化し、市場や顧客をよく知る現地事業会社が地域に根ざした製品サービスを提供するグローカル型へ移行し、社会の変化に柔軟に対応できる体制に変革していった。現在 14 カ国 34 社を拠点に（図表 1-3）、植物性油脂・業務用チョコレート・乳化・発酵素材・大豆加工素材の 4 事業を展開し、海外売上高比率 62％、海外従業員比率 70％に及ぶ（2022 年 3 月末現在）。

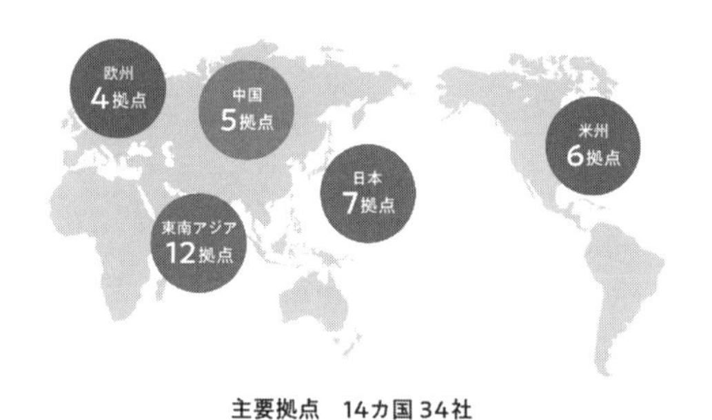

図表 1-3　不二製油グループのグローバル拠点

第 2 章　バリューチェーンのサステナブル化

第 1 節　主原料のサステナブル調達

2000 年代に入ると、原料調達を皮切りにバリューチェーンのサステナブル化に取組み始めた。背景には、多国籍企業を中心に、グローバルサプライチェーンでの持続可能性への取組み要請が強まる国際動向があり、そうした多国籍企業を顧客に持つ不二製油グループも同等の対応をしなければ事業の継続そのものが危ぶまれるリスクがあった。経済のグローバリゼーションと共に、1990年代後半から行き過ぎた金融資本主義による地球環境や社会への深刻な影響が問題視されるようになり、欧米を中心とするNGOが多国籍企業への監視を強化し、消費者を巻き込む形でネガティブキャンペーン等を展開し始めた。並行して、国連グローバルコンパクト（2000年)、OECD多国籍企業行動指針（2011年改訂)、ビジネスと人権に関する指導原則（2011年）と、国際社会は産業界に対して国際行動規範などのソフトローを強化し、2015年の持続可能な開発目標（SDGs）によって、社会的責任からサステナブルな価値創造へと、先進国を含む官民全体で貧困や飢餓、気候危機、資源危機、ジェンダー問題へ取組む機運を醸成していった。

新興国や途上国で生産されるパーム油やカカオ豆の産地では、森林伐採による地球温暖化の加速や生物多様性の喪失、児童労働・強制労働および経済格差等の人権問題があり、そうした外部不経済を内部化させる市場メカニズムとして、環境や人権に配慮して生産されたものであることを示す認証制度が様々ある。パーム油では、RSPO（持続可能なパーム油のための円卓会議）があるが[3)]、不二製油グループは2004年に日本の油脂業界から初めてRSPOに加盟し、インドネシアのジャカルタで開かれた国際会議にはフジオイル ヨーロッパが出席した。

本格的にサステナブル調達を始めるに至ったエピソードが1つある。それは、現在（2022年時点）の不二製油グループ本社CEOの酒井幹夫が米国フジ ベジタブル オイル社長時に受け取ったNGOからの一通の手紙である。手紙にはパーム油の環境や人権問題に関する企業全般への批判が書かれていた。当時は今ほど大きな問題として取り上げられていなかったものの「彼らが指摘する社会課題は深刻であり、正面から向き合うべき経営課題」であると酒井自ら強く認識し、日本へ帰国した2016年、最高経営戦略責任者（CSO）としてサプライチェーンマネジメントグループを創設し、グループ全体でサステナブル調達へ注力する出発点となった。

① パーム油のサステナブル調達

具体的には2016年「責任あるパーム油調達方針」を策定し、NDPE方針（森林破壊ゼロ、泥炭地開発ゼロ、搾取ゼロ）のもと、2030年までに農園までのトレーサビリティ100%達成と全ての直接サプライヤーへの労働環境改善プログラム適用にコミットすることとなった。現地NPOと協働しながら、グリーバンスメカニズムの機能強化、衛星写真による森林状況のモニタリング、農家･サプライヤー

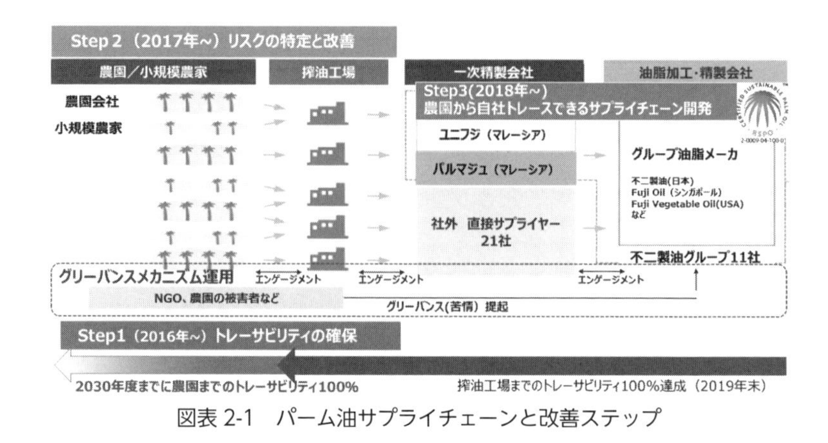

図表 2-1　パーム油サプライチェーンと改善ステップ

のキャパシティビルディングを進め（図表 2-1）、自社サプライチェーン上の課題の解決と透明性の向上に取組んでいる[4)]。

欧米そして日本の大手食品メーカーからの持続可能なパーム油に対する需要の高まりと共に不二製油グループの RSPO 認証油はパーム油取扱総量の 41% に及ぶが、これは 2017 年にマレーシアに設立した United Plantation との合弁会社ユニフジの功績が大きい。ここは持続可能なパーム農園を有し搾油から二次加工まで自社で全てトレースできる。その高い品質とシンプルなサプライチェーンが評価され、マルチナショナルカンパニーからベストサプライヤーとして表彰されている。こうした NDPE に準拠した高品質な原料を安定的に調達することは、顧客企業のサステナビリティを促進するだけでなく、企業の環境影響評価を行う CDP から 2022 年に 2 年連続トリプル A を獲得したり、第 22 回グリーン購入大賞「大賞・農林水産大臣賞」を受賞するなど社会からも高く評価されている。

②　カカオ豆、大豆、シアカーネルのサステナブル調達

カカオ豆もパーム油同様の社会課題がある。不二製油グループでは2018年に「責任あるカカオ豆調達方針」を策定しサプライチェーンの改善に取組んでいたが、既にカカオ豆のサステナビリティにおいて経験や知見がある米国ブラマーがグループ入りしたことで取組みが加速した。ブラマーが児童労働問題の解決に向けてコートジボワールやエクアドルで取組んできたサステナブルプログラムを 2020 年からガーナでも展開し、日本市場へもサステナブルなカカオ豆を輸入し始めている。このプログラムは、カカオ産地の環境問題と人権課題を包括的に改善して

いく支援プログラムで、GPSでカカオ農園をマッピングし森林状況を把握するだけでなく、CLMRS（児童労働監視改善システム）で児童の就学状況のモニタリングや家庭への栄養指導を行い、実質的な人権デューデリジェンスとなっている。また農園へGAP（農業生産工程管理）を導入することでカカオの生産性と農家の所得向上へ繋がり、また識字教育や村内貯蓄貸付組合による小規模貸付で現地の女性の地位向上にも貢献している。2021年からはNPOのOne Tree Plantedと協働で、ガーナ西部に多品種の苗木を毎年10万本植樹し、農園の生物多様性を高めながら緑地化を進め、果実やスパイスといった副産物から収入を得られる形で現地に恩恵をもたらしている。

大豆やシアカーネルについても同様に環境保全と人権尊重に則った調達方針を策定し、野心的な2030年目標を掲げ、自社サプライチェーンの透明性向上と社会課題の改善に取組んでいる[4)]。

特筆すべきは、ガーナにおいて一次産品のシアナッツを調達するだけでなく、フジオイル ガーナでシアカーネルとシアバターの一時加工まで行うことで地域の雇用創出と経済価値をもたらしていることと、調達面で、ガーナ北部の23の女性協同組合とフジオイルガーナがTebma-Kanduサステナビリティプログラムの MOU（基本合意書）を締結したことである（2021年）。協同組合から一定数量調達するため、収穫前に女性農家へ事前融資を行ったり、収穫や加工方法（焙煎、煮沸、乾燥）のトレーニング、倉庫の提供など全面的に支援することで、2万人の女性に恩恵をもたらすことが期待される（写真2-1）。

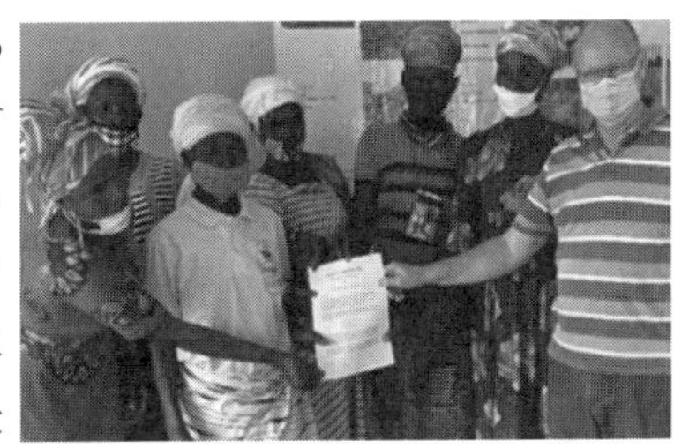

写真2-1　女性協同組合と
フジオイルガーナ MOU 締結

第2節　環境ビジョン2030

グループ全体のサステナビリティ経営推進体制として、2015年に取締役会の諮問機関「ESG委員会（2022年度にサステナビリティ委員会へ改名）」を、2019年には最高ESG経営責任者を新設し（2022年度より最高技術責任者兼ESG担当に改名）、ESGマテリアリティを策定し、サステナブルな食の創造やサステナブル調達だけでなく「安全・品質・環境」についてもトップダウンで進めてきた（図表2-2）。

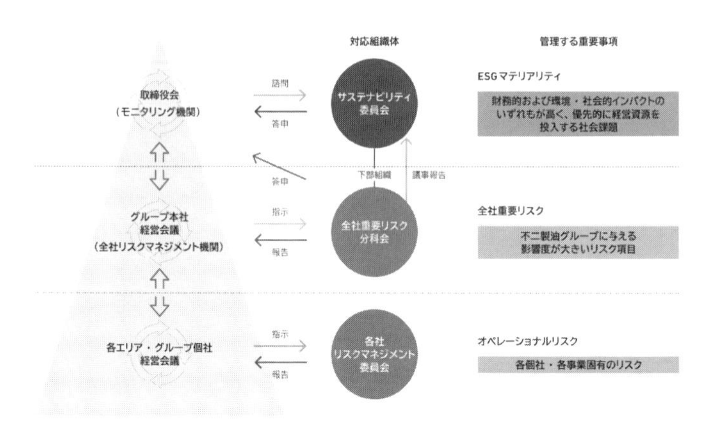

図表 2-2　不二製油グループのサステナビリティ経営推進体制

2010年に環境ビジョンを作成し、2020年にはSBT（Science Based Targets）認証を取得し、Scope1+Scope2のCO_2削減2030年目標を24%から40%へ引き上げた。目下、グループ各社において太陽光発電やコージェネレーションシステムの導入、処理水を洗浄水へ再利用する等、CO_2排出削減だけでなく、水の使用量や廃棄物の削減にも積極的に取り組んでいる[5)]。

事業を通じた気候変動対策を継続的に強化していく取組みの一環として、有価証券報告書や統合報告書、サステナビリティレポートでTCFD提言に基づく積極的な情報開示を行っている。環境規制対応コストの増加や農産物生産ダメージなど1.5℃と4℃のシナリオ分析で気候変動によるリスクと機会を整理し、事業への財務影響を開示している[6)]。

第3節　2050年の社会課題に向けた新規技術開発

不二製油グループには「人のために働く」という経営の価値観があり、創業当時から技術を磨きその時代に応じた食のソリューションを提供することで、地域の豊かな食の創造とグループの成長を支えてきた。そのDNAは脈々と受け継がれているが、グループの研究機関である未来創造研究所では、2050年の環境や人に関するさまざまな社会課題を分析しバックキャスティングで研究開発テーマを設定している。事業を通じて解決していく社会テーマとして「Well-being」「食の偏在化」「環境（気候変動、生物多様性）」を設定し、グループの知を融合するだけでなく、国内外の研究機関と産学連携コンソーシアムを構築したり、世界のフードテックファンドUNOVIS NCAPへ出資する等、長年培ってきた油脂やたん白加工技術と外部とのシナジーを図り、積極的なオープンイノベーションを進めている（図表2-3）。

これまでは日本を中核に研究開発体制を整えてきた。まず1971年大阪・阪南に研究所を開設した後（1989年阪南研究開発センターに改名、2016年不二サイエンスイノベーションセンターとしてリニューアル）、つくば研究開発センター（1990年）、アジアR&Dセンター（2015年、シンガポール）を開設してきた。さらに、2021年にオランダ・フードバレーにフジグローバルイノベーションセンターヨーロッパ（GICE）を設立した。今後はGICEを研究開発のハブとして社外連携を強化しながら、最先端のフードテック情報をグループに取り入れ、グローバルネットワークで技術情報やノウハウを連結・集結させ、研究開発と共に人材育成も強化していくこととなるだろう。また、アジアではAlternative Protein Innovation Center Asia（APICA）を設立し、東南アジアの他民族に合致したPlant-Based Foodの研究開発と普及を推進していく。

図表2-3　オープンイノベーションの推進と人材のグローバル化

第3章　サステナブルな食の未来への責任をグローバル全社で果たす

第1節　植物性に拘り食の未来を共創

不二製油グループは2030年ビジョン「植物性素材でおいしさと健康を追求し、サステナブルな食の未来を共創します」を掲げ、革新的な植物性素材の創出で社会課題の解決に挑戦し、高収益な事業ポートフォリオ形成と社会価値の創造を目指している。そのスタートとなる2022年からの中期経営計画では“Reborn 2024”をスローガンに、不確実性が高まる事業環境下においても、社会変容に柔軟に対応し新たな価値を生み出し続ける企業に生まれ変わろうとしている。3つの基本方針①事業基盤の強化、②グローバル経営管理の強化、③サステナビリティの深化を掲げ、2030年のありたい姿の実現に取組んでいる。

第2節　各拠点での生産力増強とサステナブルレベルの向上

本中計での各事業の基盤強化のポイントは、各拠点の生産能力向上とバリューチェーン全体でのサステナビリティ活動のレベルを上げることで、事業のベースそのものを盤石でレジリエントにしていくことであり、各事業の主なテーマは以下のとおりである。

①　植物性油脂事業

米国フジオイルニューオリンズ第二工場の本格稼働とOilseeds社との連携によるフードサービス市場へのアプローチで、北米での高付加価値油脂事業を強化していく。また、油脂原料のサプライヤーと連携を深め、高グレードのサステナブル原料供給体制を整備すると共に、CBE原料の多角化も図り地政学リスクへしっかりと対応していく。

②　業務用チョコレート事業

2023年から稼働予定のブラジルのハラルド新工場で高付加価値製品群を展開していく。また、工場の自動化への投資や採用を強化することで米国ブラマーの生産効率を改善していく。グループ全体で低糖／プロテインチョコレートなど健康訴求型製品やサステナブルカカオ豆を使用したチョコレートを拡げ、差別化を図っていく。

③　乳化・発酵素材事業

2023年から稼働する中国クリーム新工場と第2工場でのフィリング製品の増産で新製品を積極的に投入し、WEBも活用しながら中国市場でアプリケーションを拡げていく。日本では、植物性に拘った新製品でPlant-Based Foodのラインアップを拡大していく。

④　大豆加工素材事業

2022年から稼働するドイツのブランデンブルク新工場で欧州産えんどう豆を原料に水溶性食物繊維を生産し、欧州で飲料・食品市場へ展開していく。年々高まる日本の健康志向とエシカルライフの萌芽に呼応し、飲料、菓子類向けにたんぱく質訴求製品を拡販していく。また、新製法による大豆ミートを外食や中食市場向けに展開していく。

⑤　**挑戦領域**

“Reborn 2024” の取組として、グループを新たな成長ステージに牽引する 2030 年ビジョンフラッグシップ “GOODNOON” を立ち上げ、トップ自ら社内外をブランディングしていく。そのコンセプトは、「人と地球の健康」に寄与するおいしくてわかりやすい植物性食品の創出により食の選択肢をひろげ、それらが新たな時代の食のスタンダードとなって、誰もが心から食事を楽しめるサステナブルな世界を作っていく、というものだ[7]。不二製油固有のおいしさのコア技術で、植物性素材だけで満足感を充足する驚きのおいしさを実現するだけでなく、新たなチャネル（実証検証、EC、生活者によるレシピ投稿、SNS 活用など）で積極的に消費者の目線を採り入れた開発で社会課題解決型の植物性素材を生み出し、日本からグローバルへと市場を開拓していく（図表 3-1）。

図表 3-1　新たな事業サイクルで高付加価値事業を育成

第 3 節　ライフサイクル志向で社会課題解決型植物性素材を開発

気候危機や資源危機、そして生態系の喪失や人権課題を解決しながら Well-being に寄与する食品を創出し続けるには、原料生産の上流から消費・廃棄の下流までライフサイクル志向で調達・研究開発・生産そして販売していくことが重要である。

製品の企画や開発過程においてライフサイクルアセスメント（LCA）の導入も

試みながら、環境負荷の低い原料探索や生産技術開発にトライし、カーボンニュートラル、ネイチャーポジティブなものづくりへ挑戦していく。

また、今中計中に現行の「環境ビジョン2030」を1.5℃目標へブラッシュアップし、その道筋となるグループ企業のCO_2削減ロードマップを作成、Scope3についてもサプライヤーへのエンゲージを開始する。同時にインターナルカーボンプライシング（ICP）を投資判断に組み込むことで、CO_2排出削減の仕組みを強化し、環境負荷を抑える高効率な設備導入を進めていく。

そして、気候変動と並ぶ深刻な課題である生物多様性の喪失については、グループ方針を作成し、原料産地の生態系の回復を目指すと共に、サステナブルな原料の調達比率を更に上げていく。

第4節　社会的なおいしさを兼ね備えたPlant-Based Foodの拡充

サステナブルな製品開発には自然環境への負担低減だけでなく、人のココロと身体の健康をも同時に満たすことが重要である。今、教育現場で子どもたちはSDGsについて学び、サステナビリティ実現のために必要な知識を身につけていっている。食材の向こうにいる人々や社会に思いを馳せるマインドをもった彼らが将来の購買層の中心になってくると、“本物”の意味合いも変わりソーシャルグッドでないとおいしいと思えない、そんな価値観が当たり前の社会が近づいてきている。

今まさにサステナビリティ意識の高まりからPlant-Based Food（PBF）が注目され、植物由来の肉・乳製品・卵・魚介類の世界における市場規模は2050年時点には15.1兆円に及ぶと見込まれているが[8)]、不二製油は60年以上前から、将来の食資源不足の打ち手として、アップサイクルの発想で大豆たんぱくの研究開発を重ね、肉・乳・海産物の代替となる豊富な植物性たんぱく源のラインナップを持っており、大豆ミートは70種類に及ぶ。合わせて、植物のちからで動物性ならではの満足感を実現する技術ブランドMIRACORE®を開発しており、PBFを動物性不使用でおいしくすることができる。和洋中そしてエスニックに至るまでさまざまなジャンルのプラントベースの食品やメニューを顧客と共に多彩に展開していくことで、新たな食のスタイルとして選択肢を広げ、さまざまな食のバリアや不安を解消し、誰もが笑顔になるユニバーサル食として世界に普及できると考えている。

また、先進国や中国で進む高齢化を鑑み、フレイル予防や脳機能改善などの研究を進めており、大豆ペプチドや藻類由来DHA・EPA等の健康機能素材を手軽においしく食品や飲料から摂取できる形で製品化し、健康寿命の延伸に貢献していく。

第5節　いのちをつむぐエッセンシャル企業としての未来の食への責任

BtoBメーカーである不二製油グループは、食品産業の上流と下流を結ぶサプライチェーンの要であり、上流に向けて持続可能な調達を推進し、下流へ向けサステナブルな食品を提供するだけでなく、企業や生活者に食品産業が抱える社会課題を伝える必要がある。将来へのベネフィット（将来の自分の健康や社会的なおいしさ）も考えて選択するマインドを醸成していくことは、日々の食事でいのちを育て紡いでいく食品企業としての責務と考えている。これら上流と下流への働きかけは一朝一夕にできることではなく、また一社単独で進めるには難しい課題が山積している。

食品産業の特徴として、食文化や嗜好は地域性そして保守性が強く、いきなり変わることがない一方で、新しいものを食べてみたいという好奇心や革新性もあり、矛盾する２つを内包している点である。そしてその国の社会情勢や経済状況と共に、食品や食事環境へのニーズや価値観も変化するもので、昨今、食の価値観はより個人レベルで多様化し、そして一人の中でもライフステージに応じて食へのニーズも変わり、一定の方程式や傾向を当てはめられない。

こうした難しさの中、上述の地球と人のサステナビリティを軸にした植物性素材事業をグローバルで展開していくには、各地域の地元企業となり、その地域の人々に寄り添い、現地の食文化や価値観に合わせたアプローチが必須である。そして、単に求められる食のニーズに応えるだけでなく、常に時代の半歩先をいって、その地域を、そして一人ひとりをよりサステナブルで健康的にしていきたいと考えている。ひとり一人の“おいしい”という前向きな気持ちを高め、共に食べる歓びや明日に向けた希望が沸く“価値ある食”をたくさん生み出していきたい。その実現に向け、不二製油グループのDE&I（ダイバーシティ、エクイティ＆インクルージョン）を進め、サステナビリティ経営を支える人材を育成し、全社一丸となって社会課題を機敏に捉え、同じ思いのステークホルダーと共に持続可能なフードシステムへの変革とライフスタイルの創造を目指していく（図表3-2）。

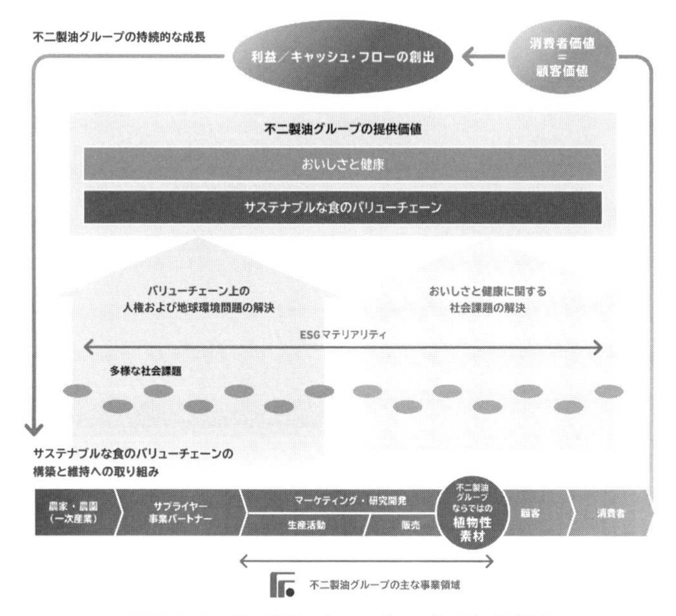

図表 3-2　不二製油グループの目指す価値創造

引用
1）vivo 公式 website　https://www.vivo.sg/
2）不二製油グループ本社株式会社（2020），不二製油グループ 70 周年記念誌
3）WWF ジャパン（2020），RSPO（持続可能なパーム油のための円卓会議）認証について https://www.wwf.or.jp/activities/basicinfo/3520.html
4）不二製油グループ本社株式会社（2022），不二製油グループサステナビリティレポート 2022　https://www.fujioilholdings.com/sustainability/
5）不二製油グループ本社株式会社（2022），環境マネジメント　https://www.fujioilholdings.com/sustainability/environment/management/
6）不二製油グループ本社株式会社（2022），リスクマネジメントシステム　https://www.fujioilholdings.com/sustainability/risk/
7）GOODNOON 公式 website　https://www.goodnoon.jp/
8）令和 3 年度細胞培養食品等の法制度等・フードテック市場規模に関する調査委託事業 https://www.maff.go.jp/j/shokusan/sosyutu/attach/pdf/sosyutu-1.pdf

日本ハム

広大なオーストラリアの地から確かな品質を世界の食卓へお届けする
～ニッポンハムグループの豪州牛肉事業の取組み～

第１章 はじめに　～時代とともに変化するニーズに応え「食べる喜び」を追求し続ける～

日本ハム㈱は、2022年3月に創業80周年を迎えた。その企業理念は“わが社は「食べる喜び」を基本のテーマとし、時代を画する文化を創造し、社会に貢献する。”である。「食べる喜び」とは、「食」を通してもたらされる「おいしさの感動」と「健康の喜び」を表しており、このことは人々の幸せな生活の原点であると考えている。当社は、21年3月に、企業理念を追求する上でのマイルストーンとして「Nipponham Group Vision2030」（以下 Vision2030）を発表した。Vision2030は、持続可能な社会の実現に向けたSDGsの達成年度である2030年のビジョンを描き、ニッポンハムグループの企業理念である「食べる喜び」をお届けする具体的な姿や提供価値を定義していくことを背景としている。そしてVision2030のメッセージは「たんぱく質を、もっと自由に。」である。このメッセージには、日本人の平均的なたんぱく質総摂取量の約6%、そのうち動物性たんぱく質では約11%、食肉では約24%を供給し（当社調べ）、「日本最大級のたんぱく質企業グループ」として、常識にとらわれない、もっと自由な発想でたんぱく質の可能性を広げていこうという想いを込めている。たんぱく質の供給難が見込まれる中でも、環境・社会に配慮した安定供給を続けていくこと、そしてライフスタイルの変化による食ニーズの多様化への対応といった新しい挑戦を始めている。そして、「Vision2030」に到達するために「中期経営計画 2023・2026」を策定。事業戦略と「Vision2030」実現に向けて、優先的に解決すべき社会課題（マテリアリティ）を一体化させて推進し、社会課題解決とグループの成長・発展に取り組むことで、企業価値の最大化を目指している（マテリアリティについては後述）。

現在「シャウエッセン®」や「ウイニー®」、ギフト「美ノ国」等のハム・ソーセージや「中華名菜®」、ピザシリーズ「石窯工房®」、「チキチキボーン®」といった加工食品、国産鶏肉「桜姫®」等で知られる当社は、1942年、創業者の大社義規が徳島県徳島市に徳島食肉加工場を創設したことから始まった。徳島食肉加工場は51年に徳島ハム㈱に組織変更、その後63年に鳥清ハム㈱と合併し、現在の日本ハム㈱が誕生した。当社の創業事業はハム・ソーセージの製造販売だが、のちに加工食品分野に進出。事業拡大を進め、国内に豚·鶏といった食肉の生産拠点を設立し、生産・肥育、処理・加工・販売の一貫体制を進めた。さらには水産品分野や乳製品分野にも参入し、食の領域を大きく広げて事業を展開している。ニッポンハムグループでは国内外、全78社において、約2万5,000人のグループ従業員が活動している（2022年4月1日現在）。なお、プロ野球球団「北海道日本ハムファイターズ」の前身である日本ハムファイターズは73年に設立され、以降当社はスポーツ分野にもさまざまな活動を展開している。

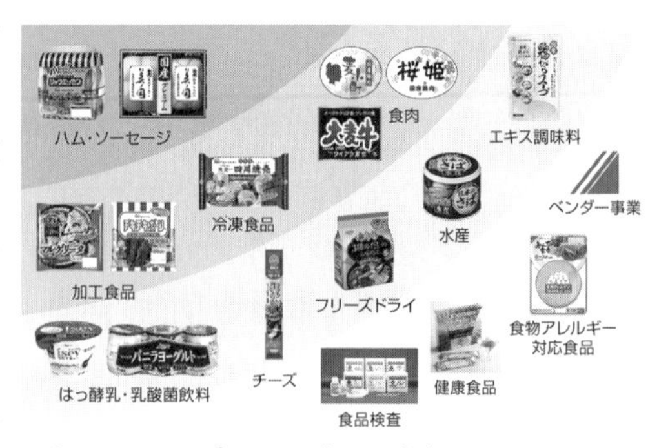

図表 1-1　ニッポンハムグループが事業展開する食の領域

多岐にわたる食の領域で事業活動を行うニッポンハムグループは「加工事業本部」「食肉事業本部」「海外事業本部」の３つの事業本部体制で事業運営を行っている。加工事業本部では、ハム・ソーセージ、加工食品、乳製品、水産品、エキス調味料の開発·製造·販売を行っている。独自の消費者モニター制度の活用や高い商品開発力で、消費者ニーズに応える商品開発と高水準な品質管理ノウハウ、多彩な販売チャネルとマーケティングで事業を展開している。食肉事業本部では、豚·鶏を中心に生産·肥育から処理·加工、販売までを一貫して手掛ける「インテグレーションシステム」を構築し、併せて国内外からの食肉の調達と販売を行っている。食肉の安定調達と需給調整力、国内最大規模の物流拠点と全国に広がる販売網は、大きな特長となっている。そして海外事業本部では、日本で培った知見や技術を活かし、18の国と地域で事業展開している。詳細は後述するが、食肉、加工食品ともにブランド商品の展開を推進するとともに対日、第三国への輸出も行っている。

ちなみに連結売上高の構成は、ハム・ソーセージが11%、加工食品が19%となっており、最も多くを占めるのが62%の食肉となっている（2022年3月期）。日本国内におけるニッポンハムグループの食肉販売シェアは約20%で、ブランド食肉をはじめとした高品質な食肉の安定供給に努めている（同3月期・当社調べ）。

第2章　ニッポンハムグループの海外事業概況

ニッポンハムグループ海外事業の純社外売上構成比は、グループ全体の12%（2022年3月期）に当たり、その内容は大きく「海外加工事業」「海外食肉事業」「トレーディング事業」の3つに分けられる。

「海外加工事業」では、北米・アセアン・中華圏において、日本国内で培ってきた商品開発・技術も活用し、加工食品の製造販売を行っている。「海外食肉事業」では、豪州において、牛の肥育繁殖から販売までを一貫して行う「インテグレーションシステム」を擁している。また、トルコでは鶏の育成・飼育、処理加工と販売、ウルグアイでは牛の処理・加工と輸出・販売を行っている。「トレーディング事業」では、米州・欧州・アセアンから、主に日本への食肉や加工品の輸出を行っている。

ニッポンハムグループの海外展開は、1977年に米国で生肉加工や卸業を行っていたデイリーミーツ（現デイリーフーズ）社を買収したことから始まった。続けて78年にオーストラリア日本ハム（現NHフーズ・オーストラリア）を設立し、当時の二大牛肉供給国だった米国と豪州に拠点を持った。この2拠点を得ることは、将来（91年）の牛肉輸入自由化に向けた対応も視野に入っていた。デイリーミーツ社とオーストラリア日本ハムでは、日本に向けた輸出だけでなく、英国日本ハム（1986年設立、現NHフーズ・U.K.）とシンガポール日本ハム（1987年設立、現NHフーズ・シンガポール）を活用した三国間貿易も展開することとなった。

87年には、豪州においてオーキーホールディングス（現オーキービーフエキスポート）を設立、88年にはワイアラ牧場（現ワイアラビーフ）を買収し、豪州産牛肉の供給体制を整えていった。また同年、日本への輸出拠点としてチリ日本ハム（現NHフーズ・チリ）、89年にはタイにおける加工食品の製造拠点であるタイ日本フーズを設立した。2000年代に入ると、中国、ベトナム、台湾、マレーシア、インドネシアなどアジア各国で現地での製造販売会社を設立。一方では海外市場における食肉供給拠点の拡充も行い、15年にはトルコで鶏の生産、処理・加工、販売を行うエゲタブ、17年にはウルグアイで牛の処理加工と販売を手掛けるブリーダーズ＆パッカーズ ウルグアイ（BPU）を買収した。

現在ニッポンハムグループでは、Vision2030の実現に向け、バックキャスト視点で策定した中期経営計画2023において、4つの経営方針に基づき事業を推進している。海外事業においては、「海外事業における成長モデルの構築」を方針とし、有望地域として定める地域における加工品の販売や、対日向けの加工品・食肉の開発、供給体制の強化に取り組んでいる。

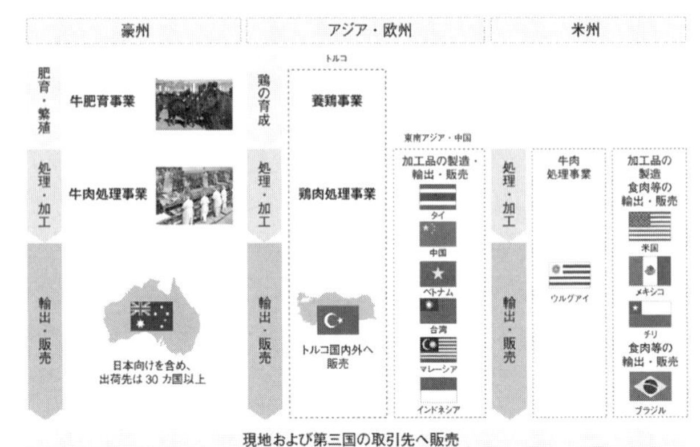

図表2-1　ニッポンハムグループ海外事業の展開

第3章　豪州牛肉事業の状況

第1節　豪州事業の概要

ニッポンハムグループの海外食肉事業の重要な基盤であり、最も大規模に展開しているのが豪州における牛肉事業である。豪州牛肉事業は海外事業の外部顧客売上の48%を占めており（2022年3月期）、海外事業の中核である。豪州事業においては現在、グループ会社が6社あり、牛の肥育・繁殖～処理・加工～国内外への販売を行っている。

ニッポンハムグループが保有している豪州最大級のワイアラ牧場（ワイアラビーフ）は、最大7万5,000頭の肉牛を肥育できるフィードロット（肥育場）のライセンスを有し、牛の出荷頭数は2022年3月期で年間約8万頭、牛肉生産規模では豪州で3番手となる。

そして、牛の肥育だけでなく、オーキービーフエキスポート（1987年5月設立）とウィンガムビーフエキスポート（94年5月設立）、トーマス ボースウィック＆サンズ（通称T.B.S、90年3月買収）の3社で豪州産牛肉の処理・加工を行っている。食肉販売はビーフプロデューサーズオーストラリア（97年7月設立）が豪州国内での販売を行っている。そして食肉及び副産物の輸出をNHフーズ・オーストラリアが担っている。この生産から販売までをニッポンハムグループで一貫して行う「インテグレーションシステム」は、88年に構築されたものだ。

第2節　豪州事業のビジネスモデル

ニッポンハムグループの豪州牛肉事業の最大の特徴は、前述のように牛の生産から処理・加工、輸出、販売までを一貫して行っているところにある。加えてワイアラ牧場での生産工程とオーキービーフエキスポートの処理工程を垂直統合することにより、牛肉の安定供給が行えるだけでなく、ブランド牛肉のトレーサビリティも担保されている。

豪州事業の拠点は、牛の繁殖を担うシーライト牧場並びに肥育を担うワイアラ牧場、処理・加工を担うT.B.S.工場とオーキー工場、ウィンガム工場、そして輸出を担当するNHフーズ・オーストラリア、国内販売を手掛けるビーフプロデューサーズオーストラリアと、すべて東海岸を中心に南北に点在している。一カ所に集中させず、熱帯に近い北部から温暖な南部まで、気候も異なる南北に分散して所在することで、年間を通して季節性の影響に対応することにより、安定的な集荷が可能になるようにリスク分散を行っている。

現在、NHフーズ・オーストラリアにおける豪州産牛肉の販売先は日本をはじめ、アジア全域・米国・欧州・中東など、多岐にわたる。

なお、対日向けのブランドとしては、豪州産牛肉ブランド「大麦牛」が97年に発売された。大麦牛は、ブランド名の通り大麦を主体とした穀物飼料によって

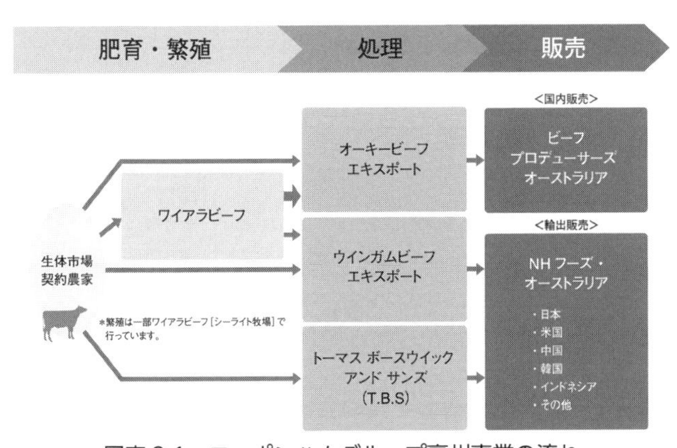

図表3-1　ニッポンハムグループ豪州事業の流れ

育てられており、2022年時点でも販売されているロングセラーである。

ちなみに豪州から日本へのチルド輸出には、船便で約1カ月かかる。一般的なオージービーフ（豪州産牛肉）の賞味期限は77日だが、「大麦牛」の賞味期限は100日、オーキーブランドの牛肉は90日となっている。ニッポンハムグループの厳しい品質管理により、元来品質管理が厳格で賞味期限が長い通常のオージービーフよりも、さらに長い賞味期限日数が可能となった。

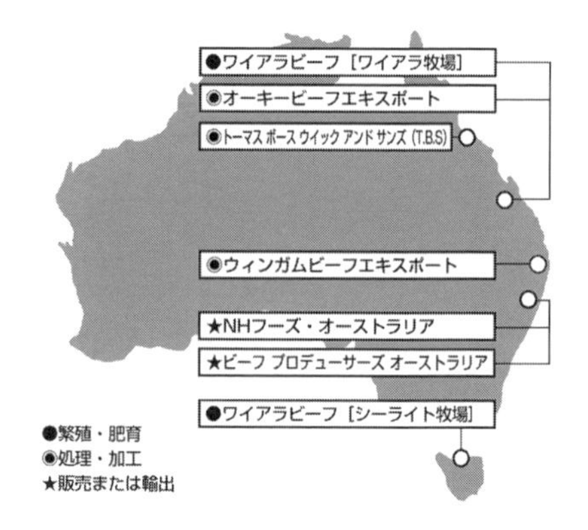

図表 3-2 ニッポンハムグループ豪州事業の拠点

日本国内の人口が減少する一方で、世界の人口は増加し続けている。人口増加に合わせて食料需要の増加も見込まれ、そのうち食肉需要動向に着目すると、世界最大の市場である中国の年平均成長率（CAGR）は1.1%、アジアは1.7%となる。豪州事業では、新ターゲットである需要拡大区域に対して、新たなブランドを確立し存在感を増していくことを目指している。また、豪州国内向けの需要も増加しており、ビーフプロデューサーズオーストラリアが、大手スーパーマーケット、卸売大手、ホールセールクラブ（会員制の倉庫型ディスカウントストア）など、さまざまなチャネルに販売している。

第3節　広大な牧場で健康な牛を安全に育む

豪州で牛の肥育・繁殖事業を担うワイアラビーフは、ワイアラ牧場（クイーンズランド州）とシーライト牧場（タスマニア州）を有する。

ここではワイアラ牧場を例に、牛の肥育について解説していく。ワイアラ牧場はクイーンズランド州テキサス市にあり、その総面積は約6,000ヘクタールと東京のJR山手線の内側に相当する広さがあり、敷地内には、フィードロット（肥育場）、飼料工場、放牧場、貯水池、農場、堆肥場がある。ワイアラ牧場では、牧草を食べさせて肥育した後、穀物飼料を与えて育てる穀物肥育牛（グレインフェッドビーフ）を生産しており、契約農家から素牛（もとうし：若牛）を買い入れ、フィードロットで出荷できる大きさにまで育てる。素牛を契約農家から受

写真 3-1　牧場の総面積約 6,000 ヘクタールを有するワイアラ牧場

写真 3-2　敷地内の飼料工場

け入れる際には、専任のキャトルバイヤー（牛の買付担当者）が、繁殖農家等と交渉する。その際、豪州では農家には農場の所有者や飼料などの情報が明確に記された州政府管理の全国出荷者証明書の提出が義務付けられ、また一頭ごとに装着された識別番号のある電子タグ（耳標）により厳格管理されている。

この全国家畜識別制度は、豪州産牛肉のトレーサビリティシステムの一環で、牛の履歴に関する詳細情報が入力される。これにより肥育場に受け入れるまでの安全性も確認できる。農家から受け入れた牛は、重量や年齢、品質、健康状態などがチェックされ、どのマーケットへの出荷に適しているかが判別される。

牧場では牛を約 250 頭単位の柵で囲い、一つの柵を「ペン」と呼んで管理する。各ペンでは専門スタッフの管理のもと、朝夕 2 回給餌を行う。牧場へ導入したばかりの素牛のうち、体が小さすぎるものは最初からペンに入れずに敷地内の牧草地で調整したり、ペンに入れたばかりの牛には、最初は牧草やワラを与え、成長に従い穀物飼料を増やしていくなど、細かな目配りが大切だ。牛一頭が食べる餌の量は 1 日 13kg で、飼料の原料は大麦、小麦、ソルガム、とうもろこし、コットンシード、アーモンドミールなどを使う。飼料は肉質を決める重要な要素の一つであるため、ワイアラ牧場では敷地内に飼料生産工場があり、配合についての研究、給餌の方法も改良している。例えば、蒸してやわらかくしたあと、さらに挽いて細かくつぶすという手間をかけ、食べやすくする工夫をしている。また、飼料にするすべての穀物についてのサンプルを取り、抜き取り検査もして、品質に問題がないかも確認している。

写真 3-3　牛を見守るペンライダーたち
体調の悪い牛を見つけるとペンの外に誘導し治療専門のペンへ移す。

牛の飲み水に関しても、水質検査をクリア

した井戸水や伏流水を、牛がいつでも好きなときに飲めるよう水飲み場を設置している。

広大なフィードロットの中、肥育牛たちが病気にかかっていないか、餌の食べ具合はどうかの確認のために、馬に乗ったペンライダーたちによる見守りも日々欠かせない。体調の悪い牛を見つけた際は治療用のペンに移して獣医の治療を受け、治癒後はまた戻すなど、細かなケアは処理工場へ出荷する直前まで行われる。

第４節　世界最高水準の安全衛生管理を実現した処理加工工場

肥育牧場を経て運ばれてきた牛が、と畜後枝肉に処理され整形後、商品として出荷されるまでの工程を、オーキービーフエキスポート、ウィンガムビーフエキスポート、T.B.S の３社が担っている。ここでは、クイーンズランド州オーキー市にある、オーキービーフエキスポート（以下、オーキー）を紹介する。

工場での作業は、まず牛を洗浄し、ハラルにも対応した方式に則って、と畜が行われる。豪州にある処理工場３社は、すべてハラル認証を取得しており、世界人口の約４分の１を占めるイスラム教徒の方々にも安心して食べていただける牛肉を生産している。と畜される牛の１頭ごとの情報は、と畜順にと体の耳に付けられている電子タグから読み取られ、保存される。皮、頭部、内臓などは取り除かれ、それぞれ別の部屋で処理が進む。

個体ごとにバーコードのタグが付けられた枝肉は、枝肉専用冷蔵倉庫にて一晩冷却され機械で読み取られた後、ボーニング（脱骨・整形）ルームの各ラインへと運ばれる。各作業者は個別に電子タグを持っており、作業時にログインすることで、誰がどの枝肉を作業したかを“見える化”している。作業者は各自、目の前のモニターで作業内容を確認し、カットを進めていく。

ボーニングルームでは、各々のボーナー（脱骨担当者）とスライサー（整形担当者）が、供給された枝肉すべてを処理する方式が選択されている。一般的な食肉工場の脱骨ラインでは、個人が決められた部位だけの作業を行うため、担当外の部位の作業は経験できないものだが、ここオーキーではチーム制導入により、どのメンバーも作業を担えるような体制になっている。１頭の牛が脱骨から整形されるまで、わずか 10 数分。１日に 1,000 頭以上もの処理が可能となっている。そして作業終了後は毎日、と畜ルームから梱包ルームまで７～８時間かけて専門スタッフによる清掃を行っている。品質管理の担当者は各フロアの作業がその日のプログラム通りに行われているか、また各室の温度管理についてもチェックしている。この高水準の安全・衛生管理体制は、2004年に構築されたものである。

1986年にイギリスで初のBSE（牛海綿状脳症）感染例が確認されて、日本国内でも2001年に感染牛が確認された。国内で流通する牛肉に対する不安が社会に広がったことを契機に、感染症予防と消費者の権利保護を目的とした、牛肉に特化したトレーサビリティの仕組みが求められ「牛トレーサビリティ法」が制定された。このとき、ニッポンハムグループでは国内にあるグループの食肉処理工場で処理、加工された国産牛肉、国産豚肉、国産鶏肉の生産履歴情報を照会できる独自のシステム「NICOT」（日本ハム・インテグレーション・コミュニケーション＆オープン・トレーサビリティシステム）の開発が進められ、2003年4月に運用開始される基盤ができていた。

当時、加工する牛肉の大半が日本向けだったオーキーでも、日本の牛トレーサビリティ法、さらにNICOTに対応できる設備を豪州につくることになった。

04年に完成したオーキー新工場では、日本の牛トレーサビリティ法に対応するためのさまざまな新しい取組みが行われた。加工処理ができる人材を確保するために、牛肉生産量が急増して、技術者人口が多いブラジルから、技術者を家族ごと招く大掛かりなプロジェクトも行った。

また、工場従業員に日本の牛トレーサビリティ法に対応するための業務について、理解してもらうことにも時間を要した。オーキー新工場では、その肉がどの個体なのかを管理し、包装エリアでその都度、シールを貼ってトレーサビリティ可能

写真3-4　枝肉はバーコードタグが読み取られ、各ラインへ運ばれる。

写真3-5　脱骨・整形の作業風景。ラインの上段にボーナー（脱骨担当者）2人、下段にスライサー（整形担当者）3人の計5人がひとつのチームとなって作業を行う。

写真3-6　整形後の枝肉を、作動ボタンで呼び出し抜き取り検査する。

なものとして管理することになっている。ところが、当初は流れて出てきた順番にシールを貼る作業の重要性について理解が得られず、ラインが混乱した。トレーサビリティについて従業員に根気よく伝え続ける時間も必要だったのである。

牛トレーサビリティ法とNICOTに対応するため、細かく作業工程も管理できるシステムを導入したのだが、これによって意外な効用も生まれた。例えば誰がどの仕事をどれだけ丁寧に、早く行えたかが自動的にすべてわかるようになったため、優秀な成果を収めている上級者を初心者たちと組ませることにより、全体の技術の底上げと作業量の増加を図れるようにもなった。また納期の厳しいオーダーが入ったときには、上級者ばかりを集めて迅速に対応するというようなことも可能になった。実際の記録に基づいているので、従業員への不公平のないフィードバックが可能になった（2022年にはNICOT運用は終了している）。

労働安全衛生面では、新工場の脱骨・整形の作業ラインにおいて、床の高さを昇降調整できるようにし、作業者の身長に合わせて作業ができるように工夫した。これによって、もっぱら背の高い男性の職場だった作業場は、女性や背の低い人にとっても作業しやすい職場となった。

第5節　豪州産牛肉の輸出状況

豪州全体の牛肉の輸出状況は、2021年は輸出量全体が88万7,683 tで前年比14.5％減と大きく減少、22年も降雨による影響もあり輸出量は伸び悩んでいる。また輸出国については、20年に続き21年も日本が第1位となった。

豪州にとって、日本、米国、中国、韓国の4カ国は輸出全体の8割近くを占める4大市場である。しかし、その割合は減少しつつあり、輸出相手国の多様化が進んでいる。豪州産牛肉の販売を行っているNHフーズ・オーストラリアにおいても、同様の傾向が見られる。今後の輸出販売においては、国ごとの食文化の違いから生じるニーズの違いを見極め、的確に商品化することがさらに重要となっている。

第6節　各国における豪州産牛肉の状況

NHフーズ・オーストラリアが展開する穀物飼育牛ブランドである「Angus Reserve」は、対日向け穀物肥育牛ブランド「大麦牛」で培った技術を活かしたグローバルブランドだ。豪州のブランド牛コンテストにおいて数々のアワードを受賞しており、豪州国内、日本、中国、韓国、東南アジア、アラブ首長国連邦などのハイエンド市場で展開している。

世界各国で消費者の食の多様化が見られる昨今、健康への意識がより高まり、ヘルシーでナチュラルな食材を求める傾向が強くなっているが、中でも顕著なのは米国だろう。

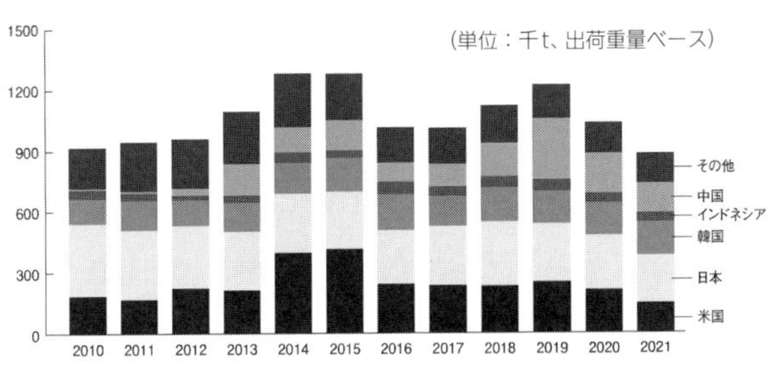

出所：Australian Red Meat Export Data, Department of Agriculture

図表 3-3 豪州の国別牛肉輸出推移

豪州産牛肉の米国向け輸出推移を見ると、チルド（冷蔵）の牧草飼育牛肉（グラスフェッドビーフ）の比率が2000年に2％だったのが21年には38％となり、需要は高まっている（「Australian Red Meat Export Data」/Department of Agriculture 調べ）。

その米国を中心に、需要が高まっているナチュラル系のプレミアムな牧草飼育牛肉への対応として、NH フーズ・オーストラリアは、契約生産者との協業によって生まれた成長促進剤や抗生物質を使わない「Nature's Fresh」をプレミアムグラスフェッドの新ブランドとして立ち上げた。プレミアムグラスフェッドは米国だけでなくオーガニック食品への関心が高い豪州国内や、経済成長が著しく新興富裕層が出現しているインドネシアでも人気が高く、今後も安定供給をしていくことが重要となる。

豪州国内での付加価値商品販売では、塩やスパイスで調味済みの「コーンドビーフ」と呼ばれる商品を展開している。豪州ではブロックの牛肉を塩やスパイスをすり込んで下味をつけてから調理することが多いが、その手間を省けるのが、このコーンドビーフだ。

コーンドビーフの英語つづりはcorned beefなのでコンビーフとも呼ばれるものだが、日本で一般的な、ほぐした状態の塩漬け牛肉ではなく、豪州ではブロック肉の状態を指すのが一般的だ。豪州の量販店では専用の販売コーナーもあり、バーベキュー用や煮込み料理に使われるポピュラーなものだ。

またNH フーズ・オーストラリアでは、生命（いのち）の恵みを大切にし、それを活かしきるための販売も行っている。牛を処理加工した際に内臓、皮や骨などの副産物ができるが、これらについても各国のニーズに対応し販売している。内臓なら東南アジアや中国、そのうちタン（舌）は日本市場をメインに輸出。トリミング材は、豪州国内の他に米国をはじめ世界各国へ輸出している。

第７節　サステナビリティへの取組み

豪州事業において、安全・安心な製品の提供だけでなく、積極的に取り組んでいるのが、持続可能な牛肉生産への対応だ。環境意識の高まりの中で、畜産業はサステナビリティ（持続可能性）の面で課題が多い。例えば、世界の温室効果ガス総排出量に占める畜産由来の割合が14.5％ある（2005年時点を13年に集計。Gerber等）ことからも、畜産業の責任は大きい。

温室効果ガスの排出量削減の取組みについて、オーキーでは、嫌気バクテリア浄化水槽からバイオガスを抽出し、それをボイラーの燃料等に活用することで石油、石炭や天然ガスなど化石燃料の使用量を削減している。これにより天然ガス使用量に掛かるコストが大きく削減された。二酸化炭素の排出量も年間約7,000トン削減することができた。さらなる抽出の可能性を研究し、燃料削減のみならず電力化の可能性の研究も行っている。

また、各処理工場では工場排水を自然浄化処理した後、灌漑水として活用している。循環型の環境に寄り添うために、水の有効活用の工夫は欠かせない。

牛の糞尿については、ワイアラ牧場ではこれを廃棄するのではなく、尿は雨水と混ぜて灌漑用水として、糞は有機固形肥料として、自社農場内にある飼料用穀物を生産する畑で大麦やとうもろこし等の栽培に活用している。牛が飼料を食べて出した排せつ物から肥料が作られ、その肥料で飼料の原料が育てられ、再び牛の餌となる。こうして循環型サイクルが実現している。

さらに取り組んでいるのがプラスチック削減である。これは豪州に限らずニッポンハムグループ全体でも取り組んでいる課題である。商品の安全や鮮度を保つためには適切なパッケージが必要不可欠だが、容器包装はどうあるべきかを考え、豪州ではプラスチック材の削減を試みている。

そして、並行して実施してきたのがワイアラ牧場内の飼料工場の設備強化である。穀物の加熱、加水能力の増強により適正な配合飼料の生産が可能となり、コスト及び使用量の削減が可能となる。また、適正な配合飼料は家畜の消化吸収の負担軽減にも効果がある。

ワイアラ牧場では、牛を囲う柵（ペン）に、豪州初導入と言われるシェード（日除け）を事業開始の早い段階から設けており、強い紫外線を遮り、牛のストレス軽減を図っている。

ニッポンハムグループでは、家畜におけるアニマルウェルフェアに配慮した事業を行うことが重要課題であると再認識し、国際獣疫事務局（OIE）で定義されたアニマルウェルフェアの考え方に賛同、2021年11月に「ニッポンハムグループ　アニマルウェルフェアポリシー」を制定し、マテリアリティの定量目標を決定した。前出の成長促進剤や抗生物質を使わない「Nature's Fresh」やワイアラ牧場での牛の飲み水へのアクセスなど、豪州においてはすでにグループに先駆けた取組みを行っている。

第４章　未来に向けて「たんぱく質を、もっと自由に。」

ニッポンハムグループは、企業理念を追求する上でのマイルストーンとして「Vision2030」を策定した。そして「Vision2030」の実現に向けて、解決すべき社会課題を「５つのマテリアリティ」として特定し、それらに取り組むことで、SDGsの達成に貢献していきたいと考えている。

５つのマテリアリティは下記である。

- たんぱく質の安定調達・供給
- 食の多様化と健康への対応
- 持続可能な地球環境への貢献
- 食やスポーツを通じた地域・社会との共創共栄
- 従業員の成長と多様性の尊重

たんぱく質については、その需要量の増加に対し、畜産物の飼料となる穀物の供給量の伸びが緩やかなため、近い将来需給バランスがひっ迫すると予想されている。また、国連食糧農業機関（FAO）が発表した食品価格指数によると、飼料用とうもろこし価格の高騰による牛肉価格の上昇が一因となり、2021年１月の世界の国際食品価格指数は2014年以来の高騰をみせた。世界的な人口増や気候変動などに伴い、たんぱく質の供給難が予測される中、安全・安心なたんぱく質の安定調達と供給を図ることは、ニッポンハムグループの最も重要な役割であると考える。

ニッポンハムグループは「国内最大級のたんぱく質供給企業」として、農林水産省のみどりの食料システム戦略に賛同し、「東京栄養サミット2021」や「国連食料システムサミット2021」など、関連する各種サミットにおいてコミットメントを提示し、取組みを進めている。

栄養改善に向けた国際会議である「東京栄養サミット2021」では、社会課題解決につながるという考えから、「食物アレルギー関連」「たんぱく質摂取における選択肢の拡大」「超高齢社会における健康寿命延伸商品の開発と普及」という3つのコミットメントを表明した。

ニッポンハムグループの企業理念を追求する上でのマイルストーン「Nipponham Group Vision2030」の実現に向けて、解決すべき社会課題を「5つのマテリアリティ」として特定。

図表4-1　ニッポンハムグループ「5つのマテリアリティ」

たんぱく質は人間の体にとって欠かせない重要な要素である。ニッポンハムグループは、これまでの品質に対する安全・安心への取組みに加え、サプライチェーンにおける環境や人権・動物福祉などの社会側面に配慮しつつ、多様なたんぱく質への取組みを推進していく。

創業80周年を迎えたニッポンハムグループの使命、役割は「食べる喜び」すなわち「おいしさの感動」と「健康の喜び」をお届けし続けることである。そして企業理念を実践する上で、すべてのステークホルダーに約束していることがある。それは、生命の恵みを大切にして、品質に妥協することなく「食べる喜び」、を心をこめて提供すること。そして時代に先駆け食の新たな可能性を切り拓き、楽しく健やかなくらしに貢献することである。これからも時代とともに変化するニーズにお応えすることで「食べる喜び」を追求し、さまざまな社会課題を解決しながら、人々が食をもっと自由に楽しめる、多様な食生活の創出に貢献していく。

終章

おわりに

加藤孝治（日本大学大学院　教授）

日本経済はバブル経済が崩壊した1990年代前半から始まる長期停滞により、長きにわたって「失われた○年」と言われ続けている。2020年の時点で失われた期間は30年に及び、2030年までこの状態が続けば40年間の喪失を余儀なくされることとなる。本書の最後に日本人の内なるエネルギーに期待し、「2030年、そしてその先」を考える。

30年あるいは40年という期間はどのような意味があるのか、歴史に基づいて考えてみる。1868年の明治維新に至る江戸時代後期の時間的推移を明治維新からバックキャストで眺めてみる。明治維新の40年前、1828年は第12代将軍である徳川家斉の文化文政時代であり、長期にわたる安定的な政権運営が続けられていた時代であった。次に、明治維新の30年前を見ると、1837年に大坂で大塩平八郎の乱が起こっている。これは食べるものがなくて困っている民衆が豪商を襲い金銭や米を奪うという事件であり、「貧富の差が拡大」したという時代背景の表れである。1839年には江戸幕府の鎖国政策を批判したということで当時の知識人に対する言論弾圧が加えられた「蛮社の獄」があった。1841年から1843年の天保の改革は失敗に終わり、その後、江戸末期まで、1853年の黒船来航などの事件がありながら、景気低迷と社会不安が続く「失われた時代」が続く。明治維新に至る40年間を振り返ると、安定した時代から10年の間に不安定な時代へと変化し、その後30年間の「失われた時代」の後に大きな社会変化が起こったとまとめられる。

この時代推移を2020年の時代に置き換えて考えてみよう。1985年のプラザ合意に始まる10年の間に日本経済はバブル経済を経てバブル崩壊へという大きな景気変動を経験した。その後の日本経済は長期の停滞期となり「失われた○年」の時代が続いている。2025年はプラザ合意から40年目であり、2030年はバブル崩壊から約40年となる。先の江戸時代後期から明治維新の時の流れに当てはめれば、2030年までに明治維新に匹敵する大きな社会変化が起こる可能性はあるといえないだろうか。江戸末期の30年間は、景気が低迷し社会情勢が不安定であり、この間に庶民の不満が蓄積されていった。その思いが、その後に起きた時代を変える倒幕勢力の活動に対し、庶民は「No」を唱えなかった。庶民が時代変化を受け入れたことが、明治時代になった後の目覚ましい発展につながったと言えるだろう。

以上が、1985年以降の日本経済の変化に対し、2020年から2030年という10年間の意味を江戸時代と比較しながら眺めたものである。現在の日本社会については、少子高齢化の進行や、社会環境の悪化、海外との競争激化などを理由に、悲観的なシナリオで語られることが多い。振り返れば明治維新に至るまでの江戸時代末期の30年間も外からの圧力に晒されていた。しかし、この時期に幕藩体制の中でも徐々に全国的な流通システムが整い庶民の生活は変化し、明治維新を実現させる内外から変革のエネルギーは蓄えられていた。明治維新を実現したように日本社会に潜む停滞感に打破してほしい。技術進歩への対応や社会持続性への貢献など、個人の意識の中に大きな変革が起こり、そのエネルギーが2030年より先の日本社会を大きく発展させることを期待したい。

これまでも日本社会は多くのチャレンジをしてきたが、時代の閉塞感を変えることが出来なかった。時代は令和に変わった。2030年までに起こることを考えてみたい。例えば、消費者の意識が多様化しリアル社会とバーチャル社会の融合へと発展している。技術革新が進みリアルな社会とバーチャルな社会が融合し、現実社会でのみ生きてきた人たちがリアルとバーチャルの2つの社会の住人になるような変化が起こりつつある。実際に手に取って体験できる社会の向こう側での仮想現実の生活を体験している。それはグローバル社会との融合にもつながる。食品産業で考えれば、2030年をどのように迎えるか、そして、その先にどのような未来を描くことが出来るのか、これは今を過ごす消費者であり、企業の試みによって変わっていく。海外市場へのアプローチは、各企業に課された課題である。大きな意識変化が必要だろう。1億人の国内市場を意識するのではなく、70億人の世界人口をイメージした戦略を構築すること、また、現在を生きている人を意識するだけではなく未来を生きる人を意識した戦略を構築することなどが考えられる。時間と空間を超えたストーリーを作り出すことで、日本の食品企業が「2030年、そしてその先の世界」をリードすることを期待したい。

執筆者紹介

■序章、第1部第3章

新井　ゆたか（あらい　ゆたか）

消費者庁長官

1962年 長野県生まれ
1987年 東京大学法学部卒業、農林水産省入省
1993年 東京大学法学部大学院法学政治学研究科修士課程修了
2006年 農林水産省消費・安全局　表示・規格課長
2009年 農林水産省総合食料局　食品産業企画課長
2015年 山梨県副知事
2018年 農林水産省食料産業局長
2019年 農林水産省消費・安全局長
2021年 農林水産審議官
2022年 現職

（主な著書）
『Next Marketを見据えた食品企業のグローバル戦略』（編著）ぎょうせい，2015年
『食品企業飛躍の鍵―グローバル化への挑戦―』（編著）ぎょうせい，2012年
『食品企業のグローバル戦略―成長するアジアを拓く―』（編著）ぎょうせい，2010年
『食品偽装 -起こさないためのケーススタディ』（共著）ぎょうせい，2008年

■第1部第1章及び第2章

株式会社みずほ銀行　産業調査部

日高　大輔（ひだか　だいすけ）

次世代インフラ・サービス室
社会インフラチーム　調査役

1992年 宮崎県生まれ
2015年 九州大学経済学部卒業、株式会社みずほ銀行入行
2018年～ 株式会社みずほ銀行産業調査部にて、食品産業に関する産業調査、M&Aオリジネーション、事業戦略アドバイザリー業務等を担当

堀越　ゆかり（ほりこし　ゆかり）

次世代インフラ・サービス室　社会インフラチーム　インダストリーアナリスト

1993年 千葉県生まれ
2016年 慶應義塾大学商学部卒業、株式会社千葉銀行入行
2020年～ 株式会社みずほ銀行産業調査部（株式会社千葉銀行より出向）にて、主に加工食品業界の経営戦略動向分析等を担当

■コラム　フードテック

株式会社シグマクシス

岡田　亜希子（おかだ　あきこ）

Research Insight Specialist

1977年 兵庫県生まれ
2002年 大阪大学大学院　国際公共政策研究科修士課程修了、アクセンチュア入社
2005年 マッキンゼー・アンド・カンパニー入社
2017年よりシグマクシス参画。SKS JAPAN（米国版フードイノベーションカンファレンスの日本版）立上げ

（主な著書）
『フードテック革命』日経BP社（共著）2020年

■コラム　人口減少する日本市場の将来

鈴木　康介（すずき　こうすけ）

農林水産省大臣官房文書課法令審査官

1991年 山形県生まれ

2014年 東北大学法学部卒業、農林水産省入省

2021年 オプスデータ株式会社出向

2022年 現職

■第2部「チャレンジする日本企業」の学び方、終章

加藤　孝治（かとう　こうじ）

日本大学大学院総合社会情報研究科　教授

1964年 岐阜県生まれ

1988年 京都大学経済学部卒業、日本興業銀行入行

2007年 みずほコーポレート銀行産業調査部次長（食品業界担当を含む）

2012年 日本大学大学院総合社会情報研究科博士課程修了　博士（総合社会文化）

2015年 目白大学経営学部経営学科教授

2019年 現職

（主な著書）

『ファミリーガバナンス』中央経済社（共著）2020年

『これからの銀行論』中央経済社（共著）2019年

『Next Marketを見据えた食品企業のグローバル戦略』（分担執筆）ぎょうせい，2015年

『食品企業飛躍の鍵―グローバル化への挑戦―』（分担執筆）ぎょうせい，2012年

『食品企業のグローバル戦略―成長するアジアを拓く―』（分担執筆）ぎょうせい，2010年

■食品産業を超えたイノベーションへの挑戦

味の素株式会社

株式会社明治　グローバル戦略部

■日本独自の商材、キラーコンテンツの活用

日清食品グループ

ハウス食品グループ本社株式会社

小南　貴裕（こみなみ　たかひろ）

国際事業本部 国際事業企画部 事業企画課課長

1984年 大阪府生まれ

2007年 同志社大学商学部卒業、ハウス食品株式会社入社

2019年より現職

キッコーマン株式会社　国際事業本部

江崎グリコ株式会社

後藤　健（ごとう　たける）

コーポレートコミュニケーション部

1983年 大阪府生まれ

2008年 立命館大学産業社会学部卒業、日本経済新聞社に入社
企業取材の記者として主に化学、医療・介護、教育、警備、酒類・飲料業界を担当。環境分野での気候変動対策やサステナビリティへの取組などを取材

2021年5月 現職

株式会社伊藤園

中嶋　和彦（なかじま　かずひこ）

執行役員国際本部長

1972年 長野県生まれ

1994年 國學院大學法学部卒業

1994年 株式会社伊藤園入社

専門店本部、マーケティング本部、生産本部、国際事業推進部長

2020年 伊藤园饮料（上海）有限公司 出向 董事総経理

2022年 現職

亀田製菓株式会社　経営企画部

オタフクホールディングス株式会社 広報部

株式会社スギヨ

ヤマキ株式会社　海外事業部

三島食品株式会社　開発本部

白鶴酒造株式会社

松永　將義（まつなが　まさよし）

取締役執行役員 海外事業部長

1964年生まれ 京都府出身

1986年 神戸大学卒業、白鶴酒造株式会社入社

2017年より現職

■社会課題の解決に向けて

不二製油グループ本社株式会社

泉　晶子（いずみ　あきこ）

サステナビリティ推進グループ　CSV推進チームリーダー

1994年 大阪府立大学経済学部卒業

1994年 株式会社日立製作所入社

1997年 大阪大学医学部入局

2000年 IDEC株式会社入社

2019年 不二製油グループ本社株式会社入社

ESG経営グループ CSRチーム マネージャー、CSV推進担当マネージャーを経て、

2021年より現職

（主な論文）

「パーム油サプライチェーンのNDPEに向けたサステナブル調達の推進」；生活協同組合研究、（公財）生協総合研究所、Vol.549, p.36-41(2021)

日本ハム株式会社

食品企業　2030 年，その先へ
海外展開なくして成長なし

定価 2,750 円（本体 2,500 円＋税 10%）

2022 年 10 月 31 日　初版第 1 刷発行
2023 年　4 月 14 日　初版第 2 刷発行

編著者　新井ゆたか・加藤孝治
発行人　杉田　尚
発行所　株式会社日本食糧新聞社
編集　〒 101-0051　東京都千代田区神田神保町 2-5 北沢ビル
電話 03-3288-2177　FAX03-5210-7718
販売　〒 104-0032　東京都中央区八丁堀 2-14-4 ヤブ原ビル
電話 03-3537-1311　FAX03-3537-1071

印刷所　株式会社日本出版制作センター
〒 101-0051　東京都千代田区神田神保町 2-5 北沢ビル
電話 03-3234-6901　FAX03-5210-7718

SBN978-4-88927-281-9 C3036

カバー写真提供：FUTO / PIXTA（ピクスタ）